AU BORD DE L'EAU

Louis ROUQUET

Ancien Président de la Société Régionale des Pêcheurs à la ligne
de la Loire,
Président d'honneur de la Société des Pêcheurs
à la ligne de l'Ain.

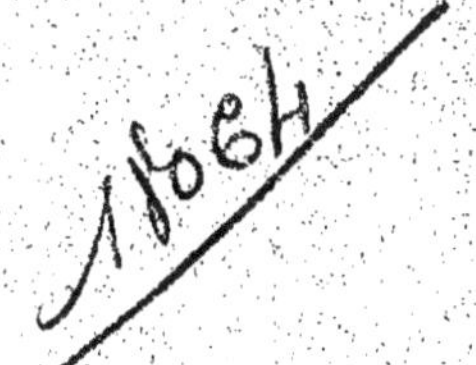

Pierre MASSON, Libraire-Éditeur

LYON

ooo

1924

AU BORD DE L'EAU.

LES LOISIRS D'UN VIEUX PÊCHEUR

AU BORD DE L'EAU

PREMIÈRE PARTIE

La Pêche dans la Drance
La Pêche dans la Loire

DEUXIÈME PARTIE

CAUSERIES
Sous les arbres de la rive

Nos rivières poissonneuses : l'Ain et les cours d'eau de l'Est
L'outillage du pêcheur. — La pêche des principaux poissons.

par

Louis ROUQUET

Ancien Président de la Société régionale des Pêcheurs à la ligne
de la Loire.
Président d'honneur de la Société des Pêcheurs à la ligne de l'Ain.

Pierre MASSON, Libraire-Editeur
6, RUE DE LA RÉPUBLIQUE, 6
LYON

1924

PRÉFACE

Louis Rouquet, l'auteur de ce livre, s'est qualifié à juste titre, de « fervent disciple de saint Pierre ». Mais la pêche était, pour lui, plus qu'un sport favori: c'était tout un art. Avec une rare finesse d'observation il y avait acquis une expérience consommée.

Dès sa première jeunesse, pendant ses vacances d'étudiant, il s'était exercé, auprès de son père, à la capture de la truite dans les eaux vertes et transparentes de la rivière d'Ain. Plus tard, durant les quarante années de sa carrière de magistrat, il consacra le meilleur de ses loisirs à la pêche, plus encore qu'à la chasse. Il nous contera d'une manière ravissante ses belles explorations dans la Drance, dans la Loire, et les deux Lignon. l'Anse, le Fier, l'Ain, tous les affluents du Rhône, tous les cours d'eau du Sud-Est, et d'autres encore.

La Société régionale des Pêcheurs à la ligne de la Loire, le nomma son président. Celle des pêcheurs à la ligne de l'Ain, le choisit comme président d'honneur.

Quand la retraite l'eut ramené au pays natal, Louis Rouquet se plut à écrire des chroniques sur la pêche dans le Chasseur Français, dont il devint ainsi pendant de longues années le collaborateur assidu. Les nombreux abonnés de cette revue surent bientôt apprécier la haute compétence de l'écrivain, en même temps, que la saveur très particulière de ses libres « Causeries ». Entre eux et lui, s'établit une fructueuse correspondance, qui s'étendit de plus en plus, jusqu'au jour où l'âge et la maladie forcèrent Louis Rouquet à poser la plume.

Déjà, de toutes parts, même de l'étranger, on lui avait demandé de réunir en volume ses excellents articles. Il désirait pouvoir répondre à cette flatteuse invitation.

Dans les dernières lignes qu'il adressait à ses fidèles lecteurs, sous ce titre: « Mes Adieux » (1), en disant sa peine de cesser une collaboration qui l'avait mis « en pleine communauté d'idées avec une élite de pêcheurs, tous gens d'intelligence et de cœur », il exprimait l'intention, si Dieu lui accordait encore quelques années de vie, d'occuper ses loisirs à chercher parmi tout ce qu'il avait publié « les éléments d'un livre sur la pêche ».

«Ce livre, — écrivait-il, — m'est très demandé par de nombreux lecteurs... Je le soignerai de mon mieux.... Mais paraîtra-t-il jamais?... J'ai tant à me méfier de la maladie, de la vieillesse... Qui sait cependant?...

« En tous cas, cette éventualité me permet d'ajouter, à l'adieu que je vous adresse, ces derniers mots : « Au revoir, peut-être ». C'est moins triste pour moi ».

La Rédaction de la Revue fit suivre cet entrefilet de la note suivante:

« C'est avec un bien vif sentiment de regret que nous voyons partir M. Rouquet, notre éminent collaborateur, qui, pendant de si longues années, a rédigé avec une maîtrise incomparable, la chronique de la Pêche dans le Chasseur Français. Mais nous espérons qu'il nous donnera bientôt le livre promis, qui sera le résumé de ses savants articles. »

Louis Rouquet n'eut pas le temps de réaliser son projet !

Mais, depuis la fin de la guerre, sa famille a reçu quantité de lettres d'anciens lecteurs, réclamant de nouveau la publication des « Causeries », dont ils avaient reconnu la valeur et goûté le charme.

Un éditeur de Lyon, M. Pierre Masson, a parfaitement compris tout l'intérêt que cette publication pou-

---

(1) « Finies, mes causeries, chers lecteurs, je vous fais mes adieux... ». Cet article d'adieu est reproduit à la fin du volume.

vait offrir à la clientèle de plus en plus nombreuse des amateurs de pêche, et sans hésiter, il a résolu de donner satisfaction aux vœux exprimés.

Il s'agissait, non point de refondre les « causeries » comme Louis Rouquet s'était proposé de le faire, mais simplement de les classer dans l'ordre qu'il avait indiqué lui-même et d'y opérer de légères suppressions, en conservant au texte « cette allure primesautière et bon enfant qu'ont d'ordinaire, — ainsi que disait le chroniqueur du Chasseur Français, — les conversations que nous échangeons entre confrères, au bord de l'eau ».

C'est de la sorte qu'on a procédé. La division en deux parties principales a été maintenue, les chapitres numérotés et, pour faciliter la lecture, subdivisés en paragraphes, avec titres et sous-titres. Le « Calendrier du Pêcheur » où Louis Rouquet a résumé ses observations pour chaque mois, et une Table des matières détaillée complètent cet ouvrage.

Par une attention délicate, dont il doit être cordialement remercié, M. Pierre Masson m'a fait l'honneur de m'inviter à présenter le livre au public, comme compatriote, ami intime et parent de l'auteur. Ces titres m'obligent, il est vrai, à une certaine réserve. Peut-être me soupçonnerait-on de partialité, si j'insistais ici sur la science spéciale de Louis Rouquet, sur ses qualités d'esprit et sa belle générosité de cœur. Au reste, pour connaître l'homme et l'écrivain, il suffira de lire: « Au Bord de l'eau ».

Il m'est du moins permis de souhaiter à ce beau volume, destiné à la grande famille des Pêcheurs, tout le succès qu'il mérite, et qu'il ne peut manquer d'obtenir.

Emmanuel Vingtrinier.

AVANT-PROPOS

Trop longtemps, les pêcheurs à la ligne furent tournés en ridicule. Il fallait une certaine crânerie pour se risquer à sortir avec une canne à pêche.

Cette crânerie, je me flatte de l'avoir toujours eue. Etant, il y a quarante ans, substitut à Thonon, j'ai, un des premiers peut-être, pêché à la mouche artificielle dans la Drance, et je vois encore la figure ébahie des habitants, lorsque je traversais la ville avec mes cannes sur l'épaule: derrière moi, éclataient de francs éclats de rire, contenus à grand peine jusque là : seule, la petite mine moqueuse de certaine blonde m'impressionnait un peu.

Aujourd'hui, tout cela est changé. La pêche a pris dans les sports le rang qu'elle devait y occuper. Avouez que cette réhabilitation s'imposait.

La pêche ne donne-t-elle pas à ses adeptes, aux fidèles disciples de saint Pierre, à ceux que la grâce a touchés, des joies sans pareilles ?

Aussi, les sociétés de pêche se multiplient à l'infini : des rivières abandonnées, autrefois, aux maraudeurs et aux braconniers, se louent à des prix souvent fort élevés. Les parties de pêche sont aussi recherchées que les parties de chasse ; notre industrie française s'efforce de rivaliser, pour les engins de pêche, avec l'industrie anglaise et de nous affranchir du trop large tribut que nous lui avons payé jusqu'ici. Enfin, des hommes célèbres dans les sciences, les arts, la littérature, voire même dans la politique, sont des pêcheurs passionnés.

Toutes les pêches ont leur charme ; toutes donnent, à ceux qui vibrent, des émotions inconnues au vulgaire. Mais celle de la truite et de l'ombre, dont nous nous occuperons tout spécialement, est, à coup sûr, la plus captivante. Elle exige, il est vrai, des qualités particulières chez ses fervents ; il leur faut de la vigueur, de l'adresse et une grande expérience. Ces poissons d'élite, on devra les poursuivre au prix de sérieuses fatigues, en battant des rivières à bords escarpés ; force sera de se servir d'engins fins et délicats, que toute main lourde ou inhabile briserait comme fétu.

Observation importante : la truite se rencontre principalement dans les pays pittoresques. Vous la trouverez dans les Alpes, le Jura, les Vosges, les Cévennes, les Pyrénées. Cette noble dame, à la robe tramée d'or et d'argent et constellée de rubis, veut de frais ombrages, des eaux courantes et limpides, des rochers ; elle veut, en un mot, tout ce qui charme l'artiste ou le rêveur.

Le pêcheur de truites, tant soit peu doublé de poète, rentrera toujours satisfait, après une partie de pêche. Si la chance ne lui a pas été favorable, il aura, du moins, éprouvé de délicieuses impressions en face des grandioses spectacles de la montagne. Et ces impressions sont durables; celles que j'ai ressenties sur les bords de la Loire, des deux Lignon, de l'Anse, de l'Ain, du Rhône, du Fier, de la Drance, ne s'effacent pas de ma mémoire ; je m'y reporte toujours avec un plaisir infini.

En amicales et familières causeries, nous referons ensemble, si vous le voulez bien, quelques-unes de ces excursions, et je m'efforcerai de vous faire profiter de mes nombreuses observations. Je vous indiquerai les meilleurs modes de pêche pour chacun des cours d'eau cités ; j'entrerai dans des détails techniques, que je rendrai aussi clairs et précis que possible ; puis, pour ne point vous paraître un compagnon de route trop ennuyeux, je vous conterai, chemin faisant, quelques aventures de pêche, qui auront, à défaut d'autres mérites, celui d'une scrupuleuse exactitude.

Louis ROUQUET.

Ancien Président de la Société régionale de pêche de la Loire, Président d'honneur de la Société des pêcheurs à la ligne de l'Ain.

I.

La Pêche dans la Drance

—

II.

La Pêche dans la Loire

I.

La Pêche dans la Drance

———

I. UNE PÊCHE ÉMOUVANTE

Après le Rhône, la Drance est certainement un des principaux affluents du Lac Léman: elle s'y jette entre Evian et Thonon, par un large delta. Deux petits torrents, la Drance du Biot et la Drance d'Abondance, forment, en se réunissant, la belle rivière dont nous allons parler.

De son embouchure au pont de la Douceur, distance relativement courte, la Drance coule en plaine, son cours est large et capricieux, peu profond, peu rapide aussi. Mais, à partir du pont, quel changement ! La vallée, brusquement, se rétrécit et la rivière, encaissée et comme à l'étroit, tourbillonne et bondit en mugissant au milieu des rochers, pour se frayer un chemin. Qu'elle est belle alors ! C'est bien la rivière chère aux pêcheurs de truites; pour tout autre, elle est terrifiante.

Dans le Dauphiné, quand un polisson est trop turbulent, trop méchant, trop colère, la mère exaspérée s'écrie : « J'irai te noyer dans la Bourne », et le calme renaît par enchantement. Ce qu'Aimé Vingtrinier disait de la Bourne, on peut le dire de la Drance, bien faite pour inspirer la crainte à de plus braves que les polissons de l'endroit.

Les bords de la Drance sont escarpés, d'un accès difficile. Ils mettent à rude épreuve celui qui les bat et l'obligent à une gymnastique désordonnée; un bon jarret ne suffit pas, il faut, dans certains passages, s'enlever à la force des bras et se livrer à des rétablissements dignes d'un acrobate de profession.

L'eau est limpide comme le cristal, pour employer l'expression consacrée, et très froide; au printemps seulement, lors de la fonte des neiges, elle est trouble et boueuse. Croyez m'en, abstenez-vous alors de pêcher. Pour le poisson de la Drance, comme d'ailleurs pour celui des autres rivières, l'eau de neige constitue un apéritif laissant beaucoup à désirer et quelles que soient vos amorces, quelle que soit votre habileté à les présenter, toute partie de pêche par eau semblable ne vous laissera que lassitude et déception.

La truite, le chevenne et la petite loche ou dormille sont, je crois, les seuls poissons qu'on rencontre dans la Drance. Le chevenne est plus spécialement localisé dans la basse Drance, où l'eau est moins rapide, moins battue qu'en amont : quant à la truite, elle est partout.

Certes, il en est malheureusement de la Drance, comme des autres rivières; elle aussi a été appauvrie par les déprédations d'un braconnage éhonté, mais le lac est là pour aider, chaque année, à son repeuplement. Un bon pêcheur, sachant bien choisir sa saison de pêche, l'heure propice et ses amorces, sera toujours sûr d'y réussir d'une manière exceptionnelle. S'il est dédaigneux du plaisir modeste inhérent aux petites captures, s'il recherche les émotions de longue durée et violentes, la Drance est, aujourd'hui, une des rares rivières qui puisse les lui procurer. Oui, ait-il l'âme cuirassée du triple airain, il sera parfois si violemment ému que, pour remplacer une amorce enlevée, force lui sera d'attendre que sa main ne tremble plus. Selon moi, le temps de fumer une bonne pipe est nécessaire, en pareille circonstance, pour ramener le calme voulu et rendre à la main toute sa sûreté..

Je n'exagère pas. La Drance est, en effet, une rivière où vous rencontrez la grande truite des lacs. Cette truite arrive à des poids énormes, que n'atteignent jamais les truites ordinaires. Vous pourrez vous convaincre de l'exactitude de mon dire en vous rendant à Genève, chez l'entrepreneur des pêcheries des lacs suisses; cet honorable industriel vous aura vite prouvé que les truites dont je parle ne vivent point exclusivement dans la Garonne, comme vous pourriez le croire.

Mais vous ne trouverez pas toute l'année les grandes truites dans la Drance. Elles ne quittent le lac qu'au moment des fortes chaleurs pour chercher dans la rivière une eau plus vive et plus fraîche; elles ne le quittent surtout, retenez bien cela, qu'en septembre et octobre, alors qu'elles se mettent en quête des endroits où elles établiront leurs frayères. Ces endroits sont, malheureusement, toujours les mêmes, les braconniers ne le savent que trop et, sur le frai, si vous ne trouvez pas l'honnête et scrupuleux pêcheur à la ligne qui a enfermé ses cannes dans leur étui le jour même de l'interdiction, vous rencontrerez tous les écumeurs de la région qui, à l'aide de filets traînants, de foënes ou même de cartouches de dynamite détruisent, en quelque sorte pour le seul plaisir de détruire, un poisson sans chairs, sans saveur, mou et flasque, dont la vente est difficile. Ce poisson, cependant, allait rendre à la rivière une partie de ses richesses perdues !

De mon mieux, je vous ai fait connaître la Drance: bien entendu, je ne vous ai parlé de cette rivière qu'au point de vue de la pêche; il m'aurait fallu dépeindre les sites merveilleux qu'elle traverse. Ce pays de Chablais est enchanteur, rien ne s'y répète ; c'est une Suisse en miniature, plus gaie cependant que l'autre, gaie comme son petit vin blanc.

Et maintenant, s'il vous prend fantaisie d'aller y tenter aventure, je vous conseille de descendre à Thonon. Cette ville est charmante; elle vous offrira toutes les ressources désirables et surtout l'inappréciable avantage d'être en quelque sorte sur le théâtre même de vos futurs exploits. Ne vous pressez pas toutefois. Attendez,

pour vous mettre en route, l'été et surtout l'automne,
les deux saisons, selon moi, les plus favorables, là-bas,
à notre sport.

II. Le choix d'une canne

Si vous allez pêcher dans la Drance, vous devrez, pour
vous assurer toutes les chances de succès, ne pas vous
limiter à un seul mode de pêche. Tel jour, la mouche ne
vaudra rien, alors que le poisson artificiel ou nature se
trouvera tout indiqué; un autre jour, le ver seul vous
permettra de réussir. C'est vous dire clairement, puisque
je parle à des pêcheurs, qu'il faudra vous munir
des diverses cannes propres à chacun de ces modes
de pêche avant de boucler votre valise.

A la rigueur, je le sais, une seule canne peut suffire
à ces divers emplois ; mais je ne conseillerai jamais cette
simplification de l'outillage : elle offre des inconvénients
trop nombreux et ce serait faire injure à vos connaissances, mes chers confrères en Saint-Pierre, que d'insister sur un pareil sujet.

Oui, deux cannes, au moins, vous seront nécessaires :
l'une pour la mouche, légère, suffisamment flexible sans
l'être trop, *bien en main:* l'autre pour le ver et le poisson. Cette dernière devra être d'une solidité éprouvée,
car elle peut être appelée à supporter les défenses déses-
pérées de grosses truites ayant pour elles la vigueur et
le poids, ces deux facteurs principaux de leur terrible
résistance.

Le Capitaine B. ne me contredira pas. Un ami commun me l'avait présenté, un certain soir, au cercle de
Thonon, en me demandant de le conduire à la pêche
de la truite. Nous prîmes jour pour le lendemain, et à
l'heure indiquée, heure militaire, je vis arriver mon
capitaine admirablement équipé, un immense panier en
bandoulière, une épuisette dans la main gauche et une
canne à pêche dans la main droite. Passe pour l'épui-

sette, qui était cependant minuscule, mais la canne !
La canne ! Figurez-vous un des ces pâles et frêles roseaux en quatre bouts, montés grossièrement, s'ajus-
tant tant bien que mal, plutôt mal que bien, vieux ros-
signols de bazar de chef-lieu de canton. Je ne pus m'empêcher d'exprimer à mon compagnon les craintes que
m'inspirait cet outillage ; nous allions pêcher au ver
dans des eaux grossies ; la montée des grandes truites
commençait, sa canne ne lui réservait-elle pas de désagréables surprises ? Il me répondit que mes craintes
étaient vaines, ses cannes avaient fait leurs preuves
dans la Saône et le Doubs, en mettant gaillardement
sur la berge de lourdes carpes. Je n'avais qu'à m'incliner... il ne faut pas s'en rapporter aux apparences...

Arrivés sur le lieu de pêche, pendant que le capitaine
montait ses cannes avec une sage lenteur, j'explorai
rapidement un remous que je savais excellent. Pas la
moindre touche. Pour moi, la chose était significative,
une grosse truite se trouvait là problablement et sa présence avait mis en fuite le menu fretin. Pêchez ici, dis-je
au capitaine, ne laissez aucune partie du remous sans y
promener votre ver, non à moitié eau, mais à fond, à
fond le plus que vous pourrez ; je vais tenter la chance
un peu plus bas, vous me rejoindrez. Je partis. A peine
avais-je fait quelques pas que des appels désespérés
me firent rebrousser chemin en toute hâte ; deux menus
débris de roseau venaient de passer rapidement devant
moi en tournoyant dans les tourbillons...... mon compagnon aurait-il glissé sur la berge ? j'éprouvai, je l'a-
voue, une vive appréhension. Je fus vite rassuré. Mais
si le capitaine était en parfait état, on ne pouvait point
en dire autant de son roseau, dont il serrait quelques
légers fragments dans une main crispée. Il était pâle
d'émotion. Un monstre lui avait brisé sa canne d'un
seul coup, puis bête et ligne, tout avait disparu, comme
par enchantement, dans le gouffre.

Huit jours après, le brave capitaine venait prendre

sa revanche. Cette fois-ci, il s'était solidement monté
à Genève. Sa canne, en bois lourd et rigide, pouvait lui
inspirer une confiance absolue, en quelque situation
qu'il se trouvât ; c'était une véritable arme de guerre,
quelque chose comme une lance gigantesque ou bien
encore comme une de ces longues et solides perches
employées par les robustes bateliers de Lyon et de Gi-
vors dans leurs joutes sur l'eau. Eh bien ! n'imitez pas
le capitaine ; il ne faut d'exagération en rien. On se
procure facilement, aujourd'hui, des cannes bien équilibrées, très en mains, très légères et néanmoins suffisamment résistantes ; vous n'aurez que l'embarras du
choix en vous adressant à de grands fabricants, hommes
de progrès, honnêtes et soucieux de conserver leur bon
renom. Ne lésinez pas sur le prix ; si vous voulez m'en
croire, le bon marché en pareille matière est toujours
trop cher, mais assurez-vous minutieusement du montage des viroles, de leur cohésion et de leur solidité, car
elles constituent, vous le savez aussi bien que moi, la
partie principale de la canne par l'effort constant qu'elles
supportent. Si leur assemblage n'est pas parfait, elles
seront vite désunies et votre canne se brisera infailliblement au ras de l'une d'elles.

Maintenant, ne me demandez pas si vous devez vous
servir de cannes à une main ou de cannes à deux mains ;
c'est une question trop importante et surtout trop controversée pour que je la traite, aujourd'hui, en quelques
mots; je vous conseille simplement d'employer la canne
dont *vous avez l'habitude.* N'innovez pas, c'est dangereux. Que penseriez-vous, en effet, d'un droitier qui,
sur le terrain, en face de son adversaire, voudrait tenir
son épée de la main gauche ?

Si, toujours, je me suis servi d'une canne à deux
mains, si j'ai même pour cela d'excellentes raisons, que
je vous indiquerai plus tard, je reconnais cependant,
sans la moindre difficulté, que les habiles pêcheurs à
une main arrivent à envoyer leur amorce à une distance

fort respectable, surtout lorsqu'ils se servent des fameuses cannes en bambou refendu qui, prises dans de bonnes maisons, constituent de merveilleux engins de pêche. Seulement, je vous en préviens, ces cannes ne supportent pas la médiocrité ; elles sont parfaites ou ne valent guère mieux que celle du capitaine dont je vous ai conté les hauts faits ; point de milieu.

J'abuse de la permission que me donne mon âge ! Figurez-vous que mes cannes sont toutes, sans exception, en simple roseau mâle, mûr et d'un ton foncé. Chacun de leurs nœuds est, de ma part, l'objet d'un examen sérieux. Elles ont six mètres, divisés généralement en deux brins ; je ne sépare en trois brins que celles qui me servent dans mes déplacements éloignés, parce qu'elles sont d'un transport plus aisé en voiture et en chemin de fer. (Ne jamais les confier aux bagages). Les cannes de cette longueur sont d'un excellent usage sur les larges cours d'eau où l'on peut pêcher au loin, à *grande volée*, soit à une distance, variant de 18 à 25 mètres. Il est d'ailleurs toujours facile de les raccourcir si, pour une raison quelconque, vous avez à le faire ; vous enlevez un ou deux montants, vous déplacez votre moulinet, le fixez sur votre nouveau talon et tout est dit.

Pour la mouche, point n'est besoin de renforcer les cannes par de nombreuses ligatures, qui paralyseraient en partie la flexibilité qu'elles doivent avoir ; gardez ces ligatures multiples pour vos cannes au ver ou au poisson ; bien faites. judicieusement placées, elles leur donneront la résistance et la solidité voulues. Et surtout n'oubliez pas des scions de rechange. Pour mes cannes à mouches, les scions sont en roseau ; pour mes cannes au ver et au poisson, la dernière *avancée* de roseau est munie d'un scion de 60 centimètres environ, en bois flexible et léger, vulgairement appelé *sanguignon* par nos pêcheurs de l'Ain, mais dont j'ignore le véritable nom.

Cela dit, passons au moulinet. Il vous est indispensable, absolument indispensable et devra contenir, à mon humble avis, de 40 à 50 mètres de fil. Oh ! choisissez-le bien comme vous l'entendrez, pourvu qu'il *obéisse bien* ! Et l'épuisette ? J'avoue franchement, dussè-je être couvert d'anathèmes, que j'en ai une sainte horreur *pour la pêche de la truite et de l'ombre* pratiquée presqu'uniquement sur des rivières à bords difficiles à battre, où le panier et la canne constituent déjà un bagage suffisamment encombrant sans l'augmenter encore de l'épuisette. On peut la confier à un porteur, me dira-t-on, mais ce frère siamois qu'on se donne sera souvent maladroit, toujours gênant et coûteux. C'est le digne pendant du garde ou du porte-carnier, qui vous est sur le dos durant une chasse entière, et qu'on voudrait voir à tous les diables ; pour moi, ces gaillards-là ont le mauvais œil : j'ai beau toucher le fer de mon fusil pour conjurer le sort, ils me portent la guigne. Passez-vous donc de l'épuisette, qui n'est nullement indispensable pour les petites ou moyennes captures, si vous avez une certaine pratique et du sang froid ; mais lorsque vous pêcherez la grande truite des lacs, munissez-vous d'une fine gaffe en forme hameçon et à manche assez court, que vous fixerez par des bagues en caoutchouc sur le talon de votre canne ; vous pouvez la dégager facilement au moment psychologique et vous n'aurez jamais, avec elle, les petits accidents et les gros embarras auxquels vous expose l'emploi de l'épuisette en pareille circonstance.

Inutile de vous parler du panier. Je dois cependant vous avertir que, lorsque l'on pêche la grande truite, il n'est pas nécessaire pour autant d'avoir un panier d'exceptionnelle dimension. Contentez- vous modestement du panier ordinaire, et, si vous faites une des belles captures que je vous souhaite de tout cœur, mettez-la en lieu sur, pendant la pêche, puis, au moment du départ, fixez-la entourée de feuillages, sur le faisceau de vos cannes à l'aide de quelques liens ou bien encore sur le dessus de votre panier, muni généralement de courroies qui rendent très facile l'opération indiquée. Vous aurez évité ainsi une fatigue inutile et vous vous serez ménagé une rentrée d'autant plus triomphale que vous prendrez dans la rue un air indifférent, laissant supposer que vous êtes blasé sur de pareils succès par leur fréquence même.

III. LES LIGNES ET LES AMORCES.

Trois modes de pêche sont à pratiquer sur la Drance: le ver, le poisson, la mouche.

Parlons d'abord du ver et mettons-le en bonne place pour protester contre le parti-pris de certains pêcheurs, qui considèrent son emploi comme un moyen de pêche par trop vulgaire et tout à fait indigne d'un homme distingué.

Certes, j'en conviens, la pêche à la mouche est plus élégante, plus difficile aussi que la pêche au ver; vouloir lui comparer cette dernière, c'est vouloir comparer la fine poésie à la lourde prose, comme le dit si spirituellement l'auteur de la *Truite de Rivière*, mais que cette lourde prose a de charmes quand même ! Et que d'avantages elle offre ! A mon avis, la pêche au ver est, en effet, de beaucoup la plus sûre, celle qui laisse le moins de prise à l'imprévu, aux petits accidents ; avec elle on manquera rarement le poisson ferré comme il convient. Notons, enfin, que le ver est la seule amorce qui permette de prendre tous les poissons d'eau douce, sans exception.

Je n'ai pas à vous parler de la canne à employer pour la pêche au ver, c'est chose faite, mais que cette canne ne soit pas trop *douce*, afin d'assurer un bon ferrage.

Votre moulinet sera garni de soie de grosseur moyenne, régulière, souple et de forte résistance ; la soie américaine, dite *marque au drapeau*, me paraît réunir les conditions voulues et je ne saurais trop vous la recommander.

Les lignes que j'emploie se fixent à ma bannière, par le nœud du pêcheur, que vous connaissez tous ; ces lignes ont deux mètres de longueur et sont entièrement en crins de Florence de *premier choix*. J'en ai pour les grosses truites et les eaux troubles en crins de Florence très résistants ; j'en ai d'autres, pour les eaux claires et les moyennes captures, en fine racine anglaise. Les hameçons des premières correspondent, comme grandeur, aux hameçons invincibles n° 2 ou aux hameçons irlandais même n° 2 de la Manufacture Française; ceux des secondes sont semblables aux invincibles et aux irlandais n° 10. Ces lignes sont plombées à vingt centimètres environ de l'hameçon et je proportionne ma charge de plomb à la force des courants que je bats. Comme tous mes compatriotes, les pêcheurs de l'Ain, je n'emploie ni les plombs fendus, ni les olives, me servant uniquement d'un fil à plomb roulé sur ma Florence, fil de la grosseur de la moyenne soie « au drapeau ». Le plombage en question est une opération des plus simples. Je prépare mon fil de plomb en l'enroulant sur une aiguille à tricoter ; quand j'en ai une longueur suffisante, deux centimètres environ, je coupe et je fais glisser ; je n'ai plus alors, après avoir passé ma Florence à l'intérieur de cette spirale, qu'à la serrer en la roulant entre les doigts jusqu'à ce qu'elle soit solidement fixée à la place choisie. Je dispose ainsi une, deux, trois et même quatre de ces spirales sur ma ligne, suivant la force des courants où je pêche. Chacune de ces spirales est séparée de sa voisine par un intervalle d'un centimètre, deux au plus. Et maintenant, si vous me demandez pourquoi je préfère ce mode de plombage, je vous répondrai, après l'expérience souvent renouvelée, qu'il me pa-

raît, mieux que les autres, faciliter le passage sans ac-
crocs de la ligne sur les fonds de gros cailloux, si communs dans les rivières à truites. Il est plus souple.

Certaine pêche au ver, en eau claire, exige une ligne
à peine plombée ; j'en reparlerai plus loin.

Je n'ai pas à vous dire que je ne me sers pas de flotteur, de bouchon. Ce joli petit accessoire qui donne, par
ses vives couleurs, une note si gaie à l'attirail du pêcheur, est parfaitement inutile quand on pêche la truite
en eau courante, alors que la ligne est vivement entraî-
née et promenée, à l'aventure, sur les fonds variant de
profondeur à l'infini, même sur un parcours restreint.
C'est au pêcheur, s'il ne connaît pas la rivière, à sonder
habilement ces fonds à chaque coup de ligne. Un peu de
pratique et quelques florences rompues vous auront vite
familiarisé avec cette petite manœuvre, dont se jouent
les vieilles barbes. Mais il va sans dire que, pour la pêche en eau trouble, la connaissance exacte des fonds sur
lesquels on opère est une excellente condition de réussite.

Le choix des vers à employer est chose importante.
Ceux qu'on vient de ramasser ne valent rien parce qu'ils
sont cassants et peu vivaces ; un court séjour dans l'eau
les tue et le moindre choc les détériore. Pour quelques
sous, généreusement offerts à des polissons en rupture
d'école, vous vous en procurerez facilement une forte
réserve que vous placerez, en lieu frais, dans une caisse
garnie de lambeaux de chiffons à moitié pourris, de
sciure de bois longtemps lavée par la pluie, de marc de
café, de vieux morceaux de cuir, en un mot de tous les
détritus possibles. Ce milieu constitue pour les lombrics
un excellent bouillon de culture. Dans cette provision,
puisez une certaine quantité de vers, que vous disposez
dans une boîte en bois aérée, garnie de mousse de rivière humide et soumettez-les à un jeûne absolu pendant trois ou quatre jours. Après ce carême vos vers
sont à point pour la pêche ; vous les avez fermes, rou-

ges, vivaces et résistant très longtemps à l'immersion. Recommandez à vos jeunes chasseurs de vers de les prendre, autant que possible, dans des terrains maigres, de les choisir de grosseur moyenne, de rejeter ceux qui sont annelés de blanc. Qu'ils vous apportent aussi quelques petits vers de fumier très rouges ; vous aurez peut-être occasion de vous en servir par eau claire.

Voici comment je procède pour amorcer ma ligne. Le plus délicatement que je peux, j'enfile par la tête et jusqu'aux deux tiers de sa longueur, un premier ver, que je fais glisser sur l'hameçon, en le remontant même sur la florence, si c'est nécessaire, puis j'en engage un second plus petit, toujours par la tête, jusqu'aux trois quarts de l'hameçon ; je fais alors descendre mon premier ver sur l'empile, de manière à ce qu'il rejoigne le second et fasse corps avec lui. De la sorte, deux parties de vers demeurent libres et peuvent longtemps s'agiter dans l'eau pour attirer le poisson. Tout ver qui cesse de remuer est à jeter immédiatement. Souvenez-vous de ce sage conseil et ne soyez jamais avare de vos amorces, soyez-en même prodigue — pareille prodigalité doit être classée au nombre des vertus.

Surcharger l'hameçon d'un grand nombre de vers est une mauvaise pratique. L'eau n'entraîne jamais les lombrics *en paquet* et le poisson se défie toujours d'une amorce aux apparences insolites. J'ai vu cependant, lors de mes premières excursions sur les bords de la Drance, un vieux pêcheur, dont la réputation était grande, puisqu'on l'appelait le *Sorcier*, qui ne se conformait guère à ma théorie. Son hameçon, d'une grosseur invraisemblable, était garni d'une telle quantité de vers, enfilés par le milieu du corps, qu'il ressemblait à une énorme boule ; or, avec cette boule il prit, en ma présence, une truite d'une dizaine de livres, qu'il exécuta en cinq sec. L'opération ne dura pas deux minutes et, comme je lui témoignai ma stupéfaction pour sa manière rapide et sommaire de procéder, il me fit cette réponse épique : « Ah ! monsieur, qu'elle tirait dur de son côté ! mais j'ai tiré du mien et je suis le plus fort ». Inconnue la florence, une espèce de ficelle de fouet la remplaçait ; inconnu le plomb, le poids même de la volumineuse amorce l'entraînait au fond de l'eau.

Et maintenant si jamais, dégoûté des vanités de ce bas-monde, il vous prend fantaisie d'en finir avec l'existence par la pendaison, souvenez-vous du sorcier de Féterne et demandez-lui l'adresse de son fournisseur. *L'article* que vous vendra cet estimable commerçant vous mettra certainement à l'abri de toute fâcheuse rupture pendant que vous vous balancerez gracieusement dans l'espace à l'extrémité de la corde de votre choix.

Le sorcier ne pêchait que par eau *très trouble ;* il connaissait admirablement sa rivière et les *reposoirs* des grandes truites quand elles remontent ; enfin, ses engins étaient incassables ; en voilà assez, n'est-il pas vrai, pour expliquer quelques succès, que la légende avait d'ailleurs singulièrement grossis.

Ne pêchez au ver dans la Drance que par eau trouble et retenez que la pêche est mauvaise au moment d'une crue, *tant que l'eau monte,* parce qu'alors le poisson recherche bien moins sa nourriture que les endroits abrités où le courant ne lui jettera plus dans les yeux, dans la gueule et dans les ouïes, la terre et le sable qu'il charrie à profusion. Pêchez près des bords le plus possible, le poisson ne s'éloigne pas de la berge par les grandes eaux ; pêchez dans les remous, dans les endroits où le courant est brisé par un obstacle quelconque, et ayez soin de descendre votre ligne à fond, où les grosses pièces se tiennent généralement immobiles, en attendant qu'une proie passe à leur portée. Ce n'est qu'exceptionnellement que vous les rencontrerez à moitié eau. Aussi, quand vous êtes dans une bonne place. sondez-la minutieusement et promenez votre amorce partout, jusque dans les moindres recoins. Mais ne vous attendez pas à une forte attaque si cette amorce est saisie par une grande truite ; non, les fortes attaques, les secousses vives sont le propre des petites truites ; quant aux grosses, c'est à peine si elles se détournent pour prendre votre ver quand il passe à leur portée, elles le happent sans mouvement brusque ; on jurerait qu'elles ont simplement ouvert leur large gueule, où l'amorce est venue s'engouffrer comme d'elle-même.

Ne remontez donc jamais immédiatement votre ligne quand vous la verrez s'arrêter ; attendez un instant, examinez avec soin si votre fil s'enfonce lentement sous l'eau et, dans ce cas, ferrez sans hésiter et vivement. La bête piquée, amenez-la de votre mieux à descendre le courant, rendez-lui du fil, puis reprenez-en et recommencez cette manœuvre, d'une main légère, jusqu'à ce que là bête ait épuisé ses moyens de défense et qu'elle témoigne sa fatigue en *blanchissant*, c'est-à-dire en tournant le ventre en l'air. Vos nerfs seront alors soumis à une rude épreuve, mais calmez-les, restez maître de vous ; qu'aucun mouvement d'impatience ou d'émotion ne vienne compromettre votre réussite ; vous avez, plus que jamais, besoin de tout votre sang-froid. Regardez autour de vous, cherchez un fond d'eau suffisant pour que la truite puisse y être amenée à bord sans toucher le gravier. Une fois là, elle demeurera immobile et comme étourdie pendant une seconde ou deux ; c'est plus qu'il n'en faut pour que vous puissiez vous en rendre définitivement maître à l'aide de votre gaffe acérée. Si la noble dame est de grande taille, célébrez votre triomphe et calmez vos nerfs en fumant une bonne pipe, conformément au sage conseil que je vous ai donné au début.

Pour vaincre les défenses d'une grande truite, tantôt il vous faudra près d'une heure, tantôt dix minutes vous suffiront. Impossible de rien préciser sur ce point. Je crois que, suivant les parties de la gueule où l'animal a été piqué, la douleur est plus ou moins vive et provoque une défense plus ou moins vive aussi ; puis il faut tenir compte des difficultés que peuvent présenter les bords de la rivière et la force des courants.

Un dernier conseil. Ayez soin, quand vous aurez ferré une grosse truite, de ne pas la laisser *piquer une tête* dans un fond d'eau. alors que votre ligne est placée perpendiculairement au dessus-d'elle. C'est là une dés plus savantes et des plus dangereuses manœuvres auxquelles ces dames ont recours ; elles font ainsi monter le fil le long de leur flanc, et, lorsqu'il est bien tendu, d'un brusque coup de queue elles brisent tout. Elles briseraient de la sorte jusqu'au câble du sorcier de Féterne.

En eau claire, la pêche au ver n'est pas pratique dans la Drance, pour les grosses captures tout au moins. Vous ne l'emploierez que dans la partie haute de la rivière, où la grande truite ne remonte pas ; la truite ordinaire y est, au contraire, assez abondante. Pêchez avec un petit hameçon, amorcé d'un simple ver rouge de fumier ; que votre ligne, en fine florence, soit à peine plombée. Sondez les bouillons, les eaux fortement battues près des rochers qui font saillie, et votre amorce sera brusquement happée, la plupart du temps à la surface même de l'eau, comme une mouche artificielle. J'ai vu deux italiens, le père et le fils, réussir à merveille avec ce procédé. Détail curieux, ils emportaient leur poisson vivant dans de grands réservoirs de métal fixés sur leur dos; des pompes de caoutchouc, ingénieusement disposées, permettaient d'aérer fréquemment l'eau de ces réservoirs. Très drôle, l'aspect de ces faux marchands de coco armés de canne à pêche. Les deux gaillards affichaient un profond dédain pour les grosses truites, dont la vente est toujours aléatoire et, en véritables professionnels, ils recherchaient tout spécialement les truites d'un quart à demi-livre, que les maîtres d'hôtels de Genève se disputaient, me disaient-ils, à beaux deniers comptant. Jamais ils n'en avaient assez.

IV. La pêche au vif et au poisson artificiel.

Dans la Drance, quand l'eau est claire, c'est au vif
que vous devez pêcher uniquement, si vous recherchez
autre chose que les émotions légères procurées par la
capture des petites truites; le vif seul vous permettra de
prendre la grande truite des lacs et de ressentir, quoi
qu'en dise M. Albert Petit, *les palpitantes excitations d'un
art supérieur.* Ce fin et spirituel auteur n'est pas tendre
pour le genre de pêche que je vous recommande ; écou-
tez-le:

« La pêche au vif n'exige aucun art. Quoiqu'on y
prenne une belle truite de temps en temps, elle est aussi
peu intéressante que possible et la difficulté de se procurer des amorces ne contribue pas à en augmenter
l'agrément. On y remédie en remplaçant le vairon vivant
par un vairon mort, ou même en substituant au petit
poisson un simple tube de métal (devon, vairon artificiel) qui attire tout aussi bien la truite, quand on le fait
convenablement pirouetter dans les courants. Je dois
reconnaître que ce genre de pêche n'est pas dépourvu
d'attraits. Il est quelquefois très productif et il ne demande aucuns préparatifs désagréables ou incommodes.
Le matériel indispensable est aussi peu encombrant que
celui de la pêche à la mouche artificielle. De plus, pour
bien lancer un devon sur des eaux très limpides et pour
le gouverner avec sûreté au milieu des obstacles, il
faut beaucoup d'adresse. Le revers de la médaille c'est
que le vairon artificiel comporte un *tackle* d'une telle
solidité que toute truite bien piquée est une truite prise.
On la malmène, on l'épuise en un instant et comme après
quelques secondes d'incertitude, on est fixé sur l'issue
du trop court combat, l'émotion est médiocre. A moins
de circonstances exceptionnelles, une truite de deux ou
trois livres accrochée à un *devon*, vous donnera moins
de sport qu'un poisson d'une demi-livre tenu avec une

mouche artificielle de calibre ordinaire et un bas de ligne à l'avenant. Quant aux truites au-dessous d'une livre, vous n'aurez que la peine de les tirer de l'eau. Elles seront exécutées sans phrases».

Je soupçonne M. Petit, un passionné de la pêche à la mouche artificielle, d'avoir, par emballement pour son sport favori, fort peu pratiqué la pêche au vif, qui l'empoignait moins ; aussi me semble-t-il ignorer une grande partie des finesses et des difficultés de ce genre de pêche. Qu'il le sache bien, pour pêcher au vif convenablement, il ne suffit pas de promener à la surface de l'eau un poisson naturel ou un *devon* attaché à un bas de ligne d'extrême solidité, comme celui du sorcier de Féterne, vous permettant *d'exécuter sans phrases vos victimes ;* il faut plus, même beaucoup plus, et j'espère vous le prouver ; mais s'il est parmi vous des incrédules aussi obstinés que saint Thomas, qu'ils aillent dans l'Ain où, sur les bords de notre belle rivière, ils verront opérer des virtuoses de la pêche au vif. Leurs doutes seront vite dissipés.

Depuis un certain nombre d'années déjà, la pêche au vif s'est tellement perfectionnée que nos engins actuels paraissent ne plus rien laisser à désirer. Qu'il est loin de moi le temps où je pêchais au vif avec un hameçon seul et unique! Tout primitif et rudimentaire qu'il fût, pareil outillage, ne vous y trompez pas, présentait des avantages sérieux, si sérieux même, que souvent je suis tenté de faire un brusque retour vers le passé et de chercher dans mes fonds de tiroirs quelques-unes de ces vieilles montures, pour les remettre en usage. Figurez-vous un hameçon de 3/0 anglais; on le montait sur une florence et on l'amorçait avec un vairon ou mieux avec une petite soëf aux brillantes écailles, en ayant soin de faire sortir la pointe de cet hameçon à la naissance de la queue du poisson de façon à former une sorte d'hélice. Ainsi placé, l'appât, sous la moindre traction et même sous la simple action du courant, tournait

dans l'eau avec une extrême rapidité. Deux boucles de
la florence passées sous les ouïes du poisson le main-
tenaient solidement fixé à la tête de l'hameçon. La ligne
était plombée à 45 ou 50 centimètres de l'amorce; enfin
plusieurs émérillons se trouvaient disposés soit sur la
ligne elle-même, soit sur la bannière pour éviter l'enroulement du fil sous la torsion de l'hélice. Quand cet
énorme crochet, avec un bon ferrage, s'était engagé
dans la gueule d'une truite, il ne lâchait plus et on
n'avait pas à craindre sa rupture, accident assez fréquent
avec les petits hameçons triples dont nous armons actuellement nos engins de vif. C'est avec cet outillage
que j'ai pris mes deux plus grosses truites et que j'en
ai vu prendre une de quatorze livres à un de mes premiers élèves, vieil écolier de pêche à la barbe blanche,
le brave père Roche, garde du génie préposé à la surveillance de la caserne de Thonon. Ce digne homme,
que la grâce avait touché, m'a répété bien des fois qu'il
avait éprouvé, au moment de cette prise, une de ses
premières, des émotions aussi violentes que celles ressenties dans les tranchées de Sébastopol, au plus fort
du bombardement, quand la mitraille faisait rage autour de lui. Il m'offrit cette belle pièce avec une spon-
tanéité et une telle insistance que je dus l'accepter.

La pêche au vif, avec le poisson naturel, est aujour-
d'hui fort bien outillée. Je ne vous décrirai pas tous les
engins employés, je me borne à vous citer le plus simple
qui est aussi, à mon avis, l'idéal du genre. C'est la création de mon excellent ami Beau, dont j'aurai souvent à
vous parler. Beau est un chercheur, un inventeur et de
plus un pêcheur sans pareil; pour la pêche au vif et pour
la pêche à la mouche artificielle notamment, il n'a pas de
rival ; les plus malins, y compris ceux d'outre-Manche,
ne lui viennent pas à la cheville. Sa création est une tige,
une aiguille de métal portant une petite hélice en tête.
Trois hameçons triples montés sur florence attachée
en tête de l'aiguille sont disposés de telle sorte que le

premier corresponde à la tête, le second au corps, le troisième à la queue du poisson. Ce poisson est enfilé par la gueule sur l'aiguille et il y est monté jusqu'à ce que sa tête touche le dessous de l'hélice; on le fixe alors solidement à l'aide des hameçons triples, en enfonçant dans ses chairs une de leurs trois branches; les six crochets, restés à découvert et placés tout le long de l'amorce, l'arment bien suffisamment.

L'hélice et les hameçons triples sont argentés ou dorés, afin de briller dans l'eau comme les écailles du poisson. La monture *Champion Spiner* est celle qui se rapproche le plus de la nôtre ; son aiguille, toutefois, est chargée en plomb.

Les aiguilles à hélice se font de plusieurs grandeurs. Les plus grandes, bien entendu, sont choisies par les ambitieux qui recherchent les grosses pièces, telles que les truites des lacs qu'on trouve dans la Drance ; les plus petites demeurent réservées à ceux de nos confrères qui, confits en modestie, se contentent de tout poisson, pourvu qu'il ait la dimension légale. Ce sont des sages, ces modestes!

Les meilleures amorces sont le vairon et une petite soëf à l'écaille étincelante, que nous trouvons abondamment dans l'Ain. Mais, vous le concevez, on ne peut pas toujours se procurer ces amorces le jour même de la partie de pêche projetée; aussi est-il prudent d'en avoir en réserve dans un vivier ou, ce qui est mieux encore, dans un bocal rempli d'eau additionnée de formol; elles s'y conservent indéfiniment fraîches et brillantes. Ces amorces, traitées au formol, se trouvent d'ailleurs dans le commerce et les bonnes maisons en tiennent depuis quelques années déjà.

Arrivons au poisson artificiel. Il est bien entendu que le meilleur de ces poissons ne vaudra jamais l'amorce naturelle; mais il est *indispensable* d'en avoir toujours plusieurs en réserve pour le cas où cette amorce naturelle vous manquera et ce cas, quelle que soit votre prévoyance, se présente plus souvent que vous ne le pensez.

Maintenant, quel genre choisirez-vous ? Ici mon embarras est aussi grand que le vôtre, si nous parcourons ensemble la grande liste de ces amorces que l'industrie met à notre disposition. Il s'en fait en métal, en liège, en peau, en caoutchouc, en plume, en guttapercha, en nacre, que sais-je !... Un avis sage serait de vous dire d'essayer ces différents modèles et de vous en tenir à celui qui vous aurait le mieux réussi, mais c'est là un long apprentissage, une perte de temps que vous vous imposeriez ; aussi permettez-moi de vous conseiller, pour la Drance, les *devons* qui m'ont donné d'excellents résultats ; les *plus simples, en métal*, me paraissent les meilleurs; je n'en emploie jamais d'autres. Dans les courants rapides, au pied des chutes, dans les eaux fortement battues et écumantes, ils rendent de réels services, à défaut d'amorces naturelles. Ces *devons* se font de plusieurs grandeurs ; choisissez-en d'assez forte dimension pour pêcher la grande truite des lacs.

Que toutes ces lignes au vif aient de fines montures et que de nombreux émérillons, placés sur la ligne elle-même et, au besoin, sur la bannière, évitent les enroulements de votre fil sous l'action de l'hélice.

Je tiens à insister sur un point, que je considère comme capital. Plombez *fortement* toutes vos lignes au vif, c'est une condition *essentielle* de réussite. Sans ce plombage, en effet, votre ligne se promènera à la surface de l'eau d'une manière insolite et peu faite pour attirer le poisson ; avec un fort plombage, au contraire, vous pêcherez à une certaine profondeur comme le font *toutes les vieilles mains*, pour lesquelles la pêche au vif n'a plus de secrets. La truite, la grosse surtout, à moins d'être, à la suite d'un long jeûne, poussée par un appétit excessif à rechercher une proie éloignée d'elle, se laissera toujours mieux tenter, soyez-en sûr, par celle qui, passant à sa portée, ne lui demande qu'un léger effort pour être saisie. Or, les grosses truites sont à fond, très à fond ordinairement ; pêchez près d'elles, je vous le répète une dernière fois, en plombant beaucoup vos lignes.

Que votre amorce soit présentée sur toutes les faces des grosses pierres de la rivière, dans les légers remous, au bord des rochers et des berges à pic, partout, en un mot, où vous savez que la truite se plaît. Ne donnez jamais à cette amorce une vitesse excessive, laissez-lui, autant que possible, son allure naturelle. Quand le courant n'est pas trop rapide, jetez quelquefois dans le sens même de ce courant et, pour peu qu'elle le gagne de vitesse, votre amorce tournera rapidement tout aussi bien qu'en sens contraire. La truite prend facilement l'amorce ainsi présentée ; c'est là un de mes coups favoris.

Rien à vous dire sur la manière d'amener une truite prise au vif ; je me suis expliqué sur ce point. Je vous préviens seulement que vous ne *l'exécuterez pas sans phrases*, alors même que vous seriez accompagné d'un porte-épuisette aussi malin que les plus malins de M. Petit.

V. La mouche artificielle.

Mon désaccord avec M. Petit, je me le reproche presque comme une ingratitude envers cet auteur, dont la verve endiablée m'a si fortement empoigné. Nous nous entendrons à merveille sur la pêche à la mouche, notre sport favori à tous deux, et nous rivaliserons d'ardeur pour en célébrer les charmes.

N'allez pas croire, cependant, que je vais vous livrer à propos de la Drance, tous mes secrets de fabrication et d'emploi de la mouche artificielle !... non... je soulèverai tout simplement un petit coin du voile qui cache aux profanes le sanctuaire où mes trésors sont entassés ; puis, lorsque je verrai la convoitise animer votre regard, je laisserai retomber ce voile en vous disant de ma voix la plus douce : un peu de patience.

La théorie complète de la pêche à la mouche artificielle viendra à son heure : mais il est inutile de la formuler en parlant d'une rivière sur laquelle, je vous l'ai dit, ce n'est que pour les petites captures et par exception qu'on doit employer pareil mode de pêche.

Certes, je le sais par expérience, la grosse truite ne dédaigne pas la mouche minuscule qui passe à sa portée, c'est même un hors-d'œuvre ou, si vous l'aimez mieux, un dessert qu'elle s'offre très volontiers; toutefois si vous vous obstinez à vouloir le lui présenter, je vous préviens charitablement que vous en serez pour vos frais. Toutes vos lignes seront brisées. Allez donc avec un bas de ligne d'une extrême finesse, avec une florence imperceptible, tels qu'on doit les employer pour la mouche artificielle, maintenir un poisson de forte taille, soutenir la lutte avec la grande truite des lacs dont le nom latin *(salmo ferox)* vous indique bien la puissance d'attaque et de défense ! Pareille monture vous permettra tout juste, si votre main a de la légèreté et beaucoup d'expérience, de prendre de temps à autre des truites de deux ou trois livres, ce qui constitue déjà, croyez-le bien, un très joli succès à votre actif. Non. Réservez, sans hésiter , la mouche artificielle pour la pêche des petites truites uniquement et, afin de n'être point exposé aux attaques toujours décevantes des grosses truites, n'employez ce mode de pêche que sur les deux affluents de la Drance, celui du Biot et celui d'Abondance où ne remonte pas le *salmo ferox.* J'ignore si ces affluents, qui se défendent bien contre le filet, sont toujours très poissonneux, car je n'y ai pas pêché depuis longtemps déjà : mais, à coup sûr, ils ne le sont plus comme en 1867. A cette époque, je fus le premier pêcheur, je dis très exactement *le premier*, qu'on vit battre la Drance d'Abondance, près de sa source. Le poisson, non plus, n'avait encore jamais vu ce nouveau genre de bipède armé d'une gaule, et je vous fais grâce du récit de mes trop faciles prouesses. Beau mérite, en effet, que celui de prendre de pauvres truitelles inexpérimentées, confiantes à l'excès, qui dévoraient, c'est le mot juste, toutes les mouches présentées, sans s'inquiéter de leur forme, de leur nuance, de leur grosseur ! Ah ! les petites folles ! J'espère, dans leur intérêt, qu'elles sont devenues plus malignes !

Ne surchargez pas votre ligne de nombreuses mouches ; trois mouches, placées à cinquante centimètres environ les unes des autres, vous suffiront pour battre ces cours d'eau relativement étroits et semés d'obstacles de toute nature. Ces mouches seront de trois couleurs : noires, grises et rouges. Une longue pratique m'a convaincu qu'il était tout à fait inutile d'en employer d'autres. Elles sont des mouches *type* et toujours vous rencontrerez sur l'eau une éphémère qui leur ressemblera ou tout au moins s'en rapprochera beaucoup.

Pêcher avec l'éphémère du moment, voilà tout le secret de la pêche à la mouche. Aussi, quand je me trouve au bord de l'eau et qu'il m'est impossible de m'assurer du genre d'éphémère qui passe, parce que le temps me manque, je pêche à la ligne *d'essai* munie des trois mouches précitées et je ne tarde pas à voir que l'une d'elles est tout particulièrement choisie par le poisson. Cette constatation faite, je monte une ligne avec trois mouches semblables à la mouche préférée et je la conserve, jusqu'à ce que les touches deviennent rares; je reprends alors une ligne d'essai, afin de chercher encore quel nouvel insecte est devenu le favori de la truite capricieuse. Au prix seul de ces essais répétés, vous arriverez à un bon résultat.

Mais il y a mieux à faire. Habituez-vous, quand vous arrivez sur le lieu de pêche, à observer attentivement la surface de l'eau; voyez les éphémères entraînées par le courant, c'est le menu du jour; choisissez parmi vos mouches celle qui s'en rapproche le plus et servez aussitôt.

Si l'eau ne vous renseigne pas, examinez les pierres, les herbes, les arbustes du bord, peut-être y trouverez-vous une précieuse indication. Enfin, à bout de ressources, pêchez avec une mouche d'essai jusqu'à ce que vous ayez pris une truite que vous tiendrez, après l'avoir assommée, suspendue par la queue tandis que vous exercerez une légère pression sur son ventre; son estomac, en laissant échapper les restes du dernier festin, vous livrera le secret que vous cherchez.

Observez, observez encore et toujours et surtout ne vous fiez pas, je vous en conjure, aux savantes théories formulées par la plupart des traités de pêche, qui donnent, avec une splendide planche coloriée à l'appui, la nomenclature des diverses mouches pour chaque mois. Il est impossible, sur ce point, d'avoir des données certaines, de poser un principe, car l'apparition des diverses éphémères varie à l'infini, et sans qu'on sache pourquoi, d'une rivière à l'autre, et aussi d'une année à l'autre. Ecoutez les conseils des vieux praticiens de chaque localité où vous pêchez, puis, je ne vous le répèterai jamais trop, habituez-vous à une observation qui ne se lasse pas. Oui, la rivière sagement consultée sera votre nymphe Egérie, votre meilleur guide ; mais elle ne livre son secret qu'à ses fidèles, à ceux qui savent la comprendre et l'aimer.

Je vous ai parlé de trois mouches *type* : la noire, la rouge et la grise. Pas d'erreur possible pour la grise et la noire; en ce qui concerne la rouge, je dois vous avertir que la couleur dont je parle n'est point le rouge vif comme le vermillon, c'est ce rouge, légèrement doré, qu'on remarque sur les plumes du cou de certains coqs. Retenez, en passant, que les mouches artificielles doivent avoir des teintes neutres, des teintes un peu passées comme les vieilles étoffes et défiez-vous, pour la pêche à la truite, des teintes *voyantes*, aux couleurs *tire-l'œil* mieux faites pour prendre l'acheteur naïf et inexpérimenté que le poisson.

Pour ma mouche noire, je me sers des plumes du cou d'un coq noir; pour la grise, des plumes du ventre de la perdrix grise, de la bécasse ou encore des plumes de dessous de l'aile de la sarcelle ; pour la rouge enfin, des plumes rouges du cou d'un coq. Avivez par un peu de rouge quelques-unes de vos mouches noires, soit avec des barbes de plumes d'ibis ou de plumes du dessous de la tête du pic-vert, soit avec quelques tours de soie rouge faits sur le corps de l'insecte, tout près de l'aile. Cette mouche rouge et noire est peut-être celle qui m'a donné, toujours et partout, les meilleurs résultats pour la truite.

Depuis de longues années, j'ai complètement renoncé aux mouches à ailes, pour n'employer que la mouche-araignée. Cette mouche est d'une fabrication relativement facile, mais, comme une pratique de plus de quarante ans me l'a prouvé, ses principaux avantages sont d'être moins *journalière*, de ne pas exiger autant de variétés que l'autre et, surtout, de mieux flotter à la surface de l'eau, où elle se maintient fort fort longtemps, grâce à la grande quantité de petites bulles d'air qui demeurent emprisonnées au milieu des légères barbes de plumes enroulées autour de l'hameçon.

Ne pêchez pas avec de trop grosses mouches; les mouches moyennes m'ont toujours bien réussi sur la Drance. Mes plus grosses mouches sont montées sur hameçons *italiens* n° 10, mes plus petites sur mêmes hameçons n° 12. Ces hameçons, tout blancs, très fins de fer, très acérés, très résistants et bien ouverts me paraissent infiniment supérieurs à tous les autres pour notre genre de pêche et je les recommande à ceux qui, comme moi, fabriquent eux-mêmes leurs mouches artificielles. Fabriquer soi-même est, sans contredit, le meilleur moyen d'être bien servi.

Je vous ai parlé de vos cannes, de votre bannière. Un dernier conseil à ce sujet. Une excellente précaution est de fixer à sa bannière quinze à vingt centimètres d'un caoutchouc semblable à celui qu'on roule autour de la calotte de nos chapeaux pour les retenir en cas de vent. Ce caoutchouc augmente la flexibilité de la ligne et amortit beaucoup les secousses du poisson ; aussi tous nos pêcheurs de l'Ain le considèrent, avec raison, comme indispensable à la pêche à la mouche artificielle.

Juillet et août sont de mauvais mois. La forte chaleur et la lumière étincelante du soleil rejettent la truite dans les grands fonds, sous les racines des bords ou sous les gros blocs de pierre semés à profusion dans le lit de la rivière ; vous n'avez quelque chance de réussite qu'en pêchant le matin ou le soir. Les meilleurs mois sont septembre et octobre, durant lesquels la pêche est bonne toute la journée. Il faut rechercher de préférence les jours où le soleil est voilé par des nuages, où le temps est couvert. Quelques gouttes de pluie ne gâtent rien, au contraire, elles font tomber dans l'eau les éphémères qui volent à la surface et le poisson est très en éveil en pareil cas ; mais cessez de pêcher pendant la grosse pluie, pendant un orage alors que le tonnerre gronde, ce serait vous fatiguer en pure perte ; la truite ne donne plus.

Le vent a son importance aussi, on peut même dire une grande importance. Les vents du midi et du nord, ce dernier surtout, sont bons quand ils soufflent légèrement; l'est est médiocre, l'ouest affreux, désespérant. Ce vent d'Ouest que les gens du pays appellent le *Joran*, sans doute parce qu'il vient du côté du Jura, est redouté, avec raison, de tous les pêcheurs, y compris ceux du Lac, si j'ai bonne mémoire.

Pour être complet, je vous indique, en terminant, que la truite et le chevenne de la Drance prennent très bien la mouche de pierres et la sauterelle. Si je ne vous parle que de ces deux insectes, c'est qu'ils sont les seuls que j'aie employés là-bas ; or, je tiens à ne vous indiquer que les modes de pêche dont je suis absolument sûr. Oui, la grande truite des lacs, elle-même, est très friande d'une sauterelle bien présentée.

Avec cette amorce, mon vieux compagnon le père Roche, dont je vous ai parlé, en fit monter une de vingt à vingt-cinq livres un jour que je pêchais avec lui, mais sur la rive opposée. La vue du monstre lui inspira une crainte salutaire pour sa ligne un peu faible et il se hâta de la retirer avant qu'elle ne fût saisie. Ce jour-là, jour de malheur, je pêchais à la mouche et, si j'avais sur moi des lignes au vairon, l'essentiel, autrement dit, le vairon manquait complètement ; impossible de songer à m'en procurer. Force me fut de fixer, au petit bonheur, à mon hameçon une truite d'un quart de livre, la moindre de mon panier. Je passai l'hameçon dans la gueule, l'engageai sous l'ouïe et le fixai dans le corps de mon amorce en faisant ressortir la pointe. C'était, vous le voyez, tout ce qu'il y a de plus primitif; ça ne tournait pas, ça remuait seulement, tant bien que mal, sous l'action du courant. Eh bien ! du premier coup, la truite se jeta vivement sur cette amorce étrange, l'engloutit et piqua dans un grand trou d'eau, en tête duquel elle se trouvait. Elle resta là plus de dix minutes, sans faire l'ombre d'un mouvement ; puis, sous de légères secousses que je donnai à ma ligne, elle se décida à quitter sa retraite pour s'engager, lentement et majestueusement, dans un courant si peu profond que sa nageoire dorsale émergeait. Ah! le beau poisson et quelle fière allure !

« — Monsieur, monsieur, c'est le *Simplon* qui remonte la Drance », s'écriait le père Roche dans un accès d'enthousiasme! Pour comprendre cette exclamation, il faut savoir que le *Simplon* était alors le plus grand des bateaux à vapeur faisant le service du lac de Genève.

Ma truite franchit ainsi un espace de cent mètres,

piqua dans un profond, en ressortit après une lutte assez courte et s'engagea de nouveau dans un rapide. Déjà, à tout hasard, le père Roche avait saisi sa gaffe et je m'apprêtais à en faire autant, quand brusquement ma ligne revint sur moi. Mon hameçon, hélas ! n'avait pas pénétré dans la gueule de la truite; il était resté constamment et jusqu'à ce qu'il eût fini par les déchirer, engagé dans les chairs de mon amorce où les dents du monstre demeurèrent grippées pendant plus de vingt minutes.

Il me serait pénible de vous faire part des émotions éprouvées à ce triste moment ; des années et des années m'en séparent et, néanmoins, je les ressens toujours aussi vives. C'est que, voyez-vous, on ne tient pas tous les jours une truite de vingt à vingt-cinq livres au bout de sa ligne !

II.

La Pêche dans la Loire

et

dans l'Ain [1]

I.

Un beau fleuve de France.

J'éprouve, en écrivant ces premières pages sur la Loire, une émotion profonde, que mes lecteurs comprendront. C'est dans le beau département, auquel notre fleuve a donné son nom, que j'ai vécu pèndant plus de trente années, et j'aime autant que mon pays natal ce cher Forez, où j'ai connu mes plus grandes joies comme aussi mes plus grandes douleurs.

La Loire ! La Loire ! à l'appel de ce nom, de nombreux souvenirs se pressent à mon esprit, les principaux évènements de ma vie me reviennent en mémoire et je dois me faire violence pour ne pas m'abandonner à une longue rêverie. Je me rappelle Montbrison, ses riches propriétaires terriens, si simples et si distingués, dont les chasses princières ne m'étaient jamais interdites; Roanne et ses ouvriers, turbulents parfois, mais toujours prêts,

[1] L'auteur, en inscrivant le titre de cette série d'études, n'a pas nommé la rivière d'Ain. Mais on verra qu'à chaque instant, il fait allusion à la pêche qu'il pratiqua si longtemps chez lui, à Poncin, dans sa belle et chère rivière. Nous croyons donc répondre à son intention en donnant à celle-ci la place en vedette qui lui revient. Les pêcheurs des bords de l'Ain, comme ceux des bords de la Loire, liront ces pages avec le plus grand intérêt.

à vous écouter quand on s'adressait à leur intelligence et surtout à leur cœur. Je me rappelle certains des malheureux clients de mon cabinet d'instruction ; nos relations, pour être forcées, n'en étaient pas moins empreintes d'un peu de cordialité, et souvent, quand nous nous rencontrions sur les bords de la Loire, nous échangions, avec une poignée de main, tous ces menus services qu'on se rend si volontiers entre pêcheurs. Et les Stéphanois! Ah les braves et bonnes gens! Ils ont gardé ma vive sympathie, car on ne saurait être meilleur que ces hommes à l'abord un peu rude, mais au cœur d'or. *Gaga*, ton surnom veut dire pierre précieuse dans ton vieux patois et tu es bien nommé ; avec toi les relations sont d'une sûreté sans égale ; on te quitte et quand on te retrouve après une longue séparation, tu tends ta main largement ouverte et son étreinte prouve que tu n'es pas de ceux qui oublient! Je ne t'oublie pas non plus, sois-en persuadé; il n'a fallu rien moins que la maladie pour me forcer à me séparer de toi!

Que me voilà loin de la question de pêche! J'espère cependant que mes lecteurs ne m'en voudront pas de cette digression: j'ai obéi à un premier mouvement, le bon, celui qui vient du cœur. Tous ceux qui *vibrent* me comprendront; quant aux autres, je me contente de les plaindre et de leur prédire qu'ils ne seront jamais que de mauvais preneurs d'ablettes, car le vrai pêcheur, celui que Saint Pierre honore de sa haute protection et de ses faveurs, cache toujours, sous sa froideur apparente, une sensibilité que pourraient lui envier bon nombre de charmantes femmes, soi-disant incomprises.

Au collège, j'ai appris que, de tous nos fleuves français, la Loire était le plus long; j'ai appris ensuite, en le *pratiquant*, qu'il était le plus beau, le plus captivant.

Jamais il n'est monotone; il varie ses aspects à l'infini; tantôt grondant comme un torrent des Alpes, tantôt, paresseux et calme, indiquant à peine la direction de ses eaux. Voyez-le, près de Saint-Etienne, dans les gorges profondes, qui séparent le Pertuiset de Saint-Rambert, il écume et bouillonne autant que le Rhône à proximité de Bellegarde; voyez-le ensuite sous Orléans, alors qu'il s'étend à perte de vue sur des sables dorés, quel changement de décor! Aux rochers abrupts et sauvages ont succédé les riants coteaux, la plaine plantureuse; puis c'est maintenant le *Jardin de la France* que le fleuve traverse et là, groupés le long de ses bords, des châteaux magnifiques, de princières demeures viennent se mirer dans ses eaux..

Pareil fleuve devait plaire à la *gent écailleuse* et, de fait, on y rencontre tous les poissons d'eau douce, à l'exception de certains poissons des lacs. Inutile de vous énumérer les espèces communes qu'on y trouve le plus abondamment ; je ne veux vous citer que les plus belles, celles qui ont leurs titres de noblesse parfaitement en règle: les saumons, les truites, les ombres, les brochets, les carpes, les barbeaux. Je dois mentionner aussi l'esturgeon, poisson migrateur, qui passe son existence alternativement dans les eaux salées et dans les eaux douces. Sur nos marchés, ceux qu'on vend, ont, au maximum, un mètre et demi de longueur, mais c'est le poisson le plus grand qui fréquente les fleuves et, comme en font foi les traités sérieux de pêche et d'histoire naturelle, son poids arrive à 400, 500 kilos et bien au-dessus. Malheureusement il ne se prend qu'aux filets à cause de la conformation de sa bouche. A Orléans, sur les ruines des piles de l'ancien pont de Jeanne d'Arc, j'ai souvent entendu, le soir, sauter de véritables monstres aquatiques, que l'on m'affirmait être des esturgeons. Je me souviens même qu'ils troublaient beaucoup par leurs ébats intempestifs nos pêches de barbeau, alors que notre bateau était amarré aux bains des Dames.

II.

LE SAUMON

I. Le poisson migrateur dans la Loire.

Je vais parler des poissons que j'ai énumérés, de leurs habitudes, de leur biologie, comme on dit dans le jargon scientifique, puis je vous indiquerai ultérieurement, les principaux modes de pêche qui me paraissent les plus pratiques pour chacun d'eux.

A tout seigneur tout honneur! je débute par le saumon. Encore un poisson migrateur, comme l'esturgeon; il nous vient de la mer du Nord ou de l'Océan et remonte la plupart des fleuves et des rivières du versant septentrional de l'Europe. Vainement vous le chercheriez dans les eaux tributaires de la Méditerranée, il ne s'y rencontre jamais. Ce magnifique poisson atteint des poids considérables; on en capture de 25 et 30 kilogrammes et même plus. L'éminent naturaliste Raveret-Watel, auteur d'un petit ouvrage très apprécié sur les poissons d'eau douce et directeur de la station aquicole du Nid de Verdier, près Fécamp, a constaté que le saumon ne prend un réel accroissement qu'à la mer, que le milieu marin lui est aussi nécessaire pour se développer complètement que l'eau douce lui est indispensable pour se reproduire. Le saumon, dit-il, est de première qualité au moment où il remonte en rivière. Sa chair est très *saumonée*, c'est-à-dire d'une belle couleur rougeâtre, et de minces couches d'une graisse délicate, logées entre les muscles, la rendent très savoureuse.

Mais pendant son séjour en eau douce, le poisson maigrit peu à peu, sa chair se décolore et finit même par devenir blanchâtre, molle, fade, presque immangeable chez les sujets qui ont frayé; ceux-ci ne recouvrent leurs qualités premières qu'en passant de nouveau un certain temps à la mer. A l'approche de la fraie, se produit chez le saumon un phénomène singulier : la pointe de la mâchoire inférieure s'allonge et se relève en formant un crochet qui s'engage dans une fossette correspondante de la mâchoire supérieure. Ce crochet, plus développé chez les mâles, arrive, chez les sujets âgés, à repousser la mâchoire supérieure, de telle sorte que la bouche reste béante sur les côtés. C'est ce que l'on nomme des saumons *bécards*.

Le saumon remonte très haut dans la Loire et dans ses affluents supérieurs, on le trouve bien au-delà de Retournac (Haute-Loire). Notre fleuve, avec ses eaux fraîches et claires, lui convient tout spécialement, aussi y était-il très abondant *au temps jadis*, si abondant même qu'on vous contera que, dans certaines fermes de la plaine du Forez, les domestiques, en faisant leurs conventions avec un nouveau maître, avaient grand soin de stipuler qu'ils ne seraient obligés de manger du saumon que deux fois par semaine. Où est cet âge d'or, ce temps béni ! Les braconniers patentés et autres ont changé tout cela. Dans la basse Loire, d'innombrables pêcheries sont installées, avec un tel perfectionnement d'engins modernes, qu'aujourd'hui de bien rares saumons parviennent jusqu'à Roanne. Là ils sont retenus par un formidable barrage et seules les fortes crues leur permettront de le franchir, parce qu'on le baissera. Il y a une échelle à poissons, me direz-vous. Oh ! je le sais, mais allez voir, je vous prie, comment toutes ces échelles fonctionnent et vous conviendrez avec moi qu'elles ont singulièrement besoin d'être revues et corrigées pour rendre les services qu'on en attend.

Dans le département de la Loire et surtout dans celui de la Haute-Loire, la dynamite guette les rares saumons échappés par miracle aux pêcheries du bas. C'est pitié de voir avec quelle rage de destruction les écumeurs de rivière emploient cet explosif, qu'ils se procurent trop facilement, peut-être, dans nos pays de mines et de carrières.

En 1897, au mois de juin, entre Pont de Lignon et Bas Monistrol, j'ai vu un de ces ignobles maraudeurs jeter sur un parcours de deux kilomètres, douze cartouches de dynamite dans la Loire. Il ramassa quinze à vingt livres au plus de malheureux poissons et j'estime, sans aucune exagération, qu'il en avait certainement tué plus de trois quintaux qui furent, comme vous le pensez, entièrement perdus.

La police de la pêche est généralement très mal faite, il faut bien le reconnaître ; les braconniers se moquent des gendarmes et des gardes, trop peu nombreux actuellement pour assurer une surveillance efficace. Certes je n'incrimine en rien ces bons et loyaux serviteurs de la loi ; ils font tout ce qu'ils peuvent et en vieux magistrat que je suis, je proclame très haut leur dévouement absolu, pour en avoir été témoin pendant de longues années. Pour quiconque réfléchit un peu, il est évident que le mal vient entièrement de notre habitude invétérée de nous adresser toujours à l'Etat pour lui demander en tout et pour tout aide et protection, sans faire le moindre effort personnel, sans compter sur nous-mêmes, sur notre initiative. Il y a beau temps que cette rengaîne de l'Etat Protecteur Unique, de l'Etat Providence aurait dû rejoindre les vieilles lunes.

Comme je vous l'ai dit, le saumon ne peut se reproduire qu'en eau douce ; aussi quitte-t-il l'Océan, avant la fraie, pour remonter nos fleuves. La Loire était autrefois, un de ces fleuves privilégiés. L'ordre de marche du saumon, si j'en crois Poitevin, car je n'ai jamais pu le constater moi-même, est assez bizarre et mérite d'être signalé. Le plus gros des poissons rassemblés à l'embouchure du fleuve, et qui est ordinairement une femelle s'avance le premier ; à sa suite viennent les autres femelles, deux à deux, et chacune à la distance de un à deux mètres de celle qui précède ; les mâles les plus grands paraissent ensuite, observant le même ordre que les précédentes et suivis des saumons les plus jeunes. Plus tard, près du lieu choisi, ces poissons se réunissent par paires et chaque couple creuse dans le lit de la rivière une petite fosse, qui sera le nid où la femelle déposera ses œufs.

Le saumon est un nageur des plus rapides et des plus puissants ; il parcourt des distances énormes en un temps relativement fort court, puisqu'on va jusqu'à prétendre qu'il fait, pour employer le jargon moderne, même du quarante-cinq à l'heure, comme une auto. La ressemblance s'arrête là ; le saumon ne laisse pas de mauvaise odeur derrière lui. Mais j'avoue que si jamais des paris s'établissent sur cette question de vitesse, je serai, je crois, du côté de ceux qui n'accordent au saumon qu'une allure plus modérée, sans toutefois la rapprocher de celle du traditionnel cheval de fiacre.

Le moment de la ponte varie de novembre à décembre, suivant la température, et l'éclosion des œufs se produit de soixante à cent vingt jours après ; question de froid ou de chaud.

Avant d'avoir la belle livrée que nous lui connaissons tous, le jeune saumon subit de nombreuses transformations ; il est un peu comme les papillons aux couleurs éclatantes, qui ne sont que la métamorphose d'insectes visqueux et dégoutants. Ici, je n'ai pas à faire un cours d'histoire naturelle ; qu'il me suffise de dire que le jeune saumon, fraîchement éclos, est affreusement laid et qu'il met dix-huit mois, environ, avant d'être présentable, c'est-à-dire avant d'être promu à la dignité de *tacon*. Mais qu'il est joli alors, avec sa robe brillante, aux reflets d'acier, et mouchetée de petits points rouges semblables à des rubis ! C'est sa tenue de voyage, celle qu'il revêt pour se rendre à l'Océan, d'où il reviendra complètement transformé, après un séjour variant de quelques semaines à plusieurs mois. Quant à sa forme et à sa coloration définitives, le saumon adulte ne les prend qu'au retour de son second voyage à la mer.

Les vieux pêcheurs de la Loire, comme moi, se souviennent tous de l'abondance invraisemblable des *tacons* qu'on rencontrait autrefois, non seulement dans le fleuve, mais aussi dans ses affluents supérieurs, tels que l'Anse et les deux Lignon du Velay et du Forez. Généralement, ils voyagent par bancs, et, quand on tombait sur l'un d'eux, en pêchant à la mouche artificielle, on pouvait facilement remplir son panier de ces jeunes fous, dont l'appétit était insatiable et l'ignorance du danger absolue. Souvent j'ai dû quitter un lieu de pêche pour soustraire mes pauvres mouches artificielles aux attaques incessantes des *tacons*. Et si ces étourdis n'avaient que la ligne à redouter ! Mille dangers les attendent au cours de leur premier voyage à l'Océan ; pour n'en citer qu'un, j'indique que ces faiseurs d'école buissonnière ont la rage de s'engager à l'aventure dans les biefs et les canaux des usines. A Pont-de-Lignon, par exemple, j'ai vu, peu de temps avant la construction de l'usine électrique, un banc énorme de *tacons* pris, du premier au dernier, dans le canal d'amenée d'un moulin: pas un seul des pauvres petits poissons n'échappa à la destruction ; on avait barré le canal, en aval, avec un double et triple filet, puis on avait ensuite baissé la vanne d'amenée, en amont. Vous le voyez, le mode de procéder est aussi simple que pratique. J'ai vu également les *tacons* entrer en masse dans le canal d'irrigation du Forez, et je peux affirmer, qu'il y a dix à douze ans, on en prit une assez grande quantité dans ce canal, à proximité de Montbrison ; les pauvres étourdis s'aventuraient jusque dans les moindres artérioles. Je cite, enfin, que dans la chambre d'emprunt de ce même canal, à Boisset-Cerizet, j'ai pris à la mouche artificielle deux tacons, qui s'étant engagés dans cette chambre, n'avaient plus pu en sortir. Depuis combien de temps étaient-ils prisonniers dans ce milieu qui leur conve-

naît si peu ? Toujours est-il que j'eus beaucoup de peine
à reconnaître des saumons dans mes deux poissons. Figurez-vous des espèces d'anguilles, longues de trente-
cinq à quarante centimètres, de couleurs ternes, aux
chairs molles et flasques. Et dire que quelques jours,
mettons quinze, si vous le voulez, passés dans l'Océan,
auraient suffi à ces pauvres tacons pour reprendre force
et beauté !

C'est que l'effet de l'eau de mer, sur le saumon, tient
du merveilleux ; il lui permet, en très peu de temps, de
croître d'une façon réellement extraordinaire, si extraordinaire que je m'abstiens de vous citer des exemples
fournis par les traités de pêche, craignant d'être taxé
d'exagération. Avec le traitement par l'eau de mer, les
bécards eux-mêmes, ces pauvres victimes de l'amour,
renaissent comme par miracle à la santé. Un jour que
je chassais, en hiver, près de Chambéon, sur les grèves
de la Loire, où nos lièvres de la plaine aiment à se réfugier par certains temps froids et humides, j'aperçus
dans le fleuve, à dix mètres du bord, un long objet sombre, quelque chose comme une bûche ou un parapluie,
qui m'intrigua si fort par ses mouvements bizarres que
je n'hésitai pas à entrer dans l'eau pour me tirer d'incertitude. C'était un bécard que l'eau recouvrait à peine.
Un coup de fusil bien placé m'en rendit facilement maître, je crois même que j'aurais pu le prendre à la main.
Il était fort laid avec son énorme bec de perruche et,
quoiqu'il eût bien un mètre de longueur, son poids était
relativement très faible, tellement il était maigre et ef-
flanqué ; quant à sa chair, molle et complètement blanche, elle ne valut pas mieux que celle d'un vulgaire
chevenne. Croyez-en mon expérience et si pareille aubaine vous arrive, empressez-vous de faire, avec votre
capture, des largesses à vos amis: qu'il n'en paraisse pas
la moindre parcelle sur votre table.

En vous donnant ces quelques notions très sommaires
sur le saumon, je me suis demandé si je faisais œuvre

utile aux pêcheurs de la Loire ; car, au train dont vont les choses, ce magnifique poisson est appelé, à brève échéance, à disparaître de notre fleuve. Avant dix ans, les journaux de Roanne annonceront, dans leurs faits divers, comme un évènement extraordinaire et capable, en tous points, d'étonner leurs lecteurs, la capture d'un saumon, et un barnum exhibera, moyennant finances, ce spécimen d'une race disparue. Il est vrai que vous aurez toujours la ressource de vous procurer du saumon en boîte de conserves ; il viendra de je ne sais où, il sera mauvais, mais ce sera toujours du saumon, et gogo sera content quand même.

Non, vous ne voulez pas en arriver là ! On connaît le mal ; on en connaît les causes et le remède ; agissez sans retard. Ce n'est pas d'un simple sport qu'il s'agit, d'une mesquine question de pêche ; des intérêts plus graves sont en jeu, une ressource alimentaire est sur le point de disparaître, la France est aujourd'hui tributaire de l'étranger pour l'approvisionnement de nos marchés et l'acquisition d'un poisson que ses fleuves lui fournissaient abondamment autrefois lui coûte des sommes énormes. Et tout cela uniquement parce que notre beau pays est le seul à avoir, en matière de pêche, des lois qu'on n'applique pas. J'ajoute que ces lois auraient besoin d'être revues et corrigées sur divers points. Mais si on veut arriver à quelque chose de pratique, il est nécessaire que les pêcheurs se groupent pour être forts et se faire écouter. Qu'ils forment partout des Sociétés qui puissent parler haut et obtenir gain de cause pour leurs justes réclamations.

On parle beaucoup de nos jours d'un nouveau saumon qu'on aurait acclimaté dans nos eaux françaises, le saumon de Californie. Ce saumon présente cette particularité qu'il ne quitte pas la rivière où il a été jeté pour descendre à la mer après avoir frayé. On le localise donc assez facilement ; aussi j'estime qu'on ferait bien d'en mettre en abondance dans la Loire au lieu d'essayer l'acclimatation, dans notre fleuve, de l'omble-chevalier qui n'y réussira jamais, à mon avis ; c'est à grand'peine si vous en conserverez quelques spécimens dans les grands fonds de Villeret, de la digue de Pinay et du barrage de Roanne. L'omble-chevalier est un poisson des lacs à eaux profondes et fraîches.

II. Modes de pêche du saumon.

Maintenant que nous connaissons les principales habitudes du saumon et ses migrations périodiques, sans être entré toutefois dans de minutieux détails que comporterait seule l'étude de ce poisson au point de vue scientifique, nous allons nous occuper de ses modes de pêche les plus usuels et les plus pratiques.

Une remarque s'impose tout d abord, c'est que ces modes sont presque semblables à ceux qu'on emploie pour la truite. Mais, si dans ces deux sortes de pêches les amorces sont à peu près les mêmes, l'outillage qu'elles comportent doit être différent, car vous ne sauriez vous contenter, en affrontant le saumon, des cannes qui vous ont servi pour pêcher la truite, la grande truite des lacs exceptée, bien entendu. Que votre canne soit d'une solidité à toute épreuve; vous avez le choix entre les cannes en roseau rubané, en bambou refendu ou en bois des îles de première qualité ; les vrais amateurs n'emploient même pour ce sport que des cannes en bambou refendu à cœur d'acier, ce qui est le suprême du genre et aussi du *chic;* mais, vous le savez, quand on sacrifie au *chic* cela coûte cher et les catalogues d'articles de pêche vous en diront plus long que moi sur ce point. Votre moulinet, d'un jeu facile et bien réglé, devra contenir de cinquante à soixante mètres de fil au moins, car les défenses du saumon ne ressemblent pas à celles des autres poissons qui sont localisées sur un espace relativement restreint ; aussitôt qu'il est ferré le saumon *prend un parti*, telle une bête de chasse vivement menée, c'est-à-dire qu'il file à toute vitesse dans une direction quelconque et ne ralentit qu'assez loin cette course folle. Rendez-lui donc tout le fil nécessaire sans chercher à entamer une lutte inégale où vous seriez infailliblement le plus faible. Mais, pour éviter cette lutte, il est de toute nécessité, vous devez le comprendre, que votre moulinet soit garni d'un nombre respectable de mètres de fil, et de fil très résistant. Enfin complétez votre équipement en vous munissant d'une gaffe semblable à celle que je vous ai recommandée en parlant de la grande truite des lacs ; saumon et grande truite des lacs sont de trop nobles proies pour qu'on emploie à leur capture la vulgaire épuisette; gardez cet encombrant joujou pour les pêches communes ; au besoin même, chassez avec lui les papillons en compagnie de vos bébés.

Le saumon se pêche au ver, à la crevette, au poisson naturel et artificiel et à la mouche. Pour le ver, je n'ai rien à ajouter ici à ce que j'ai dit de ce mode de pêche quand je parlais du *salmo ferox* dans la Drance et je prie mes lecteurs de vouloir bien s'y reporter ; je les préviens seulement qu'ils devront se monter aussi solidement que possible ; des florences de premier choix et des hameçons *éprouvés* sont ici de rigueur.

La pêche à la crevette a quelque ressemblance avec la pêche au poisson naturel parce qu'on monte également ce petit crustacé sur une hélice munie d'hameçons triples ; mais je ne l'ai jamais pratiquée et j'ai pour principe de ne parler que des choses que j'ai vues et dûment constatées.

En ce qui touche la pêche du saumon au poisson naturel ou artificiel, je vous renvoie encore à ce que j'ai dit de ce mode de pêche relativement à la grande truite des lacs. Vous pêcherez le saumon exactement comme vous pêchez cette grande truite ; la seule différence que je puisse peut-être signaler, c'est que généralement

le saumon se tient au milieu de la rivière et par exception seulement à proximité des bords, à moins que
l'eau n'y soit très profonde et battue.

Quand vous pêcherez au poisson naturel monté sur
hélice, choisissez des amorces aux écailles brillantes
et, sous le fallacieux prétexte que vous recherchez un
gros poisson, ne vous croyez en aucune façon obligé
d'employer une trop forte amorce ; la grosseur de cette
amorce influerait peu, croyez-le bien, sur le saumon ;
ce qui l'incitera surtout à mordre, c'est la manière dont
le poisson lui sera présenté ; un poisson brillant, même
petit, mais tournant avec rapidité et à une allure naturelle, le fascinera toujours ; serait-il repu, il se précipitera sur lui, pour le simple plaisir de le broyer entre
ses dents, afin de satisfaire ce besoin de détruire toujours et quand même, propre à la plupart des animaux
chasseurs.

On pêche le saumon à la cuiller, je le sais, et on
fabrique de ces cuillers tout-à-fait affriolantes, véritables bijoux où le métal brillant et la nacre scintillante
marient leurs reflets aux reflets de plumes ou de soie
vertes jaunes et rouges. Pour rehausser sa parure de
guerre d'un objet aussi chatoyant, un négrillon se
ferait fouetter, mais les saumons en seront-ils aussi
férus ? Je laisse à d'autres le soin de décider ; en ce qui
me concerne, la cuiller ne m'a jamais réussi que dans
les lacs ; en rivière, elle ne m'a guère valu que de
formidables bredouilles.

La mouche artificielle est, de beaucoup, le mode de
pêche le plus usuel pour le saumon ; il est, en plus,
le mode *chic* par excellence et je crois que nos bons
amis les Anglais, les purs gentlemen s'entend, rougi-
raient d'en employer un autre quand ils pêchent en
bonne compagnie. Point de salut en dehors de la mouche artificielle !... La mouche artificielle.... c'est ainsi
qu'on nomme en la circonstance, un insecte impossible,
véritable insecte de l'Apocalypse, ressemblant autant

à une mouche qu'un poisson ressemble à un lapin ! Assurément la mouche en question serait plutôt un papillon aux riches couleurs... elle a du vert, du jaune, du bleu, du rouge; en un mot toutes les nuances qu'on peut rêver. La nature n'a rien créé d'exactement pareil soyez-en persuadé et vous bouleverseriez toutes les planches des bouquins d'entomologie sans y rencontrer un insecte semblable, car il est purement et simplement sorti de l'imagination du fabricant. Et les noms de ces extraordinaires bestioles ? Ah ! ils sont pour nous d'une prononciation difficile, étant tous anglais alors même qu'ils désignent des articles fabriqués en France. Lorsqu'on est dans le train ou si vous l'aimez mieux du dernier bateau, lorsqu'on se fait habiller à Londres et qu'on y envoie blanchir ses manchettes et ses faux-cols, on doit y prendre aussi ses mouches artificielles. Il suffit que quelques personnages en vue aient cette marotte pour que la foule des snobs s'empresse de les imiter et de proclamer cette colossale ânerie que les Anglais seuls peuvent fournir de bons articles de pêche. Nos braves paysans du Bugey prétendent que, lorsque le soleil est couché, il y a beaucoup de bêtes à l'ombre. Peut-être ont-ils raison.

Mais laissons tout cela et reconnaissons loyalement que ces insectes invraisemblables, affublés de noms bizarres, sont excellents pour la pêche du saumon, aussi bien en France que dans d'autres pays, tels que la Suède et la Norvège, l'Angleterre, le Canada. Lisez tous les récits de pêche au saumon dans ces contrées privilégiées entre toutes, et vous verrez que la mouche artificielle y joue le rôle principal.

Pourquoi le saumon accepte-t-il si facilement cette amorce ? Tous, nous avons souvent vu la truite préférer des mouches artificielles de haute fantaisie à des mouches qui étaient la reproduction exacte d'une éphémère dont de nombreux spécimens flottaient sur l'eau. Cela peut s'expliquer. La variété des insectes servant de nourriture ou, si vous l'aimez mieux, de hors-d'œuvre aux saumons et aux truites est infinie, nous ne la connaîtrons jamais complètement : on en rencontre de toutes les formes comme aussi de toutes les couleurs ; peut-être les poissons, en chassant sur nos mouches de fantaisie, chassent-ils, à tout prendre, sur des insectes ressemblant à d'autres dont ils se sont parfois nourris ; peut-être encore se laissent-ils simplement aller à l'attrait de la nouveauté. *Omne ignotum pro magnifico habetur.* L'homme, n'en doutez pas, n'est pas seul à aimer le changement.

J'avoue que je n'ai jamais fait personnellement l'essai de ces mouches. Cela tient à ce que j'ai pêché toujours dans des rivières, comme la Loire, où le saumon était si rare qu'il eût été enfantin de le pêcher spécialement avec des mouches refusées par tous les autres poissons.

Je n'ai pris dans notre fleuve que de petits saumons, des tacons pour mieux dire, et je les ai tous pris à la mouche artificielle ordinaire ; mais je suis certain que les saumons adultes, même ceux de grande taille, mordent fort bien à cette minuscule amorce ; elle n'a qu'un tort, celui d'être trop peu résistante et de ne point permettre de soutenir la lutte avec les gaillards dont nous parlons. Plusieurs fois mes pauvres petites mouches ont été mises à mal en dessous du pont de Montrond, à la digue de Meylieu et à l'Epi Montagne, à proximité de la belle terre de Sourcieux, propriété de la famille Balaÿ, et c'étaient bien des saumons qui me jouaient ce vilain tour ; j'en ai vu quatre, très distinctivement. Mes bas de lignes en fine florence étaient rompus ou coupés d'un seul coup. J'ai cependant la main assez légère, puisque, la plupart du temps, je ne pêche qu'avec des mouches montées sur un seul crin de cheval. Ce simple crin, soit dit en passant, lorsque la canne est très flexible et munie d'une bannière dont un caoutchouc augmente la souplesse, vous permet de prendre de très jolies pièces. Trois de mes anciens collègues, qui, sous prétexte d'une

partie de pêche, m'avaient un jour accompagné à Montrond pour manger une savante fondue aux œufs de ma
confection, pourraient au besoin certifier m'avoir vu
prendre, avec mon seul crin de cheval, un chevenne de
trois livres deux cent quatre-vingts grammes, sans le secours de l'épuisette. Pendant que je fatiguais mon poisson, P..., plus ardent que le bouillant Achille, ne cessait
de répéter : « Mais amenez donc, amenez donc » et, dans
son empressement de voir l'animal de plus près, il en-
trait résolument dans l'eau, sans nul souci de ses bot-
tines ni de son pantalon ; j'eus toutes les peines du
monde à l'empêcher de saisir mon fil, ce qui aurait singulièrement compliqué la situation. Pour le récompen-
ser d'avoir bien voulu se résigner au rôle de spectateur,
je lui fis hommage de mon chevenne, ce dont il parut enchanté, à mon grand étonnement, je l'avoue. J'aime à
prendre un chevenne, je n'en mange jamais. Et dire que
mon ami P... a la réputation d'être gourmand !

Je vous ai dit que je n'avais jamais pêché le saumon
dans la Loire d'une façon spéciale et avec des amorces
qui ne conviennent qu'à lui seul parce que j'estimais la
réussite trop aléatoire et je vous engage vivement à suivre mon exemple. Si, cependant, vous tenez à inscrire
un beau saumon sur votre carnet de pêche, allez le chercher ailleurs que dans notre fleuve ; ils sont nombreux
ceux qui, pour cette noble capture, n'hésitent pas à s'im-
poser des déplacements considérables. Allez en Bretagne, mais pressez-vous parce que nous sommes dans
un siècle de progrès, où on a remplacé des modes de
pêche surannés tels que la ligne et certains filets peu
dangereux par les barrages volants, garnis d'engins plus
destructeurs les uns que les autres, par les frayères fac-
tices où de véritables pièges à loup viennent saisir les
saumons qui s'y aventurent et enfin par la dynamite.

III.

LA TRUITE

I. Y EN A-T-IL PLUSIEURS ESPÈCES ?

Si la pêche du saumon dans la Loire est une pêche exceptionnelle, il n'en est plus de même de celle de la truite ; cette pêche, si captivante, mérite une étude complète, car, sur les bords de notre fleuve, elle peut donner à ses nombreux adeptes les émotions violentes qu'ils recherchent.

Je parle d'émotions violentes : croyez-le bien, le pêcheur de truite n'est point l'homme placide et calme qu'est d'ordinaire le pêcheur à la ligne ; essentiellement actif, sans cesse en mouvement, il *chasse* le poisson plus qu'il ne le *pêche* et Saint-Hubert pourrait le prendre sous son haut patronage. Comme le chasseur qui bat la plaine ou le coteau, le pêcheur de truite bat la rive, en quête, lui aussi, des *bonnes remises* qu'il explore avec sa ligne ; il n'attend pas, immobile, que le caprice du poisson l'amène à proximité de son amorce, il va à sa rencontre, il le recherche avec ténacité, au prix d'une réelle fatigue de tous les muscles, puisque ses bras, par le mouvement continuel de la canne, sont soumis à un exercice aussi rude que ses jambes elles-mêmes. Bien d'autres, avant moi, ont fait ce juste rapprochement entre le pêcheur de truite et le chasseur. Il s'impose.

Les eaux de la Loire, dans sa partie haute, sont claires, fraîches et fortement battues par de nombreux courants ; elles conviennent admirablement à la truite qui, protégée par une surveillance plus active et mieux entendue, y deviendrait, rapidement, très abondante. Mais, aussitôt que le fleuve a reçu le tribut des rivières de la plaine, dont les eaux sont moins limpides, moins froides, moins aérées, la truite s'y fait de plus en plus rare, à mesure qu'on descend, et finit par disparaître.

La Loire, dans sa traversée des départements de la Haute-Loire et de la Loire, était autrefois, paraît-il, très richement approvisionnée de truites ; de nos jours cette richesse, quoique moindre, est encore assez grande pour satisfaire l'ambition d'un bon pêcheur. En deçà des deux départements précités, je ne conseillerai jamais à personne de pêcher exclusivement la truite dans notre fleuve, car, déjà assez rare à proximité de Roanne, elle devient presque introuvable plus bas.

Les meilleurs endroits de pêche, ceux que j'indique tout particulièrement pour les avoir pratiqués pendant de longues années, sont : Retournac, Pont-de-Lignon, Bas-en-Basset, Aurec, Saint-Victor, et certains courants ou *jarres* de la plaine du Forez, tels que ceux qui avoisinent la digue de Meylieu, les deux ponts de Montrond, la digue de Pinay et enfin quelques rapides un peu au-dessus de Roanne.

C'est la truite *ordinaire* qu'on rencontre dans la Loire. Qu'est-ce à dire ? Tous nous avons entendu parler de la truite des lacs, de la truite de rivière, de ruisseau, de la truite saumonée; je vous ai entretenus de la grande truite des lacs, *le salmo ferox*, à propos de la Durance. Est-il vrai que nous devions accepter pareille classification, les yeux fermés, et reconnaître qu'il existe plusieurs espèces de truites ? Je ne le crois pas.

Il n'y a qu'une seule et unique espèce de truite qui, selon le milieu où elle est placée et son mode de nourriture, varie de grosseur et de livrée, se transformant en quelque sorte... Prenez ce que nous appelons nos truites de rivière ou nos truites de ruisseau, et, mettez-les dans un vaste lac à eaux profondes et abondamment empoissonnées, et vous verrez, sans tarder, ces truites *ordinaires* prendre la livrée des grandes truites des lacs, dont elles atteindront les fortes dimensions et le poids, si Dieu leur prête vie. J'ai été trop souvent témoin de ces métamorphoses de truites, suivant le milieu où elles étaient transportées, pour ne pas être absolument certain de ce que j'avance.

Ainsi, dans l'Ain, tous les pêcheurs ont maintes fois constaté que les truites venues du Rhône dans notre belle rivière, au moment des crues ou à l'époque du frai, ont une livrée différente de celles de nos truites, mais qu'après un court séjour dans nos eaux, elles deviennent en tous points semblables aux truites indigènes. Transportez maintenant ces truites de l'Ain, dans nos ruisseaux, elles se modifieront à leur tour et, de pâles qu'elles étaient, elles seront, après quelques jours, fortement marbrées de plaques noirâtres.

Truites du Rhône très blanches, truites de l'Ain légèrement plus sombres, truites de la Loire, à reflets jaunes, appartiennent, n'en doutez pas, à une seule et unique espèce ; leurs différences de livrées proviennent simplement de ce que ces poissons prennent *toujours* la teinte du fond de la rivière où ils vivent, ce qui leur permet de mieux se dissimuler, se cacher; et cette loi s'étend à bien d'autres animaux, pour ne pas dire à tous. Nos lièvres ne prennent-ils pas une fourrure dont la teinte s'harmonise et tend à se confondre avec celle du terrain de leur contrée ? Mettez des lièvres d'Allemagne sur nos côteaux à terre rougeâtre, et vous verrez leur pelage, de gris qu'il était, passer assez vite à la belle couleur fauve que nous leur connaissons. Bien mieux, dans la même rivière où certains fonds, peu distants les uns des autres, ont cependant des teintes différentes, vous avez sans doute remarqué que les poissons qui les habitent varient leurs nuances.

Dans l'Ain, par exemple, près de nos rochers couverts de mousse noire, toutes les truites ont la robe sombre et le dos très foncé, alors que, quelques mètres plus haut ou plus bas, sur les bancs de graviers ou de gros cailloux blancs, si communs dans notre rivière, la truite est pâle.

Et la truite saumonée, me direz-vous ? Pas plus que l'autre, elle ne constitue une espèce différente. Elle aussi doit la couleur de sa robe et de sa chair au milieu où elle vit ; simple question d'eau et de nourriture. N'importe quelle truite à chair blanche, transportée dans une eau fraîche, largement aérée, où elle trouvera quantité de ces crevettes de ruisseau, dont elle est si friande, sera bientôt saumonée, soyez-en sûr. Nous constatons journellement ce fait dans les petites rivières affluents de l'Ain. J'indique enfin que les truites à robe pâle et à chair blanche, prises par moi et placées dans un vaste bassin à fond couvert de mousse sombre où pullulent les crevettes de ruisseau avaient, trois mois après, la livrée beaucoup plus foncée, marbrée de larges plaques noires et *la chair entièrement saumonée.* Certainement il ne leur avait pas fallu ces trois mois pour se métamorphoser de la sorte. Cette expérience est concluante, et facile à renouveler quand on voudra.

Toutefois, j'avoue que, malgré ma conviction absolue de dire vrai en soutenant qu'il n'y a qu'une seule et unique espèce de truite, j'aurais hésité à affirmer ainsi publiquement une théorie qui peut rencontrer bon nombre d'incrédules, si, en plus de mes observations personnelles, je n'avais pas su qu'elle est conforme à l'opinion de la plupart de ceux qui ont traité cette question d'histoire naturelle. Je me borne à vous citer quelques lignes de M. Raveret-Wattel, éminent naturaliste directeur d'une importante station aquicole, dont la parole doit faire autorité parce qu'elle s'appuie sur des faits, que ses fonctions mêmes lui permettent chaque jour de contrôler :

« Quelques naturalistes ont désigné sous le nom de *Trutta variabilis* la truite qui demeure sédentaire dans nos eaux douces, au lieu de se rendre périodiquement à la mer, comme la *truite de mer ;* cette appellation est peut-être celle qui lui convient le mieux, car aucun poisson ne varie autant de taille, de livrée, etc., sui-

vant les eaux qu'il habite. Les différences sont parfois
telles, qu'on a pu croire souvent à l'existence de plusieurs espèces ; d'où tant d'appellations diverses données à ce poisson, suivant les milieux dans lesquels on
l'a observé : Truite de rivière, Truite de ruisseau, Truite des lacs, etc., etc. Mais sous tous ces noms, il n'y a
qu'un seul et même poisson. Dans de vastes surfaces
d'eau, comme dans certains lacs d'Écosse ou de Suisse,
où la truite trouve, avec beaucoup d'espace, une grande profondeur d'eau et une abondante nourriture, ce
poisson acquiert de superbes dimensions ; c'est alors
qu'on l'appelle la Truite des lacs. Dans les ruisseaux
de montagne, aux eaux souvent très froides, sans profondeurs, et pauvres en éléments nutritifs, la truite
reste toujours très petite, mais elle est généralement
excellente.

« La coloration n'est pas moins variable que la taille.
Généralement, le dos est d'un vert olive assez foncé,
qui va en se dégradant sur les flancs, pour se mêler
de jaune. Le ventre est d'un jaune clair et brillant.
Des taches noires, plus ou moins arrondies, sont se-
mées sur le dos ainsi que sur les flancs, où se montrent
généralement, en outre, des taches rondes, d'un rouge
vif, souvent circonscrites par un cercle bleuâtre.

« Suivant la qualité des eaux qu'elle habite, et le
genre de nourriture qu'elle y trouve, la truite a la
chair blanche, orangée, ou rosée, mais la coloration
n'est pas toujours un indice de qualité. »

Le fait est certain ; il n'y a qu'une seule espèce de
truites, dont les aspects, suivant les milieux, varient
à l'infini.

Pour compléter cette étude, je dois indiquer une
truite qui est bien réellement d'une espèce différente
de la nôtre ; elle a été importée, depuis quelques années, en Europe, je veux parler de la *Truite arc- en-
ciel*, originaire de la Haute- Californie; son nom lui
vient des reflets irisés de ses flancs et de son dos ;

quand elle est adulte, une large bande de teinte rouge
s'étend de sa tête à sa queue. Cette espèce de truite,
dont on a déjà peuplé plusieurs de nos rivières de
France, s'y reproduit à merveille et y croît rapidement;
je ne saurais, dès lors, trop inviter les sociétés de
pêche, à en favoriser l'élevage, rendu facile par ce fait
que l'alevin très résistant, très robuste, échappe aux
nombreuses maladies auxquelles notre truite indigène
est sujette. Rusticité, rapidité de croissance, aptitude
à vivre dans des eaux relativement chaudes, telles sont
les qualités remarquables qui la recommandent aux
pisciculteurs et aux sociétés de pêche.

La truite arc-en-ciel vit dans des eaux élevées à une
température que ne supporterait pas notre truite ordinaire ; elle peut, en effet, s'accommoder très bien
d'une eau chauffée à 25 ou 26 degrés. C'est là une
particularité appréciable, qu'on devrait utiliser dans
la partie de la Loire inférieure à Roanne, qui se peu-
plerait vite et très facilement, de ce beau et excellent
poisson. D'ailleurs, de nombreux essais, parfaitement
réussis, ont déjà été faits dans le département de la
Loire pour l'acclimatation de cette truite ; je connais
un très aimable forézien qui, pour l'installation de ses
bassins d'élevage de la truite arc-en-ciel, a si généreusement et si luxueusement aménagé la demeure
de la gente dame, qu'elle lui revient à des prix fan-
tastiques , dont il m'a été confié le chiffre sous le sceau du
secret.

Ce que je viens de dire de la truite arc-en-ciel, je
peux le répéter au sujet du *saumon de fontaine*, qui
nous arrive, lui aussi, de l'Amérique du Nord où on
l'appelle truite de ruisseau, *Brook-Trout*.

Le saumon de fontaine se rapproche beaucoup de la
truite. Il est d'une acclimatation facile, pourvu qu'on
le place dans des eaux fraîches et courantes. C'est
un excellent et beau poisson, à riche livrée légèrement
teintée de rose et mouchetée de nombreuses taches

d'un rouge vif. Il reste sédentaire dans les rivières,
il y fraye et ne redescend jamais à la mer. Son poids
maximum est de dix livres environ. Encore une espèce
dont nous devons, sans retard, enrichir nos eaux fraîches et limpides de la partie haute de la Loire. Quelques spécimens, jetés je ne sais où, sont déjà parvenus
dans notre rivière d'Ain et dans ses affluents ; l'un
d'eux, du poids d'un kilog, a été pris l'an dernier, au
pied d'une chute d'eau, dans mon jardin même.

II. Vitesse et puissance de nage de la truite

La truite, si alerte et si vive, n'est point, comme on
pourrait le croire, un poisson en mouvement continuel ;
loin de là, quand elle ne chasse pas ou que la fantaisie
des aventures ne la rend pas d'humeur vagabonde, elle
reste pendant de longues heures, blottie sous une racine ou un rocher ou bien encore accotée à une pierre,
dans une immobilité complète. Il faut alors la regarder
de très près pour apercevoir un léger frémissement de
ses nageoires pectorales qui, tout faible qu'il est, suffit
cependant pour la maintenir en place dans un fort courant. Mais qu'elle s'élance à la poursuite d'une proie ou
qu'elle fuie un danger, sa rapidité sera telle qu'il vous
sera difficile de la suivre du regard. Pas un poisson, à
l'exception de certains autres salmonidés, n'a une vitesse de nage semblable ; c'est donc sans abuser des mé-
taphores que le poète compare la truite à la flèche ou à
l'éclair.

Sa vitesse et sa puissance de nage, qui lui permettent
de remonter les courants les plus difficiles, ne sont pas
les seules qualités distinctives de la truite : elle possède
en outre, la faculté de s'élancer à des hauteurs invraisemblables pour quiconque n'a pas été témoin de ces
bonds prodigieux. Au moment où elle remonte les rivières pour choisir de bonnes frayères, soit environ du

15 octobre au 15 novembre, placez-vous près d'une chute d'eau d'un mètre, d'un mètre et demi et même de deux mètres de hauteur et vous verrez la truite s'élancer pour franchir l'obstacle. Elle met à la réussite du saut une ténacité extraordinaire ; dix fois, vingt fois peut-être elle échoue; déjà vous pensez qu'elle a reconnu l'inutilité d'efforts qu'elle ne renouvellera plus, et, à ce moment même, vous la voyez bondir de nouveau, s'engager vivement dans la nappe d'eau qui tombe et disparaître. Le tour est joué. La banquette irlandaise est franchie par l'endiablé petit jockey à la casaque d'or et d'argent.

Comment procède la truite pour s'élancer de la sorte ? Les pêcheurs en chambre et les écrivains qui s'occupent de la pêche sans l'avoir jamais pratiquée vous riront au nez si vous leur posez la question ; mais, pleins d'indulgence pour votre inqualifiable ignorance, ils vous expliqueront, avec détails à la clef, que, pour s'élancer la truite, prenant un point d'appui sur une pierre et, après avoir saisi sa queue entre les dents, la détend brusquement au moment où elle veut bondir. Elle est ainsi poussée comme par un puissant ressort qui la projette à une grande hauteur. Pareille manœuvre est si intéressante que mon plus grand désir a toujours été d'en être témoin. Aussi que de fois ai-je cherché à surprendre nos gentilles truites pendant que, saisissant leur queue avec les dents pour former un cercle complet avant de bondir, elles se transformaient ainsi en symbole de l'éternité !... Hélas ! ma curiosité a toujours été déçue. Bien certainement la truite, cette rusée commère, a tant de tours dans son sac à malices, qu'on est en droit de supposer qu'elle réserve le spectacle de ses extraordinaires cabrioles à ceux qui la voient rarement, aux gens ignorant la pêche, pour les ébahir et se *payer leur tête*, comme on dit à l'Académie.

La vérité est que la truite n'a nullement besoin de ces subterfuges quand elle saute ; la puissance de sa queue, de ses nageoires, et la résistance de l'eau comme appui lui suffisent. Est-ce que tous les pêcheurs n'ont pas vu maintes fois une truite, ferrée au-dessus d'un grand fond, où elle n'avait aucun point d'appui autre que l'eau, bondir à une hauteur de cinquante centimètres ? Elle n'avait pas davantage pu saisir sa queue entre les dents, puisque l'hameçon et le fil de la ligne l'en empêchaient, et cependant elle avait sauté. Le fait est probant.

Certain mois de novembre, en temps de frai, j'ai vu de nombreuses truites, rassemblées au pied d'un barrage, chercher à le franchir.

Elles s'élançaient du profond, piquaient dans la nappe d'eau qui tombait et parvenaient à fendre son terrible courant, jusqu'au sommet de la chute. Certes, elles ne réussissaient pas toujours du premier coup ; mais des échecs répétés ne les décourageaient point, et toutes finissaient par arriver au-dessus du barrage. Poitevin, dans l'*Ami du Pêcheur*, vieux traité de pêche demeuré très pratique, cite des faits semblables à ceux que je signale Lisez dans son édition de 1881, page 317, ce qu'il dit avoir observé, à Noirac, dans la Reuss, petite rivière de Suisse, et vous serez convaincu, comme je le suis moi-même.

Avant de terminer cette brève étude de la truite, disons quelques mots des ressources qu'elle offre comme aliment. Aliment de qualité tout à fait supérieure, qu'on paye fort cher, il est vrai, mais qui est, à tous égards, digne des hauts prix qu'il atteint.

Pêchée dans les eaux vives de nos rivières de montagne, où elle prend souvent la chair saumonée, la truite est à son maximum de perfection. Inutile de rechercher des préparations savantes pour l'accommoder, d'avoir recours aux grands cuisiniers et aux sauciers de génie; les préparations les plus naturelles et les plus simples sont les meilleures, à condition toutefois d'être conduites avec attention et discernement. Truite frite, truite à la meunière, truite au court-bouillon, au court-bouillon rouge surtout, ne sortez pas de là, si vous êtes un fin connaisseur, une de ces fines bouches qui préfèrent la saveur délicate du poisson à l'arome vulgaire de sauces prétendues savantes, où la colle et la farine jouent le plus grand rôle. Que votre truite passe sans tarder de la rivière à la cuisine, qu'elle soit apprêtée, en quelque sorte, aussitôt hors de l'eau et, si vous la mangez en compagnie de vrais amis, surveillez-en vous-même la cuisson, car tout bon pêcheur sait accommoder ses victimes, suivant les saines formules. Dédaignez les truites de la veille, si elles sont petites ; gardez en sainte horreur les truites conservées dans la glace, qui brûle leur chair et lui enlève tout son arome.

III. La canne a pêcher la truite a la mouche

La truite, très vorace, fait sa nourriture de proies vivantes : vers, insectes, mouches et éphémères, mollusques, petits crustacés, poissons.

On la pêche à la mouche naturelle ou artificielle, au poisson naturel ou artificiel, au ver et à l'insecte. Parlons de la mouche artificielle, d'abord.

Pour un vrai pêcheur, la pêche à la mouche artificielle a un attrait spécial parce qu'elle est difficile et exige une grande pratique et beaucoup d'observation. Il sait que les habiles seuls y réussissent. Pour un snob, son principal charme est qu'elle constitue un sport distingué, recherché par les gentlemen d'outre-Manche. Que ce snob encaisse bredouilles sur bredouilles, il lui importe peu; il a une canne et des mouches anglaises, un panier où jamais truite n'est entrée, mais qui est bourré d'articles anglais dont il estropie les noms en les prononçant, et cela suffit à son bonheur. C'est le même qui retourne le bas de ses pantalons à Paris parce qu'il pleut à Londres. Ce type est commun; au cours de vos excursions de pêche, vous le rencontrerez certainement; soyez bons confrères, faites-lui les honneurs de la rivière et laissez-le courtoisement passer le premier; sa manière de procéder vous procurera parfois une douce gaieté, puis il y aura toujours beaucoup à glaner après lui.

Dans la Loire, si vous vous servez d'une canne à deux mains, cette canne doit avoir de six mètres à six mètres et demi de longueur, pour vous permettre de jeter la mouche à une assez grande distance: dix-huit ou vingt mètres environ. Vous savez tous, par expérience, que pêcher loin est une des principales conditions du succès. Que votre canne, entièrement en roseau autant que possible, soit ultra-légère et que sa monture ne laisse rien à désirer aux viroles qui se disjoignent rapidement, pour peu que cette monture ait quelque défaut.

Dans une bonne canne de jet, la partie la plus flexible devra toujours se trouver répartie sur son dernier tiers; c'est à ce point précis que se place l'*âme de la canne*, pour employer l'expression si juste de mon vieil ami B..., et il faut absolument que tout bon pêcheur, par le choix de roseaux plus ou moins souples ainsi que par des ligatures faites aux endroits voulus, établisse sa canne dans les conditions que je viens de dire. Une canne dont la flexibilité est répartie sur toute la longueur est très défectueuse, car, après le jet, elle a infailliblement un retour en arrière qui ramène avec brusquerie le fil, au moment même où il vient de tomber à la surface de l'eau ; or vous jugez de l'allure étrange donnée par ce retrait à l'amorce, transformée ainsi en véritable épouvantail. Renoncez à prendre une truite à laquelle vous aurez présenté l'amorce de cette façon ; sa défiance aura été éveillée et elle ne mordra pas de longtemps, quoi que vous fassiez pour rentrer dans ses bonnes grâces.

Votre canne pour la pêche à la mouche sera légère, ultra-légère, permettez-moi d'insister sur ce point tout spécialement, parce que cette pêche vous oblige à fouetter constamment et nécessite les efforts répétés des muscles des bras, très vite rompus de fatigue pour peu que

ces efforts soient encore augmentés par le poids exagéré de la canne. Je défie l'homme le plus vigoureux de
pêcher à la mouche une journée entière avec une canne
lourde; après deux ou trois heures d'un exercice si
violent il sera fourbu. Retenez aussi que la fatigue enlève à la main toute sa sûreté, vous jetez mal, votre mouche est folle, elle s'en va à l'aventure et s'accroche plus
souvent à une herbe ou à un arbre qu'à un poisson; estimez-vous même heureux si l'hameçon ne se fixe pas
sur quelque passant inoffensif. En pareille circonstance,
la moindre mésaventure qui puisse vous arriver est
d'accrocher simplement la jupe d'une jolie femme. Pour
peu que vous soyez beau garçon et qu'elle ait de l'esprit
elle se prêtera, j'en suis convaincu, de très bonne grâce
à l'opération du décrochage, opération fort délicate qui
exige qu'on passe la main sous l'étoffe et qu'on regarde
de très près.

Si vous pêchez d'une seule main, votre canne doit
remplir les mêmes conditions de légèreté et de flexibilité. Ces conditions me paraissent réunies dans une canne
que m'a montrée un fervent pêcheur, qui m'en a dit merveilles après m'avoir fait constater son parfait assemblage et la précision de sa monture. Quoique très légère, puisque son poids ne dépasse pas 400 grammes,
elle est d'une solidité rare, étant en bambou refendu et
à double spire en acier ; toutes les pêches sont donc
possibles avec elle, même celles des plus gros poissons.

Qu'elles soient à une main ou à deux mains, les cannes doivent être pourvues de moulinet. Vos bannières
seront entièrement en crin de cheval, parce que ce crin
seul a la légèreté et surtout l'élasticité voulues. Cette
élasticité, absolument nécessaire pour amortir les secousses du poisson, devra encore être augmentée par
l'adjonction d'un caoutchouc placé presqu'à l'extrémité
de la bannière, près de la ligne proprement dite, celle
qui porte vos mouches et que les Anglais appellent
tackle, suivant les explications compliquées qu'on m'a
fournies à ce sujet.

Quant à l'épuisette, j'ai déjà eu l'occasion de vous déclarer, à plusieurs reprises, que je considérais son emploi comme trop gênant pour la pêche à la mouche, cette pêche se faisant, la plupart du temps, dans des endroits abrupts, difficiles d'accès, où le port de la canne constitue un embarras assez grand par lui-même pour qu'on n'aille pas le compliquer encore en lui adjoignant un long manche de roseau, agrémenté d'un filet qui s'accroche à tous les buissons de la rive. Quant à se faire suivre d'un porteur d'épuisette, c'est se condamner à subir pendant de longues heures la présence d'un compagnon qui vous assomme par sa conversation, effraye votre poisson par le bruit lourd de ses pas et souvent vous le rate après avoir brisé votre meilleure mouche, enchevêtrée dans le filet par sa maladresse. Un peu de pratique, un peu de patience et beaucoup de sang-froid remplaceront très bien l'épuisette, qu'il faut réserver aux pêches qui ne vous obligent pas à marcher continuellement ; mais, pour ces dernières pêches, regardez-la comme indispensable.

IV. La pêche de la truite a la mouche artificielle

La mouche artificielle n'est que la reproduction, plus ou moins réussie, d'éphémères et d'autres insectes ailés qui voltigent près des eaux et dont les poissons de surface sont avides. Si, pour Brillat-Savarin, un dîner sans fromage est une belle à laquelle il manque un œil, pour une truite, un repas sans petites mouches ne vaut rien qui vaille. La gourmandise n'est pas son moindre défaut. Toutefois si elle grignotte les gentilles éphémères avec un plaisir marqué, elle le fait aussi avec un tel discernement que vous êtes obligé de lui servir un dessert de premier choix si vous voulez qu'il soit accepté.

Ils sont légion, ces insectes qui voltigent à la surface des eaux. Le pêcheur doit se contenter de la reproduction des espèces les plus communes, sous peine de voir son portefeuille prendre les proportions de celui de notre ministre des finances. Quarante à cinquante mouches... tel est, ne vous déplaise, le chiffre minimum que M. Halfort, auteur anglais qui fait autorité, conseille au pêcheur de truite. M. Petit, un Français celui-là, que j'ai cité parce que son livre, si finement écrit, est plein d'observations précieuses et de conseils très pratiques, estime qu'à la rigueur seize mouches, d'un usage général et judicieusement choisies, sont suffisantes. Pour la Loire, peut-être pouvez-vous vous contenter de trois mouches principales, trois mouches *type*, la grise, la rouge et la noire, sauf, dans leur fabrication, à modifier très légèrement quelques-unes d'entre elles par la simple adjonction d'un fil d'or ou d'argent, d'une perle ou d'un tour ou deux de soie autre que celle du corps de la mouche. Ne craignez pas non plus de varier un peu les tons de chacune des trois couleurs; il y a des gris jaune, des gris bleu, des gris vert, etc... ; les rouges aussi différents et vous savez ce que j'entends par rouge, quand il s'agit de mouches. Ce n'est point le rouge vermillon, le rouge vif, c'est un rouge plus effacé, un rouge fauve qui va de la couleur du dos de nos lièvres montagnards à celle des plumes du cou de certains coqs; enfin le noir, lui-même, présente diverses teintes, il est notamment plus ou moins foncé. Variez, je le répète, ces teintes de gris, de rouge et de noir, en confectionnant vos mouches.

Le corps des éphémères est très souvent de nuance à peu près semblable à celle des ailes, mais très souvent aussi ces nuances diffèrent; il n'y a sur ce point, qu'une donnée absolument certaine, à savoir que toutes les nuances des mouches artificielles, celles des ailes et celles des corps, sont invariablement des nuances neutres, légèrement effacées, fanées comme celles des vieilles étoffes, auxquelles le temps a enlevé leur éclat primitif.

Vous connaissez, de longue date, la division des mouches artificielles en mouches à ailes et mouches-arai-

gnées; j'ai une préférence marquée pour ces dernières.
J'estime qu'elles flottent mieux parce que des quantités
de bulles d'air, emprisonnées entre les petites barbes de
plumes qui les constituent, les maintiennent longtemps
à la surface; j'estime surtout qu'elles sont d'une fabrication plus facile que les autres: or c'est là une particularité qui les fera toujours choisir par ceux qui, comme
moi, fabriquent eux-mêmes leurs ustensiles de pêche.

Je n'entrerai pas, aujourd'hui, dans tous les détails
que comporterait une étude approfondie de la mouche
artificielle; je dois me borner à indiquer ce qui est nécessaire de connaître pour la pêche en Loire.

Les mouches artificielles ne varient pas seulement
de couleurs et de formes, elles varient aussi de dimensions. Celles qui m'ont le mieux réussi dans la Loire,
ainsi que dans ses affluents supérieurs, tels que l'Anse
et les deux Lignon, étaient montées: les plus grosses
sur des hameçons italiens n° 10 et les plus fines sur des
hameçons n° 12. Comme en toutes choses le juste milieu
est préférable aux extrêmes, vous pouvez je crois, sans
avoir à craindre de vous en repentir, choisir un numéro
d'hameçons correspondant au n° 11 italien. D'ailleurs
les mouches montées sur numéro 12 ne sont guère bonnes qu'au moment des plus fortes chaleurs de Juillet
et d'Août, parce que la truite ne recherche alors que des
insectes minuscules, notamment les petites fourmis ailées. Et notez que ces hameçons n° 12, par leur petitesse même, vous exposent à de nombreuses déceptions,
à des ratés, parce qu'ils glissent souvent dans la gueule
du poisson sans s'y implanter ou bien en s'y implantant
si peu, que, sous la moindre traction, ils déchirent les
chairs dans lesquelles ils étaient à peine engagés.

Voici pour la Loire les mouches que je préfère; c'est
une pratique de plus de trente années qui me les a fait
connaître. Au printemps, noires, noires avec un tour ou
deux de soie rouge vermillon sous l'aile, grises, grises
avec corps gris jaunâtre, rouges, rouges avec un tour

ou deux de soie jaune sur le corps; en été: grises claires, grises avec corps gris jaunâtre, grises avec enroulement d'un fil d'or ou d'argent sur le corps, grises avec une perle de verre non colorié au bas du corps, noires avec un tour ou deux de soie vermillon sous l'aile, noires, noires avec une spirale de soie jaune sur le corps, rouges; en automne: grises pâles, grises avec corps gris jaunâtre, grises avec corps noir, grises avec corps avivé d'un fil d'or ou d'argent, noires, noires avec corps gris, noires avec deux tours de soie vermillon sous l'aile, rouges, rouges avec corps violacé, rouges avec fil d'or enroulé sur le corps; en hiver, c'est-à-dire pendant les mois de février et de mars (seuls mois d'hiver pendant lesquels la pêche de la truite est permise) vous pouvez employer la plupart des mouches du printemps, les petites noires et les petites grises sont les meilleures.

Et maintenant retenez bien ceci: c'est que, dans tout ce que je viens de dire sur cette classification des mouches suivant les saisons, je n'entends nullement formuler une théorie certaine, absolue; ce serait là, de ma part une sotte prétention, car il faut toujours compter avec l'imprévu, c'est-à-dire avec les caprices de la nature; des éphémères, très abondantes une année, feront absolument défaut l'année suivante; par contre, des insectes devenus rares dans une contrée pendant un certain temps y pullulent ensuite. Aussi je vous recommande de compléter les indications qui précèdent, de les rectifier au besoin, par les observations auxquelles tout bon pêcheur doit se livrer en arrivant sur les lieux de pêche. Examinez avec soin la surface de l'eau, les herbes du bord, les insectes qui voltigent autour de vous, pour connaitre la mouche qui sera la favorite du jour et choisissez parmi vos amorces celles qui s'en rapprochent le plus; c'est à ce compte-là que vous avez chance de réussir.

Un conseil encore. En plus des mouches reproduisant des éphémères et des insectes existants, ayez toujours sur vous quelques mouches de *fantaisie;* j'ai vu

souvent les truites, même dans les rivières limpides et
très pêchées, avoir une préférence marquée pour ces
amorces. A quoi cela tient-il? Probablement à ce que ces
mouches de fantaisie ressemblent à quelques-uns de ces
nombreux insectes que nous n'avons jamais remarqués
et dont elles font leur nourriture. Je me souviens avoir
pêché la truite (il y a peu d'années de cela) avec des
mouches fines et très réussies comme reproduction
exacte d'éphémères que l'eau charriait en abondance,
ce jour-là. Je ne prenais rien. Vainement je changeai
de mouches à plusieurs reprises, passant successivement
en revue toutes celles que contenait mon portefeuille ;
peine perdue, la guigne continuait à me poursuivre. Or,
à quelques pas de moi, je voyais un pauvre diable, mal
outillé comme cannes, et jetant sa ligne avec une insigne maladresse, prendre coup sur coup cinq truites de
taille respectable. Je m'approchai de lui et, tout en lui
prodiguant, avec une duplicité dont je rougis encore,
des éloges sur son habilcté et sa réussite, je regardai
ses mouches du coin de l'œil. Bien vrai, je n'ai jamais
rien vu de pareil! Cela ressemblait à un petit fagot, à un
hérisson en miniature, à tout, en un mot, à ce que votre
imagination peut rêver de cocasse, sauf à une mouche.
Depuis ce jour-là, je ne *blague* plus les mouches de
fantaisie, vous voyez même que j'en préconise l'usage.

Au printemps, à côté des éphémères et autres petits
insectes ailés, on rencontre fréquemment sur la Loire,
la *mouche de mai*. Comme vous le savez, cette éphimé-
rine est assez volumineuse et les truites, les grosses
surtout, s'en montrent très friandes. Les mouches de
mai sont brunes, jaunâtres, grises, verdâtres, cela dépend des jours; aussi faut-il en avoir de teintes différentes en portefeuille. Leur imitation est difficile parce que,
malgré leur grosseur, il ne faut pas qu'elles soient lourdes. Les meilleures reproductions me paraissent être
celles qui sont montées sans ailes, c'est-à-dire en mou-
ches-araignées et cela pour les raisons que je vous ai

données déjà au sujet de cette espèce de mouches. Si c'est à la surface qu'on pêche avec cette mouche, il ne faut pas craindre cependant, vers le soir surtout, de la laisser s'engager sous l'eau; j'ai eu de belles réussites en pêchant ainsi. Mais je l'avoue, cette mouche me parait grossière et je ne l'emploie qu'à la dernière extrémité, parce que j'éprouve un plaisir très relatif à jeter à tour de bras ce gros paquet emplumé à la place de mes jolies petites mouches si coquettes et si fines !

A de rares exceptions près, les bords de la Loire, sont d'un accès facile. Le fleuve monte à de grandes hauteurs et son eau rapide, qui fait toujours place nette devant elle, laisse, en se retirant, de larges grèves à découvert. Ces grèves nues, dépourvues de végétation, facilitent beaucoup la pêche à la mouche artificielle. On peut jeter son amorce à bonne distance, soit à quinze à vingt mètres environ. Cette facilité de jet vous permettra de pêcher avec plusieurs mouches. Allez jusqu'à huit au besoin, sans crainte de voir votre ligne s'embrouiller, si vous avez un peu de pratique et le poignet souple. Je ne vous conseille pas de dépasser ce nombre. Un de mes amis pêche toujours avec quinze ou dix-huit mouches, 15 et 18 mouches j'ai bien dit, et je peux donner son nom et son adresse aux incrédules s'il s'en trouve; il prend des quantités fabuleuses de poissons. Mais B. est le plus habile pêcheur que je connaisse, et ce qui est un jeu d'enfant pour lui devient presque chose impossible à tout autre. Les mouches doivent être espacées à une certaine distance les unes des autres. Trop rapprochées, elles s'enchevêtrent facilement, et surtout le poisson, pouvant en apercevoir plusieurs à la fois, aura un moment d'hésitation suivi d'un moment de réflexion; cette abondance de friandises ne lui paraitra pas normale; or les truites, sont défiantes en diable et il est impossible de les prendre quand, pour une raison ou pour une autre, elles en arrivent à douter de nos bonnes intentions à leur égard. Que vos mouches soient donc séparées par un intervalle de quarante à cinquante centimètres. Veillez à ce qu'elles soient fixées par ce nœud à guillotine, qui les empêche de se coller sur le corps de la ligne, car dans cette position il faudrait au poisson, pour saisir l'amorce, une bonne volonté que nous serions mal venus à exiger de lui.

La manière la plus rationnelle de pêcher est sans contredit d'avoir une seule espèce de mouches à sa ligne, celle qui passe sur l'eau au moment même ou vous pêchez. C'est l'observation qui indiquera cette mouche du moment. Malheureusement, il est parfois difficile de se renseigner ; les éphémères sont rares, elles passent trop haut, trop loin, impossible de les examiner de près; n'hésitez pas en pareil cas à pêcher avec une ligne d'essai jusqu'à ce qu'elle vous ait permis de connaître exactement l'insecte que vous devez choisir.

Mais tout cela est, j'en conviens, un peu minutieux, compliqué ; aussi, aux impatients, à tous ceux qui veulent entrer en pêche aussitôt qu'ils sont arrivés sur les bords de l'eau je conseille simplement de pêcher avec ces lignes d'essai et j'avoue qu'il m'arrive très souvent de procéder ainsi. La ligne que j'emploie alors est garnie des principales mouches de la saison et les mouches d'une même teinte présentent toutes, néanmoins, de légères différences entre elles. En voici une qui m'a servi en octobre : je l'aperçois roulée autour d'un vieux chapeau que je ferme avec grand soin dans ma vitrine de pêche, parce que je le considère comme un talisman infaillible ; il m'a toujours porté bonheur. Cette ligne a trois mouches grises, une gris pâle avec un fil d'argent sur le corps, deux gris jaunâtre dont l'une à queue ; trois mouches noires, une noir fumé, une noire avec deux tours de soie vermillon sous l'aile, une autre noire avec une spirale de soie jaune sur le corps, enfin deux mouches rouges dont l'une à queue, elles ont un fil d'or passé sur le corps. C'est là, bien entendu, une simple indication que je vous donne pour ce qu'elle vaut. Je ne veux formuler aucune théorie, car toute théorie en pareille matière serait bien téméraire. Nous savons tous maintenant que l'insecte qui a été parfait une année ne convient plus, quelquefois, l'année suivante ; peut-être même devrons-nous attendre plusieurs années avant de l'employer de nouveau avec succès. C'est que l'éclosion des éphémères, celle de tous ces insectes ailés qui font la joie des poissons, réussit plus ou moins bien chaque année ; abondance aujourd'hui, disette demain. Seule l'observation vous guidera d'une manière certaine; ne comptez que sur elle pour vous fournir les indications nécessaires ; ouvrez le grand livre de la nature, il vaut mieux que tous les bouquins, le mien compris.

V. La ligne, la saison, le temps et le vent,

Encore la question de la canne.

Pêcher loin et fin, voilà un axiome qu'il ne faut jamais oublier, surtout quand on pêche à la mouche artificielle. La mise en pratique de ce sage précepte est heureusement facile dans la Loire, dont les bords, à peu d'exceptions près, vous permettent de manier votre canne avec une complète liberté de mouvements. Comme le courant du fleuve est assez rapide, dans les endroits recherchés par la truite, je vous conseille de pêcher en descendant ; vous jetez vos mouches en face de vous et vous les laissez suivre le fil de l'eau sans leur imprimer de mouvement ; peu à peu, quand vous commencerez à être à bout de ligne, le courant ramènera ces mouches vers le bord, d'où vous ne les retirerez que lorsqu'elles l'auront exploré. Quand vous commencez à être à bout de votre ligne, vous ai-je dit, c'est que je ne saurais trop vous recommander de ne jamais laisser votre ligne se tendre complètement car, dans cette position, vous seriez infailliblement

brisé à la moindre attaque du poisson. Pour éviter
pareil accident, vous n'avez qu'à tenir constamment
votre canne un peu haute. J'insiste sur ce point.

Il m'est impossible, vous le comprenez sans peine,
de vous expliquer comment il faut lancer la mouche
artificielle ; des volumes n'y suffiraient pas, et ce n'est
que la pratique qui vous instruira et vous permettra
de connaître toutes les finesses d'un art plein de charmes, mais malheureusement aussi, de difficultés. Je
me borne à vous dire que le poignet seul doit agir
dans le lancer de la mouche ; gardez-vous de tout mouvement d'épaule. Le joueur de billard, qui joue de l'é-
paule n'arrive à rien de bon ; le pêcheur à la mouche
artificielle est logé à la même enseigne ; qu'il se défie
de son épaule comme de la peste.

A tous ceux qui sont à leurs débuts, et qui pêchent
à deux mains, je conseille de commencer leur apprentissage avec une ligne dépassant à peine la longueur de la canne. Petit à petit, à mesure qu'ils deviendront plus sûrs de leur lancer, ils rendront du fil
jusqu'à ce qu'ils arrivent à pouvoir jeter une longueur
de fil double de la longueur de la canne. Ainsi, pour
la canne de six mètres et demi dont j'ai parlé, il faut
arriver à déployer, avec aisance et précision, une
ligne de treize mètres, longueur calculée de l'extrémité du scion à la mouche du bas. C'est avec une
ligne montée dans les conditions indiquées ci-dessus
que j'ai toujours vu pêcher nos plus habiles praticiens
et je n'en emploie jamais d'autres moi-même. Retenez
encore, si vous êtes droitier, que votre main gauche
ne doit pas bouger, elle ne fera que soutenir la canne
à laquelle l'impulsion sera donnée *uniquement* par le
poignet droit.

En ce qui touche la canne à une main, l'expérience
me fait défaut, et si vous désirez des détails techniques et complets sur la manière de s'en servir, je
vous renvoie à l'ouvrage de M. Petit, *La Truite de*

rivière, où cette question est traitée avec autant de science que d'esprit.

Ayez grand soin de pêcher *à bon vent*, car rien n'est plus difficile, ni plus dangereux que de pêcher à vent *contraire* ; à vent contraire on risque de briser ses cannes, on ne sent pas l'attaque du poisson, on n'est plus maître de son fil, on se fatigue beaucoup et on s'énerve. Soyez débrouillard, vous trouverez toujours, dans n'importe quelle rivière, des endroits où le vent ne vous contrariera pas. N'entamez pas la lutte avec lui, cherchez à vous en servir. Avec un bon vent, votre ligne s'étend en quelque sorte d'elle-même et vous la jetez à des distances invraisemblables, si vous avez un peu de pratique. Donc choisissez bien vos lieux de pêche, suivant le vent, prenez toutes les précautions pour l'avoir comme auxiliaire.

En pêche, il faut marcher avec une extrême prudence; rien n'effraye autant le poisson que le bruit du pied ; aussi les pêcheurs devraient tous adopter l'espadrille ou la chaussure de caoutchouc. Et ce n'est pas seulement de l'ouïe des truites, qu'il faut vous défier, c'est encore de leur vue ! Une truite qui a aperçu le pêcheur se laissera difficilement tenter par ses amorces, elle demeurera longtemps sur une prudente réserve, sans monter. Dissimulez-vous donc de votre mieux, ne portez pas de vêtements blancs, les plus voyants de tous, et surtout, évitez le soleil en face, car le bon Phébus, dardant ses rayons sur vos cannes et leurs viroles de cuivre ou de nickel, les fera scintiller de mille éclats, au moindre mouvement, et vous transformera ainsi, vous et votre attirail, en véritable bouquet de feu d'artifice, ce qui n'est pas de nature à vous gagner la confiance des belles du monde aquatique, avec lesquelles vous désirez entrer en relations.

Le printemps et l'automne, sont, en Loire, les meilleures saisons pour la pêche de la truite à la mouche artificielle; en été elle ne mord qu'à ses moments et chacun sait combien ces moments-là sont de courte durée; en hiver, elle fraye, et, l'œuvre de reproduction finie, elle reste longtemps sans vigueur comme aussi sans appétit.

Au printemps et en automne, la pêche est bonne toute la journée; en été, elle ne l'est que le matin, et le soir, le soir surtout, parce que le poisson, qui ne sort qu'assez tard de ses retraites, est à jeun depuis de longues heures; ajoutez à cela que les mouches et les éphémères sont généralement beaucoup plus abondantes le soir que le matin.

Lorsque le ciel est très clair, et que le soleil brille de tout son éclat, vous aurez peu de chance de réussir, si le vent ne vient pas rider légèrement la surface de l'eau. Un temps couvert, nuageux, est, au contraire, un temps à souhait et quelques gouttes de pluie seront même parfois les bienvenues; mais pliez bagage si l'orage survient et surtout si le tonnerre se met de la partie; ces rafraîchissements avec accompagnement de musique, ne plaisent pas à la truite. Absolument rien à faire après la grêle.

Un vent du nord léger est excellent pour la pêche à la mouche dans la Loire; les vents d'est et du sud sont passables, l'ouest est mauvais. Mais, encore une fois, quand il s'agit de ces questions de saison, de temps, de vent, faut-il, je ne vous le dirai jamais trop, se défier des théories absolues, parce que la truite a des caprices de jolie femme, capables de dérouter les plus malins d'entre nous. Souvenons-nous des formidables bredouilles encaissées alors que tout nous promettait le succès, et demeurons un brin sceptiques chaque fois que nous entendrons formuler des règles ne comportant pas de très nombreuses exceptions.

Autre conseil. Tuez vos truites aussitôt qu'elles sont prises, ne les mettez jamais vivantes au panier, ce qui serait, bien inutilement, les condamner à une longue et douloureuse agonie; vous serez d'ailleurs récompensé de votre bonne action, si j'en crois certain gourmet de ma connaissance doué d'une sûreté de goût irréprochable; il m'a souvent assuré que le poisson qui a souffert perd de sa qualité, qu'il a notamment la chair moins ferme. Enfin, ayez soin de disposer au fond de votre panier une couche d'herbes fraiches (les orties sont les meilleures) sur laquelle vous disposerez vos victimes ; de la sorte elles se conserveront beaucoup mieux et votre panier ne contractera aucune mauvaise odeur.

Voilà ce que j'avais à vous dire sur la pêche à la mouche artificielle dans la Loire. Je reviens cependant sur la question des cannes à employer.

J'ai dit que, dans une canne de six mètres et demi environ et toute en roseau autant que possible, la partie la plus flexible devait toujours se trouver répartie sur son dernier tiers, que c'était à ce point précis que se plaçait *l'âme de la canne*. Bien entendu, il s'agissait des cannes à deux mains et ma théorie n'est guère discutable, Selon M. de B., au contraire, la canne doit être progressivement flexible à partir de trente à trente-cinq centimètres au-dessus de la main, à condition d'être en même temps très nerveuse. Mais comme c'est sans doute, de la canne à une main qu'il parle, l'entente entre nous deux devenait difficile. Je ne me sers pas de la canne à une main, au cas où ma théorie ne serait pas exacte en ce qui la concerne, je fais très volontiers amende honorable à M. de B. qui reconnaîtra, de son côté, que je ne préconise point, ainsi qu'il semble le croire, l'emploi du roseau pour la canne en question; j'ai même constamment recommandé d'en faire l'achat dans les maisons de premier ordre, de choisir des bambous refendus et de ne pas lésiner sur le prix. Je n'ai fait d'ailleurs que répéter les sages conseils de M. Petit, que je proclame, notre maître à tous en pareille matière et, si je ne partage pas toujours sa manière de voir, il est de taille à se défendre, sans l'aide ni l'assistance de personne.

M. de B. a une canne en bambou refendu bien établie, elle est nerveuse et judicieusement équilibrée, il en donne la description, puis, entre temps, il annonce qu'il existe des hammerless à éjecteur de mille et douze cents francs et des cartouches à poudre M. Je le remercie d'un aussi précieux renseignement, car depuis un certain temps déjà j'ai renoncé à l'usage du fusil à pierre dont j'ai fini par reconnaitre les inconvénients.

Mes chères cannes en roseau, comme elles sont malmenées par M. de B.! Lisez plutôt : « Quant aux cannes en roseau elles ne sont bonnes que pour les gens qui ne peuvent pas se payer autre chose. » Ah! vous êtes sans pitié pour le pauvre roseau et je le plaindrais sincèrement si je ne le sentais point sous la protection du bon La Fontaine, qui sauve cet humble du ridicule dont vous cherchez à le couvrir! Vous riez de mes cannes et vous riez aussi un peu à mes dépens en prétendant que je *blague agréablement les pêcheurs munis d'engins anglais.* De grâce ne me faites pas dire ce que je n'ai jamais dit. Non j'ai simplement *blagué* les snobs, ceux qui acceptent, sans contrôle, les idées des autres et qui refusent un objet français; même supérieur à un objet anglais similaire, par le seul motif que M. un tel, arbitre de chic et de genre, qu'ils s'ingénient à singer, achète cet objet en Angleterre. Avouez que de pareilles gens sont drôles, pour ne rien dire de plus.

Cela dit, ne condamnez pas sans appel mes modestes cannes, ne vous moquez pas non plus du caoutchouc placé à ma bannière, car, avec ces simples engins, si vous voulez me faire l'honneur d'une visite à Poncin (Ain), où vous serez le bienvenu, je vous promets que vous nous verrez, quoique la chose vous paraisse impossible, mettre au panier, sans épuisette, des truites dépassant la livre, et cela avec un seul crin de cheval. Je joue cartes sur table. Seulement je vous préviens que nos ombres et nos truites de l'Ain sont plus malignes que vos truites de la Sioule ou du lac de Guéry, qui, je l'ai

constaté, se laissent compter fleurette avec une naïveté
capable de rendre jalouses les plus ingénues de nos ro-
sières.

N'ai-je pas eu aussi le malheur d'employer un mot
anglais! Mal m'en a pris; on devrait toujours se défier
de ces mots étrangers à notre langue, puisque M. de B.
me fait remarquer que le mot *tackle* est réservé uniquement
ment aux montures servant à la pêche au vif ou au
poisson artificiel. En êtes-vous bien sûr? J'en doute un
peu et je vous engage à partager avec moi, pour l'avenir, une prudente défiance envers les termes anglais.
Voici en effet, ce que je lis dans un auteur, dont, vous
vous ne pouvez plus mettre en doute l'autorité, M. Petit,
avant-propos, page xi *de la Truite de Rivière:* « Une
fois pour toutes, je préviens mes lecteurs que j'emprun-
terai à l'anglais les termes qui manquent à la langue
française pour exprimer avec concision les choses ou
les actions relatives à la *pêche à la mouche.* Ainsi le
mot *tackle,* qui, dans son acceptation la plus générale,
signifie l'ensemble des engins employés pour telle ou
telle pêche: cannes, moulinet, lignes, bas de lignes, hameçons, etc... reviendra souvent sous ma plume, faute
d'un autre mot français qui rende exactement la même
idée ». Et voilà.

Quant à l'épuisette, je serai fort heureux de voir la vôtre et surtout son mode d'attache au côté, qui paraît en
faciliter l'emploi. Il faut savoir lire entre les lignes (sans
jeu de mot) et vous comprendrez, en bon pêcheur que
vous êtes, que si je ne suis pas partisan de l'usage *cons-*
tant de l'épuisette, que si j'en nie, même l'utilité en face
de ses inconvénients, quand il s'agit de rivières comme l'Ain et la Loire, où des grèves en pente douce vous
permettent d'amener le poisson à vos pieds avec un peu
de pratique et de patience, je suis bien forcé de reconnaître, *cela va de soi, qu'elle est indispensable pour la*
pêche dans les cours d'eau dont les rives se relèvent
brusquement ou sont bordées, sur une certaine largeur,

d'herbes aquatiques, ce qui oblige à faire sauter le poisson, à l'*enlever d'autorité*, chose impossible avec les frêles montures de nos mouches artificielles.

Pour la Drance, il était indispensable de remplacer l'épuisette par la gaffe; je me suis expliqué là-dessus.

VI. L'OUTILLAGE POUR LA PÊCHE AU VIF.

La canne employée pour la pêche au vif doit être moins flexible que celle de la mouche artificielle, parce que sa trop grande flexibilité rendrait le ferrage, sinon impossible, tout au moins très difficile. Cette canne sera d'une solidité éprouvée. C'est au vif que vous prendrez vos plus grosses truites; montez-vous donc de manière à pouvoir lutter avec elles; ces belles truites sont assez rares pour qu'on ne néglige rien de ce qui peut en assurer la capture. Si vous vous servez de cannes en roseau, vous pouvez les enrubanner ou les consolider par des ligatures, il importe, en tous cas, que votre scion soit en bambou ou en bois léger et résistant. Il est bien entendu que je parle uniquement ici de la canne à deux mains, qui aura environ de six mètres à six mètres et demi de longueur. Quant aux cannes à une main, vous n'aurez que l'embarras de les choisir parmi toutes celles mises à votre disposition par les maisons de confiance.

Votre moulinet sera garni de quarante à cinquante mètres de bonne soie ou de cordonnet. Quoique vous n'ayez que rarement l'occasion de *rendre la main* à un poisson sur cette longueur de quarante à cinquante mètres à cause de ses défenses, il faut compter avec les obstacles du bord, qui vous obligeront parfois à donner beaucoup de fil pour les contourner. C'est même là une longueur minimum de soie que je vous indique et tous les ouvrages sérieux sur la pêche abondent dans mon sens.

Passez souvent vos anneaux en revue et assurez-vous qu'aucun choc ne les a faussés ou n'en a dépoli les arêtes, accident qui vous exposerait à une rupture du fil. Je vous en parle par expérience, car j'ai perdu ainsi une truite d'une huitaine de livres, partie, à mon grand étonnement, avec vingt mètres de cordonnet. J'eus beau, pendant plus d'une heure, sonder la rivière avec un grappin, j'en fus pour mes peines. Mon cordonnet avait été coupé par un anneau de cuivre, que j'avais trop fortement serré avec des pinces pour le redresser ; l'arête vive de cet anneau était cause de tout le mal.

Un seul émérillon au-dessus de l'amorce ne suffit pas pour empêcher la torsion de la ligne sous l'action de l'hélice ; pour plus de sûreté placez deux émérillons près des plombs, placez-en même un quatrième près de l'attache à la bannière, on ne saurait trop les multiplier.

Les engins de pêche au vif se sont grandement perfectionnés depuis quelques années. Quand on les examine on constate qu'ils tendent, de plus en plus, à se rapprocher d'un type unique, réunissant à lui seul toutes les améliorations apportées jusque-là à chacun des anciens modèles. Ce type est ce que nous appelons communément *l'hélice*. Il se compose d'une tige ou aiguille de métal, portant une petite hélice en tête. Trois hameçons triples, vous ai-je déjà dit, montés sur florence attachée à la partie supérieure de l'appareil, sont disposés de telle sorte que le premier corresponde à la tête, le second au corps, le troisième à la queue du poisson. Ce poisson est enfilé par la gueule sur l'aiguille et il y est monté jusqu'à ce que sa tête touche le dessous de l'hélice ; on le fixe alors solidement à l'aide des hameçons triples, en enfonçant dans ses chairs une de leurs trois branches ; les six crochets, restés à découvert et placés le long de l'amorce, l'arment bien suffisamment. Le *Champion Spinner* est une monture qui ne diffère de notre hélice que par la charge de plomb placée sur sa tige métallique. Toutes ces hélices ainsi que leurs grappes d'hameçons sont argentées ou dorées afin de rehausser l'éclat du poisson servant d'amorce. L'hélice dorée m'a donné dans la Loire de meilleurs résultats que l'hélice argentée. Pourquoi ? Peut-être que l'eau de Loire à reflet jaunâtre..... mais ne cherchons pas la petite bête et contentons-nous de constater un fait.

Ces appareils se font de plusieurs grandeurs : selon que vous pêcherez les grosses ou les petites truites vous choisirez votre monture en conséquence.

Les lignes au vif sont plombées à soixante centimètres environ de l'hélice et doivent recevoir une forte charge d'olives ou de plomb en spirale. Exagérez plutôt cette charge car, plus vous pêcherez profondément au vif, plus vous augmenterez vos chances de prise ; c'est là un principe qui ne supporte pas la discussion. Avec un plombage insuffisant vous ne serez pas maître de votre ligne au milieu des courants, votre amorce sera folle, aura une allure insolite et la grosse truite, qui n'aime guère se déranger, ne se donnera jamais la peine de monter à la surface de l'eau pour s'emparer d'une proie dont elle se défie ; et puis un fort plombage aura pour résultat de maintenir constamment votre amorce dans la position horizontale, la seule qui lui permette d'être saisie facilement. Par eaux basses et durant les chaleurs, quand vous pêcherez ainsi *très profondèment* dans les courants, il vous en coûtera quelques hélices laissées aux aspérités cachées du bord et du fond, c'est certain, mais, je vous le demande, regretterez-vous cette perte insignifiante quand vous aurez amené une belle pièce au panier et vous avez, je l'affirme, toutes les chances de la prendre en pêchant dans les conditions que je viens de dire.

Ne donnez jamais à votre amorce une allure excessive ; faites-la évoluer au-dessus des grosses pierres, au bord des rochers et des berges à pic et, dans les courants qui ne sont pas trop rapides, ne craignez pas de la jeter dans le sens même de ces courants, car, si peu qu'elle les gagne de vitesse, elle tournera tout aussi bien qu'en sens contraire. L'amorce ainsi présentée est très souvent saisie.

Ayez grand soin de choisir, pour les placer sur l'aiguille, des poissons à livrée brillante ; plus ils auront d'éclat, plus ils fascineront la truite. Les pêcheurs qui habitent près de la rivière, auront la plupart du temps des amorces en réserve dans un vivier ; en tous cas, il leur sera toujours loisible de s'en procurer ; mais il n'en est plus de même des pauvres citadins qui font un déplacement de pêche. Parfois, cette question d'amorces est pour eux difficile à résoudre, elle peut leur jouer de vilains tours ; aussi feront-ils bien de se munir de poissons de conserve, qu'on trouve aujourd'hui naturalisés d'une manière irréprochable. Si, par comble de déveine, ils ne peuvent se procurer de ces conserves, qu'ils s'en fabriquent eux-mêmes en plaçant des petits poissons de choix dans un flacon rempli d'eau additionnée de formol. Le formol du commerce n'étant pas toujours chimiquement pur, je leur conseille de procéder par tâtonnements, par essais, jusqu'à ce qu'ils aient trouvé le dosage qui conserve bien le poisson sans le rendre dur comme une pierre ; ce dosage de formol peut varier de huit à quinze pour cent d'eau. Les flacons ou bocaux de conserve seront hermétiquement fermés et tenus au sombre, autant que possible ; la grande lumière ternit l'éclat de la livrée du poisson.

Et maintenant, constatons qu'à mesure que l'outillage de la pêche au vif se perfectionne, la prudence de la truite grandit en proportion, et que sa défiance devient telle que, de nos jours, on ne la prend pas mieux avec nos engins de premier ordre qu'on ne la prenait avec les engins primitifs et grossiers du bon vieux temps, même dans les endroits où le poisson n'a pas sensiblement diminué. Décidément, les bêtes rivalisent avec l'homme pour marcher à l'unisson au progrès ;

voici les truites qui mettent leurs lunettes avant de toucher à nos hélices, pendant que perdrix et canards, après des études approfondies sur la balistique, savent très bien se tenir hors de la portée de nos armes modernes, et ce n'est point à ces roués qu'on révèlera l'existence des hammerless à éjecteur et de la poudre M.

Mais quelles pêches miraculeuses on faisait avec les premières hélices, alors que leur usage n'était pas vulgarisé ! J'ai vu mon ami Beau, le pêcheur émérite dont je vous ai parlé, couvrir complètement une large table d'hôtel, de magnifiques truites prises dans le Fier. Jamais je n'oublierai cette bonne journée de pêche ; elle se termina d'une façon trop drôle pour sortir de ma mémoire. Jugez plutôt. L'hôtelier qui nous hébergeait était encore en extase devant nos truites, quand nous montâmes dans nos chambres pour nous coucher, et il m'entendit fort bien dire à Beau : « Nous pêchons encore demain, nous n'avons plus de cold-cream, vas donc en acheter. » Sachez qu'il avait fait, dans la journée, un vent du nord violent, très froid et qu'entrant dans l'eau les jambes nues, nous avions dû les frotter avec du cold-cream pour éviter les gerçures de la peau. Beau avait sommeil, il se coucha, et ce ne fut que le lendemain matin que nous allâmes ensemble renouveler notre provision à la pharmacie de l'endroit. Or, à peine avions-nous formulé notre demande au pharmacien qu'il s'écria: « Vous aussi vous voulez du cold-cream? Alors tous les pêcheurs se sont donnés le mot depuis hier soir pour en acheter; si ça continue, je n'en aurai pas pour la journée. » Beau ne broncha pas, il demeura grave et silencieux et je fis comme lui; mais une fois dans la rue, loin de tout regard indiscret, nous partîmes d'un formidable éclat de rire. Notre hôtelier avait certainement bavardé la veille, il avait raconté aux pêcheurs du pays les prouesses de Beau, prouesses dans lesquelles, suivant mes mystérieuses paroles, le cold-cream avait dû jouer un rôle important, et nos braves confrères d'accourir aussitôt pour se procurer le prétendu talisman, la recette infaillible, l'onguent merveilleux. C'est égal, mes gaillards devaient être drôles à voir quand ils trempaient leurs hélices dans le cold-cream ! Qui sait? ils y trempèrent peut-être aussi leurs mouches artificielles. L'histoire ne dit pas quel fut le résultat de cet essai loyal.

Quoique le poisson artificiel ne vaille jamais l'amorce naturelle, ce poisson nous rend assez de services pour que j'en dise quelques mots. Et d'abord, il est prudent d'en avoir toujours en réserve, car, malgré la plus grande prévoyance, il peut bien se faire qu'au moment d'un déplacement de pêche, une circonstance fâcheuse vous prive de vos amorces.

Parmi les nombreux modèles de poissons artificiels, que le commerce nous offre, je vous conseille de jeter votre dévolu sur les plus simples, autrement dit sur les *devons*. Ces devons, en métal argenté ou doré, sont de plusieurs grandeurs; au pêcheur de les choisir suivant la pêche qu'il veut faire; souvenez-vous cependant qu'on peut très bien prendre une grosse truite avec une petite amorce, alors qu'une forte amorce vous fera rater la plupart des petites truites qui *donneront*. Le poisson artificiel s'emploie surtout dans les rapides, au pied des chutes, dans les eaux *légèrement* troublées.

La cuiller, comme le poisson artificiel, est un bon engin de pêche. Ne s'en servir que dans les eaux fortement battues et écumantes ou un peu louches. Qu'il s'agisse de la cuiller, du poisson artificiel ou naturel, la manière de pêcher est la même. Encore une fois, je vous répète de ne pas ménager, avec tous ces appareils, votre charge de plomb ni vos émérillons.

VII. La pêche au ver.

Après la poésie, la prose. J'ai à vous entretenir maintenant de la pêche au ver, la plus humble de toutes, que

beaucoup d'entre nous considèrent même comme vulgaire et condamnée à demeurer l'apanage des seuls professionnels. De grâce ne soyons pas exclusifs à ce point!
La pêche de la truite au ver présente trop de difficultés,
sa pratique, exige aussi trop d'observation et de sûreté
de main, pour qu'elle ne soit pas mise en bonne place
dans l'estime des vrais pêcheurs, que les sots préjugés
trouvent toujours indifférents.

N'en doutez pas, cette pêche constitue le plus sûr
de tous nos modes de pêche, celui qui réunit les meilleures conditions de réussite, car lorsqu'un poisson a
été bien ferré au ver, vous avez huit chances sur dix
de le mettre au panier, si vous n'êtes pas un débutant
qu'une sage éducation n'a pas encore rendu maître de
ses nerfs ; tandis qu'en pêchant à la mouche artificielle
ou à l'hélice, vos bonnes et mauvaises chances me paraissent simplement s'égaler, pour ne rien dire de
plus. C'est qu'en pêchant au ver vous avez des cannes
et des montures d'une grande solidité vous permettant,
non seulement de soutenir la lutte avec le poisson,
mais au besoin même, de l'enlever d'autorité s'il vous
est impossible de l'amener selon les règles et préceptes
de l'art. Remarquons que la pêche au ver est bonne en
toutes saisons et par n'importe quelle eau, remarquons
enfin qu'on peut l'employer pour tous les poissons d'eau
douce, sans aucune exception, avantage précieux qui
vous sauvera parfois d'une bredouille à laquelle vous
étiez peut-être condamné avec un mode de pêche spécial à telle ou telle espèce. Voilà pourquoi le ver conserve, malgré ses détracteurs, de nombreux adeptes, très
convaincus et passionnés en diable. Qu'on n'objecte
pas la difficulté de se procurer cette amorce, qu'on n'objecte pas davantage la répulsion que peuvent éprouver
à la toucher certaines personnes aux nerfs par trop sensibles. Est-ce qu'un pêcheur prévoyant et soucieux de
ne pas se laisser prendre au dépourvu, n'a pas toujours
une provision de vers en réserve, réserve qu'il place au

frais, comme je l'ai déjà indiqué, dans une caisse remplie de sciure de bois délavée au grand air et à la pluie, de marc de café, de vieux chiffons, de débris de cuir, en un mot de tout ce que je vous signalais comme un excellent *bouillon de culture* pour les lombrics?

Quant à la répulsion dont j'ai parlé, n'en faites pas état, puisque la majeure partie de nos confrères emploient, sans broncher, quantité d'appâts bien autrement répugnants que le ver, tels que les araignées, les asticots, le sang,, le fromage qui marche, etc. etc., j'en passe... et des meilleurs. La passion de la pêche suffit pour cuirasser contre ces petites faiblesses.

Nul d'entre nous n'ignore que le ver n'est point à employer à sa sortie de terre car il est alors mou, fragile et peu résistant au contact de l'eau ; il faut y être forcé par les circonstances pour se servir d'un appât semblable. Pour constituer une excellente amorce, le ver doit avoir été mis en boîte et soumis au jeûne pendant deux ou trois jours; ce petit carême le rendra ferme et vivace. Quand on n'a pas eu le temps de prendre pareille précaution, l'on peut y suppléer en jetant quelques pincées de sable fin et sec sur les vers; ce sable s'attache à eux et provoque une abondante sécrétion qui les raffermit presqu'immédiatement.

Vous pouvez vous servir, pour pêcher au ver, des cannes que vous employez à la pêche au poisson tournant; ces cannes sont suffisamment résistantes, elles permettent un bon ferrage.

Je vous recommande de veiller d'une manière spéciale à la solidité de vos florences, parce qu'en pêchant en eau trouble, l'hameçon, quelle que soit votre habileté, ira souvent se gripper aux aspérités, aux herbes du fond ou du bord et vous serez obligé parfois, pour le dégager, d'opérer une assez forte traction sur la ligne. D'autre part, certaines sécrétions internes des vers brûlent la soie de empiles, et les florences s'effritent et se coupent très facilement à la tête des hameçons. Pour peu que vous ayez des doutes sur la solidité d'une monture, n'hésitez pas à la remplacer.

Inutile de vous indiquer la grosseur des hameçons destinés à la pêche au ver; qu'il me suffise de vous inviter à ne jamais exagérer ni leur grandeur ni leur petitesse et, si j'avais une concession à vous faire, je la ferais plutôt en faveur de leur petitesse, pour cet excellent motif qu'on peut très bien prendre une belle pièce avec un petit hameçon, tandis qu'il sera difficile de prendre une truitelle avec un gros.

Quant à la pose du ver sur l'hameçon, vous vous trouvez en présence de deux écoles, l'une veut l'emploi d'un ver unique, l'autre fait recouvrir l'hameçon de deux vers. Je suis partisan de cette dernière pour la pêche au ver en eau trouble; mais, quand il s'agira de la pêche en eau claire, je suivrai un exemple assez fréquent de nos jours en politique, je changerai carrément d'opinion et me rallierai à la théorie du ver unique.

Voici comment je procède pour amorcer: j'engage par la tête mon premier ver sur deux tiers de sa longueur et je le monte jusqu'à ce que le tiers laissé libre arrive un peu au-dessus de la courbure de l'hameçon; j'engage alors un second ver, plus petit, dont la tête va rejoindre le premier à sa partie restée libre ; les queues de ces deux vers, s'ils sont bien choisis et suffisamment résistants, continuent à s'agiter longtemps encore après leur immersion, et leurs mouvements attirent la truite et l'excitent à mordre. Il est donc très important de ne pêcher qu'avec des vers bien vivants et remuants; tout ver, mort, flasque, doit être immédiatement remplacé; le succès est à ce prix.

Trois sortes de plombs sont employés pour les lignes au ver: les olives, les plombs de chasse et les plombs filés. Je donne la préférence à ces derniers, parce qu'ils me paraissent glisser plus facilement sur le fond que les autres, être ce que j'appelle plus *coulants;* mais retenez que je n'ai pas la prétention d'établir qu'en dehors d'eux il n'y ait point de salut. Le plomb se place ordinairement à la distance de quinze à vingt centimètres de l'hameçon. On fait une ou plusieurs plombées suivant les circonstances et on proportionne le poids de ces plombées à la force des courants dans lesquels on se propose de pêcher.

Le flotteur, qui est nécessaire pour la pêche au ver, en eau trouble, de la plupart des poissons, l'est beaucoup moins quand il s'agit de la truite; on peut même dire qu'il devient alors presque tout à fait inutile. Cela tient à ce que la pêche de la truite se pratique généralement dans les rivières où les courants varient à l'infini et de force et de direction et où, pour cela, les fonds présentent, même sur un parcours très restreint, de grandes inégalités, de brusques relèvements, comme aussi de brusques dépressions.

C'est, on le comprend, la main seule, qui peut en pareille circonstance guider la ligne et la maintenir à la hauteur convenable; c'est, en un mot, une série de sondages auxquels on est contraint de se livrer sans interruption. A coup sûr, semblable manière de procéder présente quelques difficultés, difficultés plus grandes en apparence qu'en réalité, car on a bien vite acquis le tour de main nécessaire, pour peu qu'on pratique cette pêche. Ceux qui connaissent bien une rivière, les diverses hauteurs de ses fonds et la disposition de ses bords, auront un grand avantage sur le pêcheur qui la bat pour la première fois ; en tous cas, leur provision d'hameçons ne sera pas soumise à une aussi dangereuse épreuve que la sienne.

A la pêche au ver, il faut rechercher les légers remous, les bords, les endroits où le courant est coupé par un obstacle quelconque tel qu'un rocher ou une grosse pierre, le pied des barrages, en somme tous les coins de rivière où la truite se trouve à l'abri des graviers et des sables qu'elle craint infiniment, ayant toujours la gueule entr'ouverte, et que l'eau charrie en abondance au moment des crues. Mais recherchez avant tout les endroits où la terre des bords, rongée par l'eau, s'effrite peu à peu et tombe entraînant avec elle des vers et de petits insectes. Ces endroits, les truites les connaissent et les fréquentent, à cause des ressources qu'ils leur offrent ; vous êtes donc assurés de les y rencontrer mieux que partout ailleurs.

En général, le moment où l'eau grossit n'est pas bon pour la pêche, parce que le poisson est alors inquiet et préoccupé de choisir une retraite où il pourra se nourrir et se reposer à l'aise. Il est préférable de pêcher quand l'eau devient stationnaire ou qu'elle décroît ; je me hâte pourtant d'ajouter, pour établir une fois de plus qu'en matière de pêche il n'y a guère de règles fixes et de théories absolues, qu'il m'est arrivé souvent de prendre beaucoup de poisson en pleine crue.

Pêchez à fond le plus que vous pourrez ; la truite, la grosse principalement, se tient toujours là, et souvenez-vous que cette dernière *donne* très légèrement ; l'amorce est engloutie sans secousses dans sa large gueule.

N'abandonnez jamais une place réputée bonne avant de l'avoir complètement explorée ; qui sait ? Le dernier essai que vous allez tenter, sur un tout petit coin oublié jusqu'alors, vous sauvera peut-être de la bredouille.

Tels sont, à grands traits, les points principaux sur lesquels j'avais à appeler votre attention, relativement à la pêche au ver dans la Loire. D'après les renseignements que je possède, ce mode de pêche, sauf peut-être quelques légères variantes, est pratiqué de la même façon sur toutes nos rivières de France.

Passons maintenant à la pêche de la truite au ver, en eau claire. A propos de la Drance, j'ai déjà fait connaître ce que je savais et je l'ai signalé, avec preuves à l'appui, comme une pêche très intéressante et productive.

Des cannes plus souples, le ver rouge de fumier ou de

terreau substitué au ver à tête noire, un lancer
tenant parfois du lancer de la mouche artificielle, telles
sont les différences principales qui séparent cette pêche
de la pêche au ver en eau trouble ; on y emploie aussi
des hameçons plus petits. Elle se pratique partout en
France ; pour vous en convaincre, rapprochez ce que je
vous en disais, du passage suivant détaché d'une lettre
que M. S..., excellent pêcheur du Finistère, doublé d'un
agréable conteur, a bien voulu m'adresser ; je le trans-
cris mot pour mot ; toute retouche à une semblable communication serait de ma part une sottise sans excuse :
« Certains virtuoses de ce genre de pêche arrivent à
des résultats surprenants ; souvent ils reviennent à la
fin d'une journée de pêche, j'entends par là de cinq heures du matin à sept heures du soir, par eau excessivement claire, avec trente et quarante truites de cent
à deux cents grammes et parfois d'un poids supérieur ;
mais il faut surtout les voir à l'œuvre, ployés, parfois
même couchés sur le ventre, se trainant sur les coudes
et les genoux ; ils approchent de la rivière ne faisant
aucun bruit, puis lentement ils se relèvent très légèrement pour glisser le bout de la canne au milieu des buissons et des arbres et parfois après cinq à dix minutes
d'efforts et de patience, sans avoir fait tomber une seule
feuille ou une seule brindille, ils parviennent à poser sur
l'eau leur ligne ; celle-ci, très peu plombée ou même
pas du tout, suit immédiatement le fil du courant et huit
fois sur dix, s'il y a un poisson dans les environs, il
s'élance sur le ver à fleur d'eau et le happe gloutonnement. C'est à ce moment que commence la lutte pleine
de sensations délicieuses pour le pêcheur au ver rouge,
sensations qui se rapprochent beaucoup de celles que
l'on ressent lorsqu'on tient au bout d'une canne en bambou refendu de dix pieds et d'un bas de ligne trois ou
quatre XXXX, avec une mouche artificielle à l'extrémité, un beau poison, car dans l'un et l'autre cas, la ligne
et le bas de ligne sont fins et par suite d'une solidité

relative ; aussi est-il impossible de retirer de l'eau, sans
le noyer, tout poisson dépassant 200 grammes. De plus
le pêcheur au ver rouge a à éviter les branches au milieu desquelles sa canne et sa ligne se trouvent enche-
vêtrées ; il faut qu'il enroule cette dernière presqu'en
entier sur son moulinet afin de dégager le tout plus facilement ; mais, pour en arriver là sans à coup, un long
apprentissage, une étude suivie et une passion démesu-
rée de la pêche sont nécessaires.

« Quelques pêcheurs au ver rouge ne plombent jamais leurs lignes et lancent le ver, comme on lance la
mouche artificielle, à une distance de douze à treize
mètres, avec des cannes de cinq mètres de longueur ;
mais il n'est pas donné à tout le monde d'opérer ainsi,
car il faut plusieurs années de pratique pour obtenir
un résultat passable ».

Je ne fais qu'une remarque sur cette intéressante communication ; j'estime qu'on peut, pour la pêche au ver
rouge au lancer, arriver à un résultat plus que *passable*
avec *un peu* de pratique et beaucoup de volonté.

IV.

L'OMBRE

I. Bonne saison de sa pêche. Les engins.

L'ombre. Voilà certes un sujet bien neuf ; il est, de plus, peu connu, parce que l'ombre est rare en France, où on ne la rencontre guère, d'après mes renseignements, que dans quelques-unes de nos rivières de l'Est, du Centre et du Sud-Ouest. L'Ain, le Doubs, la Lison et la Loue sont celles où ce poisson est le plus répandu.

Assez commune dans la partie supérieure de la Loire, l'ombre se raréfie progressivement à mesure qu'on descend le fleuve ; à partir de Roanne, elle devient pour ainsi dire introuvable et la pêcher, là-bas, où chasser le merle blanc sont deux sports qui vous donneraient si je ne me trompe, les mêmes résultats. Il ne faut pêcher l'ombre, dans la Loire, que depuis Retournac (Haute-Loire) jusqu'à St-Victor(Loire) et, sur ce long parcours, retenez que les meilleurs coins de prise sont échelonnés entre Pont-de-Lignon et Aurec. Les embouchures du Lignon, du Velay et de l'Anse jouissent d'une réputation bien méritée.

Doit-on dire : *un* ombre ou *une* ombre ? Question controversée. Pour la résoudre, il semble que le meilleur parti serait de s'en rapporter aux dictionnaires ; malheureusement, si j'en juge par ceux que j'ai consultés, ils sont loin de s'entendre. Et le dictionnaire de l'Académie, me dira-t-on ? J'avoue que je ne l'ai pas ouvert, pour l'excellente raison qu'il manque à ma bibliothèque : mais y figurât-il, sa décision ne me satisferait point, parce qu'il m'est suspect en matière d'ichtyologie, depuis que de méchantes langues l'ont accusé d'avoir classé l'écrevisse parmi *les petits poissons rouges qui nagent à reculons. Calomniez..* il en reste toujours quelque chose. Que cela est vrai !

Je dis une *ombre,* me conformant à un usage constant dans tous les pays où ce poisson est commun et aussi à l'appellation des principaux ichtyologues, parmi lésquels je cite M. Raveret-Watel, dont l'opinion fait autorité. Peut-être ceux du camp opposé ont-ils souvent confondu l'ombre dont nous parlons avec *l'ombre chevalier* ou, plus exactement, *l'omble chevalier* qui, bien que de la même famille, ne lui ressemble en aucune façon. L'une est un poisson de rivière, l'autre est un poisson des lacs, des eaux très profondes ; leurs livrées sont d'ailleurs essentiellement différentes.

En langage scientifique, l'ombre se nomme *Thymallus,* parce qu'elle a un parfum spécial rappelant celui du thym, parfum qui réjouit le sens olfactif des pêcheurs convaincus. A coup sûr, on ne saurait en extraire un *bouquet* pour le mouchoir, mais il est mille fois supérieur, croyez-le, aux affreuses drogues employées par certaines femmes.

L'ombre porte encore le nom scientifique de *Vexillifer* (porte-étendard), à cause de sa nageoire dorsale très développée. Cette nageoire, en temps de frai, est, chez le mâle surtout, un véritable damier teinté de noir, de gris et de bleu, du plus bel effet.

Le corps de l'ombre est allongé, très élégant ; ses nageoires puissantes classent ce poisson parmi les plus rapides nageurs... Il a fui comme l'ombre *(umbra)...* c'est peut-être de là que lui vient son nom. Sa beauté est indiscutable. « Chez les sujets jeunes, dit M. Raveret-Watel, les parties supérieures sont d'un bleu d'acier et les parties inférieures argentées. Les écailles bordées de points noirs dessinent des figures hexagonales et les flancs sont marqués de bandes grises longitudinales ». Puis, parlant des habitudes et des particularités qui caractérisent ce poisson, il ajoute : « l'ombre vit d'insectes, de larves, de petits mollusques, de crevettes d'eau douce. Contrairement aux autres salmonidés, qui sont tous *des poissons d'hiver*, elle ne fraye qu'en avril ou au commencement de mai. Ses œufs sont, comme ceux de la truite et du saumon, déposés en nid sur le gravier ; assez petits d'abord, d'un blanc opalin, puis d'une teinte cornaline, parfois même orange foncé, ils mettent douze à vingt-cinq jours pour éclore, suivant la température de l'eau ».

L'ombre recherche les rivières fraiches, limpides et à lit de gravier. La grosse ne quitte guère les grands fonds qu'au moment des fortes chaleurs pour s'engager dans les courants ; la jeune préfère les eaux légèrement battues et peu profondes.

Ce poisson est loin d'être aussi prudent que la truite ; le bruit des pieds et même celui du bateau l'effraye beaucoup moins ; enfin, la vue du pécheur qui devrait être pour elle le commencement de la sagesse, ne lui inspire qu'une crainte très relative. Je pourrais citer quantité de faits à l'appui de mon assertion. En voulez-vous un ? Il est concluant. J'ai vu prendre une ombre cernée dans un coup de seine. Il faut tirer l'échelle après ça.

Mais, pour autant, n'allez point croire que la pêche de l'ombre est facile ; vous commettriez là une grave erreur. Peu de poissons, au contraire, défieront, comme elle, votre habileté de pêcheur, car cette jolie personne est capricieuse en diable et délicate à l'avenant. Une nourriture vulgaire ne saurait la contenter, il lui faut de véritables friandises pour l'inciter à mordre, et je vous assure qu'elle sait choisir ces friandises avec la sureté de goût d'un magistrat ou d'un financier, ce qui n'est pas peu dire. Vous en serez pour vos frais de coquetterie avec elle, si une longue expérience et des observations réitérées ne vous ont pas révélé son point faible, autrement dit, l'éphémère ou la fourmi ailée qui la fera succomber au mignon péché de gourmandise. Moins vorace que la truite, elle refusera quantité d'insectes acceptés par cette dernière ; aussi un excellent pêcheur de truites, muni de mouches des plus perfectionnées, ne touchera peut-être pas une ombre, même dans les endroits où elle abonde, à moins qu'un hasard providentiel ne l'amène à mettre au bout de sa ligne une des rares éphémères ayant alors le don de lui plaire.

L'ombre se pêche au ver, à l'asticot, au portebois, à la mouche de cuisine; toutefois sa véritable pêche, la seule digne de retenir notre attention, est la pêche à la mouche artificielle. A cette amorce, l'ombre avons-nous dit étant plus difficile à prendre que la truite, il s'en suit qu'un bon pêcheur d'ombres peut affronter sans crainte toutes les rivières à truites, assuré qu'il est de sa supériorité ; un instant d'observation lui suffira pour apporter à son outillage les quelques modifications exigées par les circonstances.

Ne partez jamais pour cette pêche sans avoir une provision complète de mouches, toutes très variées comme grosseur et comme nuances, parce que telle mouche, qui vous aura réussi durant un moment, sera refusée peu après. A vous d'examiner l'éphémère qui passe et de mettre en pratique vos observations antérieures pour connaitre celle qui devra lui succéder, parfois quelques minutes plus tard. C'est là, évidemment, une des grosses difficultés de la pêche de l'ombre, mais c'est là aussi ce qui en fait le charme, pour les vrais amateurs.

En Loire, d'une manière générale, disons que, de la fin de l'hiver à avril, époque de l'interdiction de sa pêche à cause du frai, l'ombre prend bien la mouche noire, la noire et rouge, la jaune, la grise et la grise à corps légèrement teinté de jaune. En juin, à l'ouverture de la pêche, employez les mouches noires à ailes cendrées, les noires et rouges, les grises ; de juillet à fin août, la minuscule fourmi ailée, que quelques rares praticiens arrivent avec peine à fabriquer à cause de sa petitesse, est l'amorce par excellence, ainsi qu'un fin mouchillon blanc à queue, qui passe surtout le soir. En septembre et en octobre, revenez aux mouches du commencement du printemps, mais relevez-en parfois l'éclat à l'aide d'une perle brillante ou d'un fil d'or ou d'argent, et, si l'ombre s'obstine à bouder, malgré vos prévenances à son égard, n'hésitez pas à lui servir une fourmi ailée. Souvent elle l'acceptera.

Pêchez très fin, extrêmement fin. Rien à faire à cette pêche avec de grosses montures.

Je vous ai parlé des caprices de l'ombre et de son discernement dans le choix de sa nourriture. Je n'ai pas exagéré. Un de mes amis, pêcheur émérite, avait pendant une journée entière, et par un temps à souhait, battu la Loue, où l'ombre abonde, sans pouvoir en prendre une seule. Vainement, il avait changé ses mouches plus de vingt fois (et Dieu sait si sa collection est bien fournie!) : peine perdue, pas une touche, et les ombres continuaient à *monter* en masse, comme pour le narguer. En bougonnant, il allait abandonner la partie, quand il se souvint avoir, longtemps auparavant, placé sous la coiffe de son chapeau une mouche blanchâtre, un peu teintée de violet, qui ne lui avait guère réussi jusqu'alors. Afin de n'avoir rien à se reprocher, il la monta, en désespoir de cause, et bien lui en prit, car il rentra avec un panier richement garni, un des plus beaux qu'il ait faits.

Je suis le héros d'une seconde aventure. Pêchant, un jour, dans l'Ain, avec une de ces déveines que nous qualifions de carabinées, le découragement s'était emparé de moi, après quantité d'essais tous plus infructueux les uns que les autres, et je m'étais tristement assis, la pipe à la bouche, pour philosopher un brin et constater combien l'infortune arrive à aigrir le caractère, d'ordinaire si paisible, des pêcheurs à la ligne. Une petite éphémère, tombée à portée de ma main, me tira vite de ma rêverie. J'examinai avec soin la bestiole. Elle était grisâtre, à corps vert et manquait complètement à ma collection. Que faire ? La providence des pêcheurs daigna m'inspirer, et en toute hâte j'effilai une magnifique cravate écossaise, pour en extraire quelques bouts de soie verte, qui me servirent aussitôt à recouvrir le corps de plusieurs de mes mouches. Le résultat ? Eh bien, aimables lecteurs, je vous souhaite à tous une réussite pareille à celle que j'eus ce jour-là.

Les meilleurs mois pour la pêche de l'ombre à la mouche sont, sans conteste, septembre et octobre. A cette époque, les grosses ombres quittent leur retraite et le milieu de la rivière, où elles s'étaient cantonnées jusqu'alors, pour se rapprocher des bords en quête de remous et d'eaux plus calmes à fond de gravier. Pendant cette période, choisissez de préférence à tous autres, les jours où un léger brouillard à traîné, le matin, et, ce qui est mieux encore, ceux où il a gelé blanc. Ces jours-là commencez les hostilités dès que le soleil se montrera; vous pourrez les pousser jusqu'au soir, si le cœur vous en dit. Votre réussite est certaine.

En Loire, comme dans l'Ain et la plupart des rivières de l'Est, le vent le plus favorable pour la pêche à la mouche artificielle est le vent du nord, quand il ne souffle pas en tempête, c'est entendu.

Détail important: l'ombre est délicieuse, mais en automne, la finesse de sa chair atteint un si haut degré de perfection que les gourmets compétents la placent alors au premier rang des poissons d'élite. Ces gourmets ont raison.

Dois-je vous parler des autres modes de pêche de l'ombre ? Je passe sur l'emploi du porte-bois, de l'asticot et de la mouche de cuisine, qui peuvent vous donner des résultats en eau claire, pour vous dire deux mots seulement de la pêche au ver rouge en eau trouble. Il faut l'eau trouble pour le ver. Notez que cette pêche diffère de celle de la truite parce qu'elle exige des hameçons moins gros, et des vers moins gros également. Choisissez des hameçons correspondant aux n°ˢ 8 et 9 des hameçons irlandais. Vos vers devront être petits, très rouges et vivaces.

L'ombre attaque franchement le ver ; aussi la manque-t-on rarement, quand on la pêche avec cette amorce.

Permettez-moi, en terminant, d'appeler votre attention sur un nouvel engin pour la pêche du fond; je veux parler du *ferreur automatique*.

J'en ai fait l'essai et cet essai m'a donné les meilleurs résultats. Nos eaux froides de l'Ain ne m'ayant pas permis, avant la fermeture d'avril, de pêcher le barbeau, j'ai expérimenté le ferreur automatique sur de modestes carpes, enfermées dans un bassin. Cette expérience est plus concluante qu'une expérience en rivière parce que mes sujets d'étude étant sans méfiance aucune, j'ai pu tout à mon aise, *voir* fonctionner l'appareil dans une eau claire et peu profonde. Pas de raté; les pauvres bêtes s'enferraient d'elles-mêmes... c'était pitié !

Excellent pour toutes les pêches de fond, le ferreur automatique est appelé à rendre des services inappréciables aux membres des sociétés de pêche, qui ont droit à deux ou trois lignes. Comment, en effet, surveiller plusieurs lignes placées parfois à une certaine distance les unes des autres? Comment assurer le ferrage quand vous n'avez pas votre canne immédiatement sous la main et qu'il faudra vous déplacer pour la saisir? Pêcher ainsi c'est avoir trop peu de chances pour soi; comme les carabiniers, vous arriverez trop tard; de plus, le bruit de vos pas fera souvent lâcher l'amorce au moment psychologique. On remédie à tout cela avec le ferreur automatique.

V

LA VANDOISE

LES MODES DE PÊCHE.

I. LA PÊCHE A FOUETTER.

La vandoise? Mes lecteurs se demanderont peut-être pourquoi, après le saumon, la truite et l'ombre, je mets un poisson vulgaire et de minime importance à une place convenant bien mieux, semble-t-il, à la carpe, au brochet, au barbeau et au chevenne, tous seigneurs de haute lignée, auxquels notre protocole des pêcheurs assigne un rang privilégié dans la hiérarchie du monde aquatique.

Si j'ai adopté cet ordre, c'est que la vandoise, se pêchant beaucoup à la mouche artificielle, dont je vous ai déjà longuement entretenus, vos souvenirs récents rendront ma causerie plus facile, plus claire et m'éviteront des redites.

Pêcher la vandoise à la mouche est une excellente école pour les apprentis pêcheurs de truites; ils se feront ainsi la main, sans que les ratés leur causent des regrets; la lutte qu'ils auront à soutenir avec elle, pour l'amener correctement, leur donnera la souplesse et la sûreté de poignet dont ils auront besoin, plus tard, quand ils se mesureront avec un adversaire d'humeur plus rébarbative.

La vandoise est très commune dans la Loire. Les riverains du haut fleuve l'appellent *corsaille et corset;* quant aux autres noms qu'elle porte en aval, il ne m'en souvient guère. Dans les environs de Paris, on la dési-

gne, le plus fréquemment, sous le nom significatif de
dard, qui lui a été sans doute donné à cause de la rapidité de sa nage.

La vandoise a certaines ressemblances avec le chevenne, mais sa taille est moins grande, puisqu'elle ne
dépasse pas trente-cinq centimètres, sa forme est plus
élancée, sa tête plus longue et enfin sa bouche, placée
en dessous, n'est pas largement fendue comme celle du
compère dont nous parlions. Quant à sa biologie, autrement dit à ses mœurs, à ses habitudes, aux particularités qui la distinguent, je ne saurais mieux faire, pour
vous les dépeindre, que de m'en référer à l'infatigable
observateur qu'est M. Raveret-Watel. Sous l'autorité
d'un tel maître, on n'a pas à craindre d'être démenti.
Voici ce qu'il dit de la vandoise :

« La coloration de la vandoise, est des plus variables
mais généralement le dos est d'un gris verdâtre ou
bleuâtre, les flancs sont jaunes ou d'un beau blanc,
comme le ventre, et présentent, aussi bien que celui-ci,
des reflets argentés. Les nageoires dorsale et caudale
sont brun foncé et les nageoires inférieures jaunâtres
souvent teintées d'un rouge orange, qui tranche élégam-
ment sur la blancheur de toute la région ventrale.

« Elle recherche surtout les eaux claires, limpides, où
elle se tient en bandes souvent nombreuses, nageant le
plus souvent près de la surface. Vive, craintive, toujours
en éveil, elle fuit à la moindre alerte et nage avec une
très grande rapidité. En hiver elle habite généralement
des eaux plus profondes que celles qu'elle fréquente
pendant la belle saison et elle se retire dans quelqu'endroit abrité sous les racines des arbres qui bordent la
rive. Elle vit d'insectes et de leurs larves, de vers, de
petits mollusques, de substances végétales en décomposition et, quoique beaucoup moins vorace que le chevenne, elle ne se prive nullement de faire une chasse active aux petits poissons.

« Suivant les localités, la vandoise fraye parfois dès

la fin de mars, mais plus généralement en avril ou au commencement de mai. A cette époque apparaissent chez le mâle des éruptions épidermiques, qu'on remarque du reste chez le chevenne ainsi que chez quelques autres poissons, et qui disparaissent aussitôt que la période de la ponte est passée. Ce poisson, extrêmement prolifique, dépose ses œufs sur les racines des plantes aquatiques, sur les pierres et sur les graviers du fond des rivières ».

Les modes de pêche de la vandoise sont nombreux et plusieurs d'entr'eux ont un charme tout particulier ; parmi ceux-là je cite, en première ligne, la pêche à fouetter et la pêche à la mouche.

Après la mouche artificielle, de tous les modes de pêche de la vandoise, un des plus productifs et des plus captivants est, sans contredit, la pêche *à fouetter*. Je vais l'indiquer, telle que je l'ai pratiquée et vu pratiquer en Loire, soit aux environs d'Orléans, soit dans la partie haute du fleuve, à proximité de Roanne et de Saint-Etienne. C'est une des nombreuses variantes de la pêche à l'asticot.

Munissez-vous d'une canne à une main, très légère; j'insiste particulièrement sur cette légèreté, afin de vous éviter une fatigue excessive et de nature à faire abandonner bien vite une partie de pêche ou, tout au moins, à la rendre peu agréable, parce que votre bras sera soumis, ne l'oubliez pas, à un mouvement continuel de va-et-vient. Bannière en soie fine ; bas de ligne, de deux mètres cinquante à trois mètres, en racine anglaise sur laquelle vous empilez trois hameçons, placés à quarante centimètres de distance les uns des autres ; ces hameçons très petits, comme tous ceux qu'on emploie pour la pêche à l'asticot, puisqu'un seul asticot doit presque les couvrir entièrement. Plombez ce bas de ligne sur toute sa longueur, en ayant grand soin de proportionner la charge de plomb à la force du courant où vous pêchez, de manière à ce que l'amorce se trouve toujours à huit ou dix centimètres de la surface de l'eau. Aucun flotteur, si ce n'est, au besoin, une plume légère.

Savoir choisir une bonne place est chose capitale ; de votre choix, soyez-en persuadés, dépendra en grande partie la réussite de la pêche. Recherchez les endroits où l'eau, légèrement courante et de profondeur moyenne, aboutit à un grand fond ; c'est là que vous avez le plus de chances de faire un beau panier. La veille de la pêche, si vous êtes ambitieux, amorcez le coup avec du blé cuit pour attirer le poisson, puis, au moment où vous ouvrez les hostilités, appâtez avec des asticots, que vous jetez abondamment, même à profusion, *date manibus asticots plenis* : votre prodigalité aura sa récompense.

Vous lancez en face de vous et quand l'amorce *a pris le fil de l'eau*, sous l'action du courant, vous la retirez en arrière de vingt à trente centimètres par un léger coup de poignet, puis vous la laissez aller sur la même longueur, pour la retirer ensuite, la laisser aller encore et vous continuez ainsi sans interruption. Presque à chaque coup de ligne, prenez une pincée d'asticots que vous jetez dans la direction du scion. Pareil amorçage doit être fréquent, surtout au début de la pêche. Le menu fretin se montre d'abord, viennent ensuite les vandoises et aussi de gros poissons, qui désertent le grand fond pour prendre leur part du festin, auquel vous les conviez.

Comme vous le voyez, avec cette débauche d'asticots, la pêche à fouetter, si elle était plus répandue, rendrait millionnaires en quelques années les fournisseurs de cette marchandise grouillante. Une petite invention faite, ou pour le moins perfectionnée dernièrement par un de nos confrères lyonnais est peut-être appelée à diminuer un jour les bénéfices de ces honorables industriels: je veux parler des asticots artificiels, dont on peut très bien se servir pour amorcer la ligne à fouetter; en tous cas, leur emploi, substitué à celui des asticots naturels sur l'hameçon, constitue une économie de temps fort appréciable, quand les touches sont fréquentes. Les asticots artificiels, que j'ai vus, étaient imités avec des fils de rafia, et cette imitation était si parfaite que de plus malins poissons que les vandoises devaient fatalement s'y laisser prendre.

La vandoise se pêche aussi au ver de terreau, au ver de vase et au blé cuit. Inutile de vous détailler ces modes de pêche, que les plus novices d'entre nous connaissent par le menu. Mais j'ai à vous signaler, ne serait-ce qu'à titre de curiosité, une recette pratiquée par un de ces nombreux bohémiens vanniers et camps-volants, qu'on rencontre à tout bout de champ au bord de nos rivières. Avec ces gaillards-là, qu'on ne s'y trompe point, il y a beaucoup à apprendre et les vieilles barbes, elles-mêmes, peuvent souvent tirer profit de leurs leçons. Pour ma part, chaque fois que l'occasion s'en présente, et quoi qu'il doive en coûter à ma blague à tabac, à mon portefeuille de mouches, ou à ma bourse, je cherche à lier conversation avec eux et à gagner leur confiance, afin d'en obtenir des renseignements. Généralement ils sont des pêcheurs passionnés et de remarquables observateurs. Avec des engins primitifs, rudimentaires, ils arrivent à des résultats surprenants et leur habileté fait qu'entre leurs mains un méchant roseau ou une frêle baguette de noisetier ne le cède en rien à nos cannes les plus renommées.

Certain jour que j'avais à traverser la Mare, petit affluent de la Loire, je m'étais engagé, pour trouver une passerelle, sous un épais massif de vieux chênes, où bon nombre de peintres ont dû faire de longues stations, car le site est de toute beauté ! Des arbres géants, aux puissantes ramures, un fin gazon parsemé de fleurs, une eau courante, limpide, et sur le tout, des jeux de lumière et d'ombre du plus saisissant effet !... non, jamais pêcheur ne passe là sans que l'artiste ou le rêveur ne se réveille un peu en lui. Or, tandis que je payais à ce splendide paysage le juste tribut de mon admiration, je vis surgir,

à cent pas de moi, un homme dont les allures m'intri-
guèrent aussitôt. Il marchait nu-pieds et cependant ne
s'approchait de la Mare qu'avec des précautions d'apache
pour amortir encore, si possible, le bruit de ses pas.
Arrivé à trois ou quatre mètres de l'eau, il se courba,
rampa sur les genoux et les mains jusqu'à la rive, taillée
en à-pic, et se coucha sur le flanc. Bien que la curiosité
ne soit pas mon défaut dominant, vous comprendrez sans
peine que je ne perdais pas de vue le moindre de ses
mouvements, convaincu que j'étais d'assister à quelque
empoisonnement de rivière ou autre brigandage du même genre. Mon plan était arrêté. Aller prévenir deux
solides cultivateurs de ma connaissance, qui travaillaient
non loin de là, et, avec leur aide, conduire le délinquant
à Montrond où nous le remettrions à l'autorité munici-
pale, tel était ce plan. Toutefois il ne fallait pas faire
buisson creux et s'embarquer à la légère ; les trésors de
sagesse que j'ai amassés, durant de longues années, en
fripant des robes nombreuses sur les fauteuils du tribunal, exigeaient que j'attendisse le moment décisif pour
constater le délit ; les avocats ont trop beau jeu quand ils
ont une simple tentative à défendre. Bientôt je vis mon
homme fouiller sa poche pour y prendre quelque chose
qu'il jeta sur l'eau avec le geste semi-circulaire de la gracieuse personne dont l'effigie décore nos monnaies et nos
timbres-poste. Mes soupçons se confirmaient ; avouez
qu'il y avait de quoi ; mais ils étaient injustes, je me
hâte de le dire, car je vis aussitôt mon gaillard, toujours
couché sur le flanc, monter en habile praticien, une ligne
d'un mètre cinquante environ sur une légère baguette
d'égale longueur, la lancer sur l'eau sans se montrer et
amener un poisson qu'il jeta dans l'herbe. Second lancer, second poisson, les coups se succédèrent et les poissons aussi, à telle enseigne que le pêcheur en prit bien
une vingtaine en quelques minutes, sans jamais amorcer
sa ligne. Puis les touches s'espacèrent et finirent par
cesser complètement ; plus rien à faire en cet endroit ;

toutes les vandoises qui s'y trouvaient devaient être capturées ; aussi le pêcheur se releva et commença à ramasser son poisson épars dans les herbes. Je profitai de
cet instant pour m'approcher de lui. Je tenais, en bour-
rant ma pipe, ma blague à tabac largement ouverte
pour convaincre l'inconnu qu'il pouvait y puiser sans
crainte. Bien inutile moyen de séduction. Le hasard me
mettait en face d'un obligeant confrère auquel, après
quelques compliments sur son habileté, je n'hésitai pas
à demander sa merveilleuse recette. Il s'exécuta de la
meilleure grâce du monde, en homme sûr de lui et convaincu de conserver toujours sa supériorité sur le vulgaire. Il avait jeté dans l'eau, afin d'attirer le poisson,
des graines de chènevis légèrement ramollies par la cuisson et pêchait avec un hameçon très fin sur lequel, pour
toute amorce, se trouvait une perle de la grosseur et de
la couleur d'un grain de chènevis. Point de plomb.

Quoique je tienne, à bon droit, cette recette pour excellente, j'avoue ne l'avoir jamais essayée, parce que ces
longues et gênantes stations au bord de l'eau, dans la
position pénible que l'on sait, ne me tentent guère.

A vous de choisir entre les divers modes de pêche énumérés ci-desssus ; mais, si j'ai un conseil à vous donner,
c'est de laisser dédaigneusement de côté, comme je le
fais, les asticots, les vers et les grains de chènevis pour
ne pêcher la vandoise qu'à la mouche artificielle.

La gourmandise, le désir de se procurer un morceau
de choix ne comptant pas dans la pêche d'un poisson
dont la chair est de finesse quelconque, pour ne rien dire
de plus, les difficultés que présente cette pêche étant,
d'autre part, peu sérieuses avec les montures ordinaires,
il fallait, pour justifier le zèle des vrais pêcheurs, quelque chose qui plaçât la vandoise au-dessus des poissons
communs, que le dernier des imbéciles est à même de
prendre. N'en doutez pas, s'ils lui témoignent une préférence marquée, cela tient uniquement à ce que la pêche à la mouche artificielle constitue un sport de tout

premier ordre pour ceux d'entre nous qui ne négligent
aucune occasion de se faire la main en vue de luttes fu-
tures avec la truite et le saumon. Bien entendu, il faut se
monter très finement, sur un simple crin de cheval, si
l'on veut que cet entraînement soit profitable.

II. LA PÊCHE DE LA VANDOISE A LA MOUCHE.

La pêche de la vandoise à la mouche ! Ah je peux affir
mer que je la connais avec toutes ses ressources et toutes
ses finesses ! Quand je pense à elle, une foule de souvenirs me reviennent en mémoire ! Dieu veuille que le récit
que je vous ferai de quelques-uns d'entr'eux puisse vous
donner une parcelle du réel plaisir que j'éprouve en les
évoquant !

Pour pêcher la vandoise à la mouche artificielle, prenez une canne légère et flexible. Libre à vous de choisir
entre la canne à deux mains et celle à une main, et,
bien que je sois partisan convaincu de la première, je ne
prétends point jeter l'anathème sur les adeptes de la seconde, qui offre tout au moins l'avantage de permettre
notre sport aux manchots.

Faites à la modeste vandoise l'honneur du moulinet,
que je considère comme indispensable dans toutes les
pêches, sans exception ; ce moulinet sera garni de soie,
mais votre bannière, si vous m'en croyez, se composera
de crin tressé, car le crin seul possède la légèreté et l'é-
lasticité voulues. Le bas de ligne en fine florence, portera cinq à six mouches, placées à quarante ou cinquante
centimètres les unes des autres. Vos mouches ne doivent
pas se *commander entr'elles*, selon l'expression significative que l'usage a consacrée, de là, la nécessité de cet
écartement ; et puis, trop rapprochées, elles risquent
de s'enchevêtrer quand le pêcheur manque un peu de pratique du lancer. Cinq à six mouches, c'est assez, mais
ce n'est point trop pour la Loire, où la pêche à la grande
volée est si facile.

On a plaisanté agréablement ce qu'on appelle une or-
gie de plumes et j'ai reçu de nombreuses lettres criti-
quant ce mode de pêche qui serait impossible, dit-on,
par suite de l'enchevêtrement inévitable des mouches.
Plaisanterie ! L'enchevêtrement des mouches provient
uniquement du manque de pratique du pêcheur. Avant
d'aborder la rivière, si vous n'êtes pas sûr de votre lancer, perfectionnez- le par des exercices *sur le pré* et
quand vous aurez acquis la sûreté de main que doit
avoir tout pêcheur vraiment digne de ce nom, soyez
certain que vous *étendrez* vos cinq ou six amorces sans
l'ombre d'une difficulté.

Quant à l'avantage que présente la pluralité des mouches, il est évident, puisqu'il augmente dans de notables proportions vos chances de prise. Avec une mouche unique, il est fort rare, en effet, que vous rencon-
triez, en elle, l'éphémère du moment ; avec plusieurs,
de nuances diverses, vous en aurez toujours une qui,
si elle n'est pas la reproduction exacte de cette éphémère, s'en rapprochera cependant assez pour attirer
le poisson. Enfin, la pluralité des mouches vous permettra de prendre plusieurs poissons du même coup,
comme cela arrive très fréquemment, quand on pêche
la vandoise. S'il y a des incrédules, qu'ils essayent
ma méthode et ils seront tôt édifiés.

En Loire, une pratique de près de trente années
m'a permis de reconnaître exactement les mouches
préférées des vandoises. Ces mouches se réduisent à
trois : la noire, la grise et la rouge. La noire doit
être entièrement noire, sans adjonction d'aucune autre
couleur sur le corps de l'insecte : la plume sera placée
en tête même de l'hameçon et les barbes de cette plume
seront coupées assez court.

La plume de la mouche grise n'aura pas de teinte
uniforme ; la meilleure sera strillée de noir et de gris ;
telle la plume du dessous du ventre de la perdrix
grise ; enfin la rouge, au corps brun foncé, relevé de

deux tours de soie jaune sur le haut, portera comme aile, une plume de cou de coq rouge. Avec ces seules mouches, montées sur votre bas de ligne, vous êtes certain de réussir. Evidemment telle mouche sera parfois préférée à telle autre, mais cette autre aura bientôt après son tour de faveur et, quoiqu'il arrive des caprices du poisson, votre panier se garnira rapidement.

Pour la pêche de la vandoise, le lancer de la mouche est le même que pour la pêche de la truite et de l'ombre, mais je dois vous signaler un détail important et spécial à cette pêche. Autant, vous ai-je dit, il est nécessaire, pour la pêche de la truite et de l'ombre, de laisser sa mouche suivre naturellement et sans secousse ni traction le fil de l'eau, autant quand il s'agit de la vandoise, moins rusée et moins observatrice que les commères en question, il est bon d'imprimer à son amorce une légère allure, surtout quand on pêche dans les eaux calmes ou peu courantes ; la vandoise la plus gavée de nourriture hésitera rarement à se jeter sur une proie qui fuit et paraît vouloir lui échapper. Des explications sont superflues, je constate simplement un fait.

Vos mouches peuvent être montées indifféremment sur fine florence ou sur simple crin de cheval, la vandoise n'y regarde pas de si près ; cependant j'insiste pour que vous jetiez votre dévolu sur le crin, le crin seul donnant l'occasion de se faire la main, de l'assouplir. Qu'importe, je vous le demande, une vandoise manquée, une mouche claquée, en présence des résultats que vous obtiendrez comme pratique de la pêche à la mouche artificielle ? Pêchez avec du crin si vous avez le feu sacré, pêchez même avec un seul crin et habituez-vous à amener le poisson sans le secours de l'épuisette. Cette manière de procéder vous classera vite au nombre de ceux que les confrères qualifient de l'enviable épithète de malins. Voilà une école sûre ; elle est, de plus, si agréable que jamais vous ne connaîtrez l'ennui en la suivant. On aurait tort, d'ailleurs, d'exagérer ses difficultés ; elle n'en présente qu'une en réalité, celle de se procurer du bon crin de cheval. Vous dire ce qu'il me passe de ces crins par les mains pour en trouver quelques-uns de choix, est chose inimaginable et je ne crois pas me tromper en affirmant que sur cent, c'est à peine si j'en rencontre dix de bons. Les meilleurs sont les crins de chevaux entiers. Choisissez-les ronds et transparents ; ne vous servez jamais de crins de juments, ils sont brûlés et roussis par l'urine. On a beaucoup prôné en ces derniers temps les crins *suiffés* ; je reconnais qu'une préparation au suif leur donne de l'élasticité et les conserve, mais le suif a l'inconvénient de les empêcher de se mouiller avant de longues heures de pêche et de faire légèrement rider l'eau sur le passage de la ligne, ce qui est très défectueux à mon sens.

Quand on pêche avec un seul crin de cheval, il est de toute nécessité de placer à sa bannière un caoutchouc, dont l'élasticité annule presque complètement la secousse du poisson ; sans ce caoutchouc, je considère la pêche avec un crin unique comme impossible, quelles que soient la flexibilité de votre canne et la souplesse de votre main.

En Loire, les endroits où j'ai rencontré le plus de vandoises sont situés entre Roanne et Andrézieux et c'est à proximité de Montrond que j'ai fait mes meilleures pêches. Cela s'explique. Dans la plaine du Forez, la généralité des lots de pêche appartient à de riches propriétaires riverains, qui n'usent que fort modérément de leur droit de fermage ; leurs gardes particuliers, en plus de ceux de l'Etat, surveillent de très près les amateurs du chlore, de la dynamite, du clairon et de ravatte : rien d'étonnant dès lors à ce que le poisson soit plus abondant sur leurs lots que là où les fermiers sont des professionnels qui, par cupidité, deviennent souvent, comme nous le savons tous, les pires écumeurs de rivières.

La vandoise ne recherche les eaux profondes que pendant les froids ; elle les quitte à mesure que la tempéra-

ture s'élève pour s'engager dans celles de hauteur moyenne, à fond de gravier ou de sable, et dans les courants. C'est là que le pêcheur à la mouche artificielle doit
tenter fortune.

Les seuls vrais mois de pêche de la vandoise à la mouche sont: mars, avril, juin, juillet, août, et septembre;
à mon avis, mars, juin, et juillet sont les meilleurs.

En mars et avril la pêche se pratique de dix heures
du matin à trois heures du soir; en juin elle est bonne
tout le jour; en juillet et août elle ne l'est que le matin et
le soir, le soir surtout. J'ai remarqué, cependant, qu'au
moment des grandes chaleurs la vandoise prenait volontiers la mouche entre onze heures du matin et une heure
du soir. Pourquoi cela ? Sans aucun doute parce qu'il
passe des vols d'éphémères à ces heures-là. En septembre on pêchera comme en mars et avril.

Il est tout à fait certain que le vent le plus favorable à notre pêche est celui du Nord. Même un fort vent
du Nord n'est pas à craindre; s'il souffle, le pêcheur n'a
qu'à rechercher des endroits abrités ou, ce qui est mieux,
à pêcher *dans le vent*, sur les eaux calmes, ou sur les courants qui ne sont pas en sens contraires à ce vent. Le
vent du midi est passable; le vent d'est mauvais, le vent
d'ouest détestable. Pour un pêcheur, le rêve est de trouver, en été, un ciel couvert avec vent du nord léger,
soufflant sans à coups; quelques gouttes de pluie tombant
d'ici, de là, complèteront fort à propos ce temps de pêche
idéal.

La pêche de la vandoise à la mouche artificielle, pratiquée dans les conditions multiples que je viens d'énumérer, m'a donné de tels résultats que les habitants de
Montrond et des environs parleront encore longtemps
de mes succès. Il est vrai de dire que je leur distribuais
généreusement mon poisson. Jugez-en plutôt.

Très souvent je rencontrais sur les bords de la Loire
un pauvre diable cassé par l'âge, pêchant avec une ardeur et une constance d'autant plus méritoires qu'il ne

prenait rien. Ses engins de pêche remontaient, pour le
moins, aux temps préhistoriques. Aussitôt qu'il m'apercevait il pliait bagage et me suivait. Ses yeux écarquil-
lés, des oh! et des ah ! échappés de sa bouche édentée,
toute grande ouverte, indiquaient clairement la haute estime en laquelle il me tenait. Evidemment jamais il n'a-
vait vu, dans les baraques de foire, un phénomène aussi
intéressant que votre serviteur ; je détrônais le veau à
deux têtes et la femme à barbe.

A force de nous rencontrer, nous finîmes par échanger
quelques paroles, et j'appris que mon vieux confrère
vivait tant bien que mal, plutôt mal que bien, d'une maigre pension, servie par ses enfants; seule la provision de
tabac restait à sa charge; la pêche devait la procurer.
Je mis plus de complaisance que le poisson à lui venir en
aide et souvent mon panier s'allégea au profit du sien.
Mais s'il acceptait volontiers du poisson, il refusait obstinément tous les ustensiles de pêche que je lui offrais,
mouches ou autres, et son refus se traduisait par cette
réponse, toujours la même : « Ah ! non, monsieur, pas
ça, non, pas ça. » Impossible d'en tirer rien de plus.
Enfin, j'eus bientôt l'explication d'une attitude qui me
paraissait d'autant plus étrange que j'étais alors harcelé
de demandes de mouches artificielles par de nombreux
pêcheurs. Ce qu'il désirait obtenir était tellement
grave, que n'osant pas s'en ouvrir à moi directement,
il chargea M. Gar..., de Montrond, de savoir si je con-
sentirais à lui dévoiler ce qu'il appelait *mon sort*. Il
était vieux, il avait bien peu de temps à profiter de
ce sort, dont il garderait religieusement le secret, etc.,
etc..., vous voyez l'antienne... Eh bien ! je n'ai jamais
pu le convaincre de son erreur, et le vieux confrère
est mort, persuadé que si j'avais vendu mon âme au
diable, pour en obtenir une recette merveilleuse de pêche, je gardais jalousement pour moi seul un sortilège
qui m'avait coûté si cher.

Ainsi, ma réussite me faisait passer pour un sorcier !

Comme vous allez le voir, elle me fit passer aussi pour un fou, ce qui est moins flatteur.

Quand le temps était favorable, il m'arrivait fréquemment d'être obligé de vider plusieurs fois par jour mon panier, qui contenait quatorze livres de poisson. Le premier venu bénéficiait de l'aubaine. Certain dimanche, ce panier richement garni, je remontais la chaussée du pont de Montrond ; deux jeunes gens étaient sur la route à quelques pas de moi. Beaux gars, ma foi ; des employés de commerce de Saint-Etienne, sans doute, et quelle toilette ! L'un, vêtu de blanc, portait un coquet canotier qui, posé un peu en arrière, laissait apercevoir une chevelure blonde, partagée symétriquement, à grand renfort de cosmétique, par une raie de milieu. L'autre, était tout de noir habillé ; il arborait un magnifique huit reflets. Dans sa pensée, cette coiffure ultra chic ne devait pas manquer d'exercer sur le beau sexe de Montrond une attraction semblable à celle que le miroir produit sur les alouettes. Tous deux tenaient en mains de petites cannes de roseau en deux bouts, qu'on paye généralement six sous. Complétez l'équipement par une ligne, en simple fil, ornée d'un bouchon multicolore. Pas de paniers. Pas d'amorces non plus, puisqu'ils me hélèrent sans façon, en me criant : « Eh ! l'ami, donnez-nous pour deux sous d'asticots ». Certes, cela ne prouvait pas qu'ils fussent observateurs. A première vue, ils auraient dû comprendre que je ne tenais pas l'article demandé, les marchands d'asticots étant tous mieux mis que moi. Je témoignai mon regret de ne point avoir d'asticots, je ne possédais que des mouches artificielles, les cannes de mes confrères étaient trop courtes ; mais voici qu'en causant, ils s'étaient tellement rapprochés de moi, que l'un d'eux pût apercevoir par l'ouverture de mon panier les richesses qu'il contenait. Emerveillés, ils me demandèrent alors de leur remettre une livre de vandoises, dont ils m'offrirent cinquante centimes. J'en voulais vingt sous. Vive discussion sur le prix. Bref, nous transigeons,

le marché est conclu pour soixante-quinze centimes et je
les prie d'étendre un mouchoir à terre pour que j'y place
le poisson vendu, puis.... v'lan.... d'un seul coup, je verse
quatorze livres de vandoise, un peu sur le mouchoir et
beaucoup sur la route. Cela fait, sans attendre un paie-
ment objet de tant de discussions, je tourne sur les talons et prends vivement la direction de Montrond. Tableau ! tableau que j'examinais du coin de l'œil en ayant
l'air de regarder l'eau pendant la traversée du pont.
J'arrivais à son extrémité que mes deux gaillards, l'un
en face de l'autre, se demandaient encore ce que tout cela
voulait dire.

Je m'étais payé leur tête. Ils se payèrent la mienne à
leur tour, en racontant à l'hôtel qu'ils venaient de rencontrer un *toqué* que sa famille ferait avant peu renfer-
mer aux petites maisons.

N'est-ce pas, mon vieil ami Brachet, que ces souvenirs
de nos bonnes parties de pêche à Montrond sont agréables ! Remerciez-moi de les évoquer ; remerciez-moi
aussi de vous avoir autrefois dévoilé tous les secrets de
la pêche de la vandoise à la mouche artificielle et, pour
me témoigner votre reconnaissance, envoyez-moi bien
vite une petite bourriche de l'excellent gibier de Champagne.

III. — Le Ferrage. — La Pêche a la noquette

En parlant de la pêche de la vandoise à la mouche
artificielle, je me suis efforcé d'être aussi complet que
possible. Et cependant, pas plus pour cette pêche que
pour celle de la truite et de l'ombre, je n'ai dit un seul
mot du *ferrage*. Ce n'était point oubli de ma part ; mon
silence s'explique par cette excellente raison que le
ferrage pour la pêche à la mouche artificielle, telle que
je l'ai décrite, est complètement inutile. Oui, si vous
employez, soit les mouches à saumon, soit d'autres mou-

ches reproduisant les mouches de mai, les mouches de pierre ou les perlides, toutes montées sur hameçons de grande taille, force vous est alors de ferrer au moment de l'attaque du poisson, pour faire pénétrer dans sa gueule un hameçon qui n'y est engagé que partiellement à cause de sa grosseur et dont la pointe n'est jamais aussi acérée que celle d'un petit. Il ne saurait y avoir de discussion sur ce point. Mais quand vos amorces sont de minuscules insectes montés sur hameçons 11 ou 12 italiens, parfois même sur simples aiguilles, il n'en est plus ainsi. Ferrer est inutile avec des hameçons aussi fins de pointe et aussi pénétrants; le poisson les prend entièrement dans sa gueule et se ferre de lui-même par la brusque traction qu'il opère sur la ligne au moment où, après avoir happé le moucheron à la surface de l'eau, il redescend vivement au fond. Chacun de nous connaît ce mouvement ; il nous a procuré trop d'agréables émotions pour qu'on l'oublie. Par sa rapidité, sa brusquerie et sa direction de haut en bas, il constitue un ferrage suffisant. Et puis, allez donc ferrer avec des bas de ligne aussi fins et aussi fragiles que ceux employés pour la pêche à la petite mouche artificielle, se composant souvent de crins de cheval, parfois même d'un seul crin ! Tout serait brisé en un clin d'œil !

Dans le département de l'Ain, notre belle rivière, une des meilleures de France pour la truite et l'ombre, est très difficile à pêcher à cause de l'extrême limpidité de ses eaux ; les pêcheurs qui la battent pêchent généralement bien, et nous avons des praticiens d'une remarquable habileté, or, pas un seul de ces *malins*, entendez-le, n'a jamais ferré un poisson à la mouche artificielle, et, si vous leur demandiez pourquoi ils agissent ainsi, vous risqueriez fort de provoquer de leur part une réponse dénotant qu'ils tiennent pour plus que sommaires vos connaissances en matière de pêche.

Cette question du ferrage a déjà fait noircir pas mal de feuilles de papier, mais je crois qu'aujourd'hui, avec les merveilleux hameçons que nous avons, ces fins hame-

çons blancs plus acérés que des aiguilles, elle a perdu
son importance, et que bientôt les partisans du ferrage
pour la pêche aux petites mouches artificielles deviendront de plus en plus rares. Déjà, ils sont divisés quand
il s'agit de préciser le moment exact où il faut donner le
coup de poignet afin de faire pénétrer l'hameçon, et
cela se comprend, du reste, car ce moment varié à l'infini
suivant les circonstances, comme le remarque judicieusement M. Albert Petit, un maître que j'ai toujours plaisir à citer : « Lorsque je *vois* ma mouche, je ferre dès
qu'elle a disparu dans le flot formé par le poisson qui
monte. Quand je ne la vois pas, je ferre de confiance sur
la simple agitation de l'eau, piquant très vivement si
ma mouche plonge profondément, un peu moins vite, si
ma mouche est presque flottante. Quelquefois, la truite
trace un long sillon en suivant la mouche qui déplace.
Alors, je ne me presse pas, et je ne donne le coup fatal
qu'en voyant l'eau se soulever à l'endroit même où est
mon appât. C'est affaire de jugement. »

Conclusion : Quand ce ne serait que pour ménager
vos bas de ligne, si vous pêchez avec des hameçons
blancs, fins et à pointes aiguës, les seuls convenables
pour monter une petite mouche artificielle, je vous
conseille de ne pas ferrer du tout, le poisson se ferrant
de lui-même comme je l'ai expliqué ; mais, si vous en
jugez autrement, ayez tout au moins grand soin de ne
ferrer que par une simple flexion du poignet. « Ce n'est,
ajoute l'auteur cité plus haut, que très exceptionnellement, quand la ligne est excessivement longue, ou bien
lorsqu'elle est partiellement submergée, que l'on doit relever légèrement l'avant-bras pour seconder l'action du
poignet. Ceci est essentiel, et tout pêcheur de truites qui
a l'habitude de ferrer du bras est jugé. »

Je termine ma causerie sur la pêche de la vandoise
dans la Loire en parlant de la pêche à la *noquette*. La
noquette est, paraît-il, un mode de pêche très pratique
et très productif ; malheureusement je ne l'ai jamais

employé, et si je ne vous en parle qu'aujourd'hui c'est que, pour le faire, je tenais à m'entourer de renseignements précis et sûrs. J'ai eu la bonne fortune de rencontrer en M. Ponsard, actuellement en villégiature à Bar-le-Duc, un confrère tout plein d'obligeance qui a bien voulu se mettre à ma disposition pour indiquer une pêche qui n'a plus de secret pour lui et où il est passé grand maître. Voici sa lettre :

« Le pain de chènevis est une des amorces les plus puissantes pour toute la blanchaille. Jetez-en quelques morceaux dans une eau transparente, vous aurez aussitôt le plaisir de voir accourir en foule : brêmes, chevennes, vandoises, gardons et ablettes. Vous pourrez juger de l'attrait irrésistible qu'exerce cet appât sur tous ces poissons, cependant très défiants, lorsque vous constaterez qu'ils ne fuient pas si vous leur jetez quelques pierres et même si vous lancez votre ligne au milieu de la bande en délire. Les ablettes sautent de tous côtés pour happer les miettes qui surnagent, tandis que, miroitant sous vos yeux, les gros poissons se roulent sur les morceaux du fond pour en arracher quelques bribes.

« L'idée devait naturellement venir aux pêcheurs d'employer le pain de chènevis comme esche.

« La pêche au pain de chènevis, dite encore à la *noquette* ou au *croûton*, est très pratiquée dans nos canaux et rivières du Nord-Est.

« Pour mon compte personnel, voici comment je procède : Choisissant un morceau de pain de chènevis bien frais, ce qui se voit à sa teinte sombre, je le romps en petits fragments et je l'effrite entre mes doigts jusqu'à ce que je rencontre une parcelle dure de la taille d'une lentille. M'aidant au besoin de mon canif, je lui donne une forme rectangulaire ou carrée, et je ligature autour un fil noir, se croisant à angle droit ; je passe ensuite, purement et simplement, mon hameçon n° 11 ou 12 entre le fil et le chènevis.

« Il est curieux de constater, que le poisson, qui refuse

de mordre à tout autre appât si la pointe de l'hameçon passe tant soit peu, ne s'arrête nullement ici à cette considération ; il avale l'esche avec l'hameçon visible en entier.

« Je proportionne la noquette à la taille du poisson que je désire prendre ; pour la petite friture, j'adopte la grosseur d'une petite lentille.

« L'attache du fil autour de la noquette ennuie un peu le pêcheur aux doigts inhabiles. Les marchands d'articles de pêche en vendent de toutes faites et en particulier la Manufacture d'armes et de cycles de Saint-Etienne en fournit sous le nom « d'amorces économiques instantanées ou noquettes ».

« Arrivé au bord du canal ou de la rivière, j'amorce au milieu, avec des morceaux de pain de chènevis gros comme une noix. Je pêche avec une ligne de cinq mètres de fine piscivore terminée par un mètre cinquante de crin de cheval ; je mets deux plumes légères espacées de soixante centimètres, pour éviter que le tremblement de ma main se communique à la deuxième flotte qui se tient verticale. Je place trois grains de plomb sur le crin, le premier à trente centimètres au moins de l'hameçon. Je lance exactement sur mon amorce, et je pêche à dix centimètres du fond ; je terre quand l'extrémité rouge de ma flotte verticale s'enfonce sous l'eau.

« Au lieu de crin de cheval, on peut prendre une avancée en fine florence, surtout en rivière, mais les touches sont trois fois moins fréquentes.

« Je prends à cette pêche une quantité considérable de gardons, puis, en moins grand nombre, des vandoises, des chevennes, des ablettes et des goujons. Avec la même noquette j'ai pris jusqu'à douze poissons à la file ; c'est une des pêches les plus récréatives et les plus propres.

« Les vents les plus favorables sont ceux du Sud, Sud-Est et Sud-Ouest. Par vents du Nord, la bredouille est certaine.

« Cette pêche dure depuis l'ouverture jusqu'aux premiers froids. Juillet et août sont les deux meilleurs mois.

« Mes confrères voudront bien excuser mon bavardage un peu long, mais j'ai constaté souvent qu'en matière de pêche les petits détails avaient une grande importance quant aux résultats.

« N. B. — Avoir soin de n'amorcer qu'avec de gros morceaux de pain de chènevis sur lesquels s'acharne le poisson, car si l'on jette de petites miettes il s'en gavera de suite et mordra peu ou point ».

C'est clair, c'est précis et gentiment tourné , j'adresse à M. Ponsard tous mes remerciements.

VI.

LA CARPE.

I. Ses caractères. Ses habitudes

Sauf dans la partie haute du fleuve où l'eau est fraîche et battue par de nombreux courants, la carpe est très abondante dans la Loire et les gourmands me seront reconnaissants d'apprendre qu'elle y est bien en chair et d'excellente qualité.

La carpe, du genre *cyprin*, est dépourvue de dents ; ses lèvres sont épaisses, la supérieure porte quatre barbillons ; ses yeux noirs ont leur prunelle bordée d'un mince cercle jaune. Son corps, de forme ovale et allongée, lamé de larges écailles, est généralement teinté d'un brun verdâtre qui varie comme tonalité suivant le lieu qu'habite le sujet et aussi suivant son âge. Ainsi les carpes vivant dans des eaux vaseuses sont de couleur plus sombre que celles qui vivent dans des eaux pures et les jeunes sont presque toujours plus foncées que les vieilles, qui en arrivent à blanchir même parfois entièrement. Voici ce que dit de la carpe Raveret-Watel, mon auteur favori quand il s'agit de préciser les traits caractéristiques d'un poisson, d'indiquer ses particularités, en un mot d'en faire la biologie comme disent les savants à lunettes d'or : « La fécondité de la carpe est très grande ; on trouve jusqu'à cinq ou six cent mille œufs sur une femelle de forte taille. A l'époque de la fraie, en mai-juin, ce poisson quitte les grands cours d'eau, pour chercher les endroits plus tranquilles et, s'il rencontre des obstacles, c'est en sautant qu'il cherche à les franchir. Il monte à fleur d'eau, se tourne sur le flanc, rapproche sa tête de sa queue, en formant un arc de cercle, qu'il détend brusquement comme un ressort et bondit en frappant en même temps l'eau avec le milieu de son corps. On le voit, du reste, dans les étangs, par exemple, surtout à la tombée de la nuit, se livrer à de pareils bonds, d'où est venue l'expression faire des sauts de carpe; c'est généralement l'indice que la carpe est sur le point de frayer. Elle choisit pour pondre des endroits bien garnis de plantes aquatiques, auxquelles elle fixe ses œufs, gros comme des têtes d'épingles et enduits de mucus visqueux; les jeunes éclosent au bout d'une huitaine de jours. La carpe se développe assez rapidement ; elle peut atteindre en trois ans le poids de deux ou trois kilos. Mais une nourriture abondante et une température assez élevée lui sont indispensables pour croître réellement vite. En eau très froide elle ne peut se reproduire. Les sujets placés dans un semblable milieu présentent parfois une atrophie des organes de la reproduction; ils se développent alors en chair, engraissent et acquièrent un excellent goût, ce qui les fait rechercher des gourmets. On les désigne sous le nom de *carpeaux*. Dans nos rivières les sujets de six à huit kilos ne sont pas rares et ne paraissent pas être âgés de plus de huit à dix ans. On cite des carpes, pêchées dans l'Oder, qui pesaient une trentaine de kilos. Quel pouvait être l'âge de ces poissons monstrueux? Moins grand peut-être qu'on pouvait le supposer. La croyance à la longévité de la carpe est très répandue. Qui n'a entendu répéter que les carpes de Fontainebleau étaient contemporaines de François 1er et que celles de Chantilly avaient été nourries de la main du grand Condé? Pure légende. On perd de vue que, depuis un siècle seulement, à trois reprises différentes, à chacune de nos révolutions, les pièces d'eau de nos résidences royales et princières ont été dépouillées de leurs hôtes, et qu'il a fallu les rempoissonner; elles ne possèdent donc pas de carpes centenaires. »

Complétons cette note de M. Raveret-Watel en indiquant, relativement au poids des carpes, que Block, cité par M. Poitevin, dans son *Ami Pêcheur*, assure qu'en 1711 on en pêcha une, près de Francfort, de trois mètres de longueur, sur un de largeur et qui pesait soixante-dix kilogrammes. Si ce monstre a réellement existé, il a dû constituer un plat exécrable; sa chair, je l'imagine, ne le cédait en rien, comme saveur, à nos vieilles tiges de bottes.

Vous avez remarqué ce que M. Raveret-Watel dit des *carpeaux*. Revenons-y, si vous le voulez bien, parce que trop de gens encore regardent le carpeau comme une espèce spéciale de carpes. Cette erreur, pour être très répandue, n'en est pas moins monumentale. En vérité, je vous le dis, le carpeau n'est pas autre chose qu'une carpe chez laquelle, pour une cause ou pour une autre, les organes génitaux sont atrophiés. Il importe peu que cette atrophie soit imputable à la basse température de l'eau ou à un accident quelconque, le résultat est invariablement le même.

Ayant constaté que les carpeaux grossissent rapidement, engraissent et que leur chair est très savoureuse, on a essayé bien entendu, d'en produire artificiellement, et ces essais, paraît-il, ont parfaitement réussi. Il y a beau temps qu'on crée des chapons, on vous fabrique aujourd'hui des carpeaux par la même méthode. Décidément la gourmandise nous entraîne à faire de bien vilaines choses.

On peut dire de la carpe qu'elle est omnivore; insectes, graines, détritus variés reposant au fond de l'eau ou dans la vase, elle s'accommode de tout cela, mais, ainsi que l'a observé M. Raveret-Watel, ses préférences marquées sont pour les matières animales; en captivité, jamais on ne la voit toucher aux graines cuites ou autres produits végétaux tant que de la viande, des déchets de boucherie, des vers, lui sont fournis à discrétion.

A noter, qu'après l'anguille, la carpe est de tous les poissons d'eau douce, celui qui vit le plus longtemps hors de l'eau, à condition cependant qu'elle conserve l'entière liberté de ses ouïes, ses organes respiratoires. En hiver, on la transporte à de grandes distances en la couchant simplement sur de la paille ou de la mousse. Nombreux, sont, parmi mes lecteurs, ceux qui ont pu voir, quand on pêche les étangs de la plaine du Forez, entasser ces pauvres carpes sur des voitures à destination de Lyon, où elles arrivent plus de vingt-quatre heures après. Là-bas, jetées dans les larges viviers de la Saône, oubliant tout aussitôt les fatigues du voyage, elles paraissent plus frétillantes que jamais.

La carpe recherche les grands fonds, les eaux stagnantes. Elle se tient souvent près des bords, près des herbiers, des amas de racines d'arbres, partout, en un mot, où elle se trouve un abri sûr et un refuge en cas de danger car elle est d'une extrême prudence. Elle fuit au moindre bruit et ne touche à sa nourriture qu'après l'avoir examinée avec soin sous toutes les faces; c'est une madrée commère à laquelle il n'est pas facile, croyez-moi, de compter fleurette. Je parle, bien entendu, de la carpe de rivière; en effet, chose étrange, comme le remarque Poitevin, ce poisson sauvage, prudent, méfiant à l'excès, s'apprivoise si bien dans un étang quand il y est élevé, qu'au lieu de fuir, il s'approche à la vue de quelqu'un. Contrairement à ses habitudes qui le poussent à ne manger qu'au fond en rivière, il mange à la surface dans les pièces d'eau, et il finit même par venir prendre à la main le pain qu'on lui offre. Donnez-lui quelque chose tous les jours à la même heure, il ne l'oubliera pas, et, dès que vous vous montrerez sur le bord de l'étang, il accourra aussi vite qu'il se sauverait s'il était dans une rivière.

Ajoutez à la défiance naturelle de la carpe, sa force, son poids, son extrême agilité qui lui permet de faire les fameux sauts que vous savez, sa ruse enfin et vous com-

prendrez que sa pêche est un sport des plus difficiles.
Qui sait ? Ces difficultés mêmes constituent peut-être le
plus grand charme de pareille pêche pour ceux de nos
confrères que saint Pierre honore d'une faveur spéciale.

Il existe actuellement plusieurs espèces de carpes : je
dis *actuellement*, parce qu'elles ont été créées, je crois,
par une intelligente sélection. Peut-être de nouvelles
espèces seront-elles formées encore. Certaines de ces
carpes sont tout à fait remarquables par leur développement et la finesse de leur chair, mais comme je n'ai
point la sotte prétention de vouloir vous faire un cours
d'ichtyologie, je me borne à vous indiquer la *Carpe à
Miroir* dont les écailles ont une dimension extraordinaire et la *Carpe de Kollar* qui, paraît-il, est le produit
d'un croisement entre la carpe commune et le *carassin*,
poisson très répandu en Allemagne, en Russie, en Suède, etc., par contre, assez rare en France où on ne le
trouve que dans certaines rivières de la région du Nord-
Est. Ce n'est, bien entendu, que dans ces rivières-là que
vous rencontrez l'hybride dont je parle, la carpe de
Kollar ; ne la cherchez pas dans la Loire, vous perdriez
votre temps.

Très sédentaire, très localisée, nous savons que la
carpe occupe toujours des coins de rivière où elle peut
trouver un refuge sûr en cas de danger ; elle ne s'en
éloigne que rarement; la faim et des velléités amoureu-
ses, au moment du frai, la décideront seules à faire un
peu d'école buissonnière.

Souvenez-vous qu'elle a l'ouïe fine et que le moindre
bruit sur la rive ou sur l'eau, s'il ne la fait rentrer pré-
cipitamment dans son refuge, la tiendra tout au moins
en éveil et l'empêchera de mordre. Il est donc prudent
de prendre son fond d'eau longtemps avant la pêche et
de ne s'approcher de la rivière qu'en marchant avec
une extrême précaution. Evitez aussi de vous mettre trop
en évidence. La carpe est toujours à une certaine profondeur, je le sais, mais pour peu que l'eau soit claire,

vous ne passerez pas inaperçu aux yeux de la commère, qui s'empressera de vous fausser compagnie.

La carpe n'aime ni le grand froid, ni la grande chaleur ; comme le constate Poitevin, deux saisons sont marquées pour la pêche de cette sybarite : le printemps et l'automne ; la première commence ordinairement en mars et finit au début de juin ; la seconde commence en septembre et se termine à la fin d'octobre. Se souvenir que, plus que tout autre poisson, la carpe craint l'eau de neige fondue ; la pêcher quand pareille eau souille nos rivières est peine perdue, il faut bien s'en convaincre.

II. Comment pêche-t-on la carpe ?

Ici commence mon embarras, embarras causé par la multiplicité même des modes de pêche préconisés. A vous dire vrai, j'ai peu pratiqué ces modes de pêche, parce que nos rivières d'Est sont pauvres en carpes, chez moi du moins, et surtout parce que mes premières armes ont été peu encourageantes; chaque fois, en effet, qu'il m'a été donné de taquiner la dame aux larges écailles, j'ai joué de malheur : un épervier étendu sur mon *coup*, une partie de canot intempestive, voire une pluie diluvienne, toujours quelque chose est venu me contrarier, si bien que j'en suis arrivé à soupçonner mes vieilles amies les truites et les ombres de m'avoir jeté le mauvais sort, par pure jalousie, lorsqu'elles me voient flirter avec des rivales.

Soyez néanmoins sans inquiétude. J'ai puisé à bonne source mes renseignements et les modes de pêcher que je vais transcrire m'ont tous été indiqués par des pêcheurs d'une expérience consommée. Aucun risque de faire fausse route en leur emboîtant le pas.

Mais, avant d'entrer dans le détail, permettez-moi de vous donner, en lever de rideau, une recette mirifique que j'ai récemment dénichée dans un vieux bouquin

de ma bibliothèque; *Le dictionnaire économique conte-*
nant divers moïens d'augmenter son bien et de conser-
ver sa santé, de J. Marret, docteur en médecine, 1732.
Voici cette recette: « l'appât est composé d'une livre
de tourteaux de chènevis, qui est le marc de cette grai-
'de pendu, qu'on trouve chez les apothicaires, deux onces
de momie, qui est de graisse humaine, autrement graisse
de pendu, qu'on trouve chez les apoticaires, deux onces
de saindoux, ou graisse de porc, deux onces d'huile de
héron, deux onces de miel, une livre de mie de pain blanc
rassis, et quatre grains de musc; faites une pâte de toutes
ces drogues et en apatez par petites boulettes grosses
comme des fèves; et lorsque vous pêcherez, couvrez-en
l'hameçon et ne craignez pas la dépense de cet'apas; car
il n'y a carpes qui n'y mordent, ou elles seront bien fu-
tées. »

Peut-être userez-vous modérément de pareille recette,
car, on se procure difficilement de nos jours de la graisse de momie ou graisse de pendu et de l'huile de héron.
Nous étudierons donc d'autres recettes moins compliquées. Pour le moment, parlons du modeste caoutchouc.

Plusieurs fois déjà j'ai eu occasion de signaler, à
ceux de nos confrères qui pêchent à la mouche artificielle, les nombreux avantages qu'ils retireraient de l'emploi du caoutchouc à leur bannière. Mais c'était là un
conseil que je donnais en passant, sans entrer dans aucun détail technique. Je me hâte de vider mon sac à malices pour vous édifier complètement.

Bien simple le petit appareil en question. Il consiste
en un fil de caoutchouc de quelques centimètres de longueur, placé sur la bannière de la ligne. Par son élasticité, ce fil amortit beaucoup les secousses du poisson,
on peut même dire, qu'il les neutralise complètement
quand le pêcheur est muni d'une canne à scion souple
et flexible. Plus de rupture à craindre pour peu que
vous ayez la main légère et surtout du sang-froid au mo
ment psychologique de *l'amenage.*

On comprend, sans que j'aie à insister sur ce point,
tous les avantages qu'offre l'emploi du caoutchouc à
la bannière pour la pêche à la mouche artificielle telle
que je l'ai décrite, c'est-à-dire pour la pêche à la petite
mouche reproduisant de minuscules éphémères. A ces
amorces microscopiques il faut une monture en quelque
sorte invisible, telle que le simple crin de cheval ou la
très fine florence, monture fragile entre toutes et qui se
rompra au moindre choc. Or, pour parer à cette rupture,
une canne flexible ne suffit pas, l'adjonction du caoutchouc à la bannière mettra seule de votre côté de réelles
chances de victoire, quand vous entamerez une lutte
un peu sérieuse avec une ombre ou une truite d'humeur
rébarbative. Cela est si vrai que tous les pêcheurs à la
mouche artificielle de nos pays sont pourvus, maintenant, du caoutchouc à la bannière, tous, entendez-le
bien, et sans exception.

A quelle époque remonte ce grand perfectionnement
de notre outillage ? Il me serait difficile de le préciser,
mais je puis affirmer, sans risque de me tromper, qu'il
remonte à plus de vingt-cinq ans. Son inventeur n'a pas
pris de brevet ; il était vraisemblablement, un de ces modestes pêcheurs qui redoutent plus encore le bruit de la
réclame que celui des pieds sur les bords de l'eau. J'ai
toutefois les meilleures raisons de croire qu'il n'est autre
que mon excellent ami Beau, ce maître entre tous, dont
l'esprit inventif, toujours en éveil, nous a déjà dotés de
mouches et d'hélices, selon moi ,sans rivales.

Aujourd'hui nous ne sommes plus les seuls dans
l'Ain et les départements voisins à employer le caoutchouc à la bannière ; des confrères d'autres contrées
s'en servent également, la preuve en est, qu'au mois de
mai dernier, M.Vincent, de Rambervilliers, qui m'a
fourni sur la pêche dans les rivières des Vosges de précieux renseignements, m'écrivait : « Puisque vous par-
lez de l'emploi du caoutchouc à la bannière, je vous
dirai que, moi aussi, j'en fais usage depuis longtemps

déjà. C'est un *truc* qui m'est venu à l'esprit et dont je croyais profiter uniquement avec deux ou trois pêcheurs auxquels j'en avais fait connaître les avantages ».

Le caoutchouc dont il s'agit n'est autre que le traditionnel élastique recouvert de soie que les chapeliers ont la précaution d'enrouler sur nos chapeaux, au ras des ailes, pour nous mettre à l'abri des caprices du vent ; doublez-le en l'enroulant sur lui-même sur une longueur de vingt-cinq centimètres (ou un peu moins si vous voulez diminuer l'élasticité) et fixez-le, ainsi préparé, sur votre bannière par une épissure de dix à quinze millimètres environ à chaque extrémité. Chacune de ces épissures sera finement et fortement ligaturée par des brins de soie que vous passerez ensuite au vernis copal afin que cette partie de votre bannière, bien lissée, ne présente aucune aspérité de nature à gêner son glissement dans les anneaux de la canne. Quant à la place de ce caoutchouc sur la bannière il m'est assez difficile de vous la préciser ; je ne peux vous dire qu'une chose, c'est qu'avec nos longues cannes, dont la bannière a de sept à huit mètres et le bas de ligne de cinq à six mètres, nous le plaçons *généralement* à trente ou quarante centimètres au-dessus de ce bas de ligne. Avec des cannes plus courtes, des cannes à une main notamment, cette place peut varier, comme elle peut varier aussi suivant la manière de lancer de chaque pêcheur ; je vous conseille donc, avant de fixer votre petit appareil définitivement, d'en rechercher la meilleure place par des essais successifs *sur le pré*.

Je ne vous dissimule point que l'emploi du caoutchouc à la bannière peut, au début, être une cause légère de gêne pour le lancer, mais cet embarras, s'il existe, ne doit pas vous préoccuper autrement, il n'est en effet, que momentané ; quelques heures de pratique en triompheront facilement, c'est là ma conviction intime, conviction basée sur l'expérience de tous les pê-

cheurs mes compatriotes qui en font usage, sans exception, ainsi que j'ai eu l'honneur de vous le dire.

Non seulement ce caoutchouc empêche la rupture du
bas de ligne, il empêche aussi la déchirure de la gueule
du poisson par l'hameçon et cela vous explique que
son emploi puisse permettre, avec un seul crin de cheval et sans le secours de l'épuisette, d'amener au panier
des truites pesant plus de la livre. La chose a pu parai-
tre extraordinaire à certains pêcheurs ; quelques-uns
d'entr'eux m'ont même fait part de leur étonnement,
pour ne pas dire de leur incrédulité ; eh bien ! à tous
ces incrédules, je me contente de répondre que leur
montre retarde singulièrement sur la nôtre et qu'ils
n'ont qu'à venir dans l'Ain pour être témoins des faits
que je cite, m'engageant à proclamer très haut, dans
ce livre même, que je ne suis qu'un affreux fumiste
si je les ai trompés. En pêche, comme en toutes choses
d'ailleurs, il y a constamment à apprendre. Il y a peu
de temps encore, si quelqu'un m'avait dit qu'on pouvait prendre des truites avec des boulettes de mie de
pain, j'avoue que, sans être homme à idées préconçues,
j'aurais prestement détourné la conversation afin de ne
pas être exposé à témoigner mon étonnement d'une façon trop énergique et j'aurais eu gravement tort puisque
dans le courant de cet été, j'ai vu mon fils et plusieurs
pêcheurs du pays prendre des truites avec cette amorce
étrange.

Mais entendons-nous bien. Si je vous conseille l'emploi du caoutchouc à la bannière pour la pêche à la petite mouche artificielle telle que l'ai décrite, n'allez pas
en conclure qu'on puisse s'en servir pour d'autres pêches, vous vous tromperiez, parce que dans toutes les
pêches où il faut ferrer le poisson, il ne saurait être que
nuisible et rendrait ce ferrage en quelque sorte impossible. Inutile de vous répéter, n'est-il pas vrai, qu'avec
les mouches dont j'ai toujours parlé, celles qui reproduisent les plus petites éphémères il n'y pas à ferrer,

que, grâce à la pénétration des fins hameçons italiens, le poisson se ferre de lui-même par la brusque traction qu'il opère sur la ligne en plongeant à fond après avoir happé l'amorce à la surface.

Vous en savez maintenant autant que moi, mes chers confrères, de la pêche à la mouche artificielle (1).

------

(1) L'auteur a complété ces lignes par la note suivante :

Je tiens à revenir sur la question du caoutchouc à la bannière. J'ai recommandé l'emploi de cet appareil uniquement pour la mouche artificielle, estimant qu'il serait plutôt nuisible qu'utile, quand il s'agit de modes de pêche où il faut ferrer le poisson. Or, j'ai reçu une lettre qui proteste contre ma théorie, et cette lettre m'est adressée par un pêcheur si compétent, si habile, et qui m'inspire une telle confiance, que ma conviction se trouve légèrement ébranlée. Voici cette lettre, de M. Plateau, de Tourcoing : « .....Je me suis permis de n'être pas d'accord avec vous sur un point : c'est lorsque vous dites que pour les pêches où il faut ferrer, le caoutchouc à la bannière nuirait au ferrage et le rendrait presqu'impossible. Dans la partie du Nord que j'habite, tous les pêcheurs, et Dieu sait s'ils sont nombreux et habiles, tous les pêcheurs, dis-je, se servent d'un caoutchouc, même très souple, puisqu'il se compose seulement de deux brins tordus ensemble d'un élastique non recouvert de soie, ayant au plus un millimètre d'épaisseur. Je vous assure que cela ne les gêne pas pour ferrer et pour prendre du poisson ; je les ai vus maintes et maintes fois prendre, par ce moyen, des gardons d'une livre ou des brêmes de trois et quatre livres avec un simple crin de cheval (l'épuisette aidant, bien entendu). Moi-même je me sers constamment du caoutchouc, et je ne voudrais pas m'en passer. Malgré la finesse de nos lignes, nous ferrons bel et bien. Certes, il faut de la souplesse dans le poignet, vous n'en doutez pas ? Si nous étions voisins je viendrais vous faire une petite démonstration..... ».

Avouez qu'il y a là de quoi faire réfléchir de plus entêtés que moi. M. Plateau pêche très finement. Il n'emploie que le crin de cheval et même que le crin *de la crinière* du cheval, toujours plus menu que celui de la queue. Avec un bas de ligne aussi fragile, son ferrage doit être bien léger, si léger même qu'on peut se demander s'il existe réellement: le caoutchouc à la bannière ne saurait donc le gêner. En serait-il de

La carpe, avons-nous dit, est sédentaire, elle ne se déplace que fort rarement. Il ne faut donc jamais la pêcher à l'aventure, s'en rapportant au hasard pour le choix d'un coup. La pêche de la carpe, qu'on le retienne bien, nécessite une étude sérieuse de la rivière. Cette étude, qui seule nous révèlera les coins fréquentés, n'est d'ailleurs guère compliquée et vous pourrez toujours avoir pour guide l'expérience des autres pêcheurs de l'endroit, des bons s'entend. Seulement n'acceptez que sous bénéfice d'inventaire les renseignements donnés ; ils ne sont parfois ni véridiques ni désintéressés, n'ayant d'autre but que de vous faire prendre le change et de vous éloigner du meilleur coup. Veillez, au cours de votre petite enquête, à ne pas inspirer de défiance aux confrères, prenez un livre, un journal, faites-vous la tête d'un simple amateur de grand air et de belle nature, interrogez le moins possible, mais ne perdez pas un mouvement des malins, que vous reconnaîtrez, au premier coup d'œil, à la manière de tenir leur canne ou de lancer la ligne.

Votre place une fois choisie, explorez-la minutieusement, sur toute son étendue, à l'aide d'une sonde; il importe, en effet, que vous ayez la notion exacte de la hauteur de l'eau, de la nature du fond, des endroits où peuvent se trouver des herbes et des racines. Une sage précaution est même d'enlever, sur votre coup, avec un râteau ou un grappin, tout ce qui est de nature à faire courir des risques à vos bas de ligne.

Avant de commencer les hostilités, vous n'avez plus maintenant qu'à appâter ; mais cette opération, ne vous y trompez pas, est plus difficile qu'on ne le croit généralement, si l'on veut être assuré d'un bon résultat. Bien

---

même si M. Plateau pêchait au ver ou à l'hélice ? Je vais faire des essais, je me renseignerai auprès de nos vieilles barbes, et je vous ferai connaître le résultat de mes investigations.

amorcer une place est, à cette pêche de la carpe, le principal élément du succès.

Il faut commencer à jeter de l'appât au moins trois jours avant la pêche et cela à la tombée de la nuit. Point de parcimonie, point de prodigalité non plus, parce que cette prodigalité présenterait de graves inconvénients, dont le principal serait de vous exposer à gaver à l'avance un poisson, qui dédaignerait plus tard votre amorce. Et puis, ce qui n'aura pas été mangé s'aigrira, infectera l'eau et vos nouvelles amorces, en un mot, éloignera la carpe au lieu de l'attirer. Appâtez donc tout juste pour tenir la carpe en éveil et l'amener à venir chercher sa nourriture sur un point déterminé. Employez des appâts peu volumineux et ne les jetez jamais en paquet, dispersez-les, au contraire, le plus possible, afin d'obliger le poisson à chercher de côté et d'autre. Aussi, avec beaucoup de pêcheurs, j'estime que le blé cuit constitue un des meilleurs appâts, parce qu'il se dissémine facilement sur le fond et que la carpe, en glanant quelques grains de ci et de là, bouge continuellement et ne risque pas de se gaver. La fève, dont la carpe est très friande, est trop grosse pour appâter ; si, néanmoins, vous l'employez à ces fins, ayez soin de la briser et de n'en jeter à l'eau que des fragments. De même, effritez les pâtes qui vous serviront d'appât ou, ce qui est infiniment mieux, mélangez-les à de la terre glaise et faites-en de petites pelotes que le poisson devra lentement désagréger, pour y trouver ce qu'il cherche.

Poitevin, dans l'*Ami du Pêcheur*, donne une excellente formule d'appât. Il conseille de mêler à de la glaise du son, du pain de chènevis pulvérisé, une poignée de maïs ou de blé, bien cuit, de pétrir le tout et d'en faire deux ou trois boules, de la grosseur d'une orange ordinaire. Lorsque ces boules ont acquis une certaine consistance, on les jette à l'eau, à quelque distance les unes des autres, puis on y jette également une vingtaine de fèves cuites, pas davantage, à moins qu'il n'y ait des chevennes à proximité, car il convient alors d'augmenter le nombre des fèves et de ne les jeter qu'à la nuit complète sans quoi les pauvres carpes risqueraient fort d'être affreusement volées par des convives dont la discrétion n'est point la vertu dominante.

Bien longue la liste des amorces pour la pêche de la carpe.

Les plus répandues sont les farineux, tels que la fève, la pomme de terre, le haricot, le blé, l'orge, le maïs, la mie de pain pétrie, les pâtes composées et enfin le ver rouge du terreau et l'asticot. On peut dire que toutes ces amorces sont également bonnes, *pourvu qu'on sache s'en servir en temps convenable;* ainsi l'asticot et le ver rouge devront être employés au commencement et à la fin de la période de la pêche de la carpe, soit en mars, avril, octobre et novembre, tandis que, de mai à octobre, il ne doit plus en être question.

Quand on a souvent occasion de pêcher sur le même coup, il est prudent de varier son amorce de temps à autre, parce que la carpe tient énormément à la variété de ses menus. Je suis trop gourmand pour lui faire grief de pareille recherche. Et puis, bêtes et gens, n'aimons-nous pas tous le changement et même des changements plus scabreux? non, je ne sache pas que notre vertu soit de beaucoup supérieure à celle des carpes.

Je vous ai cité le ver et les asticots comme amorces. Je ne crois pas devoir revenir sur pareil mode de pêche. employé pour tous les poissons d'eau douce, sans exception, et dont les plus novices d'entre nous savent la pratique. Passons à la fève, qu'on appelle fève des marais. Après avoir été soumise à une longue cuisson, cette fève constitue une amorce de premier ordre. Faut-il l'aromatiser? Je ne le pense pas, et de nombreux pêcheurs sont de mon avis, mais la théorie contraire est soutenue par des barbes si respectables que ma conviction s'en trouve légèrement ébranlée: Va donc pour l'arome, si vous y tenez, et, cette concession faite, je vais même jusqu'à vous indiquer le musc. Le musc, parfum vulgaire et mal porté qui, s'il réveille l'appétit de la carpe, réveillera bien mieux encore chez beaucoup d'entre nous, le souvenir d'un bon vieux temps, où nous étions plus riches d'amour et de gaîté que d'argent de poche. C'est en pêchant avec des fèves, qu'en 1869, j'ai vu, M. Asselin, conseiller de préfecture à Blois, et, ma foi, un joyeux compagnon de chasse et de pêche, prendre, en trois heures de temps, deux carpes, du poids respectable de 13 et 16 livres. Autant que je puis me le rappeler, nous pêchions dans une petite rivière, très profonde, qui doit passer à proximité du domaine de Chambord. Son nom? Comptez sur vos doigts les années qui nous séparent de cette époque, et, excusez-moi de l'avoir oublié. Ce que je n'ai point oublié, en revanche, c'est que je fus entièrement bredouille et que M. Asselin me consola facilement en confectionnant, dans le moulin où nous étions arrêtés, une soupe au fromage succulente, qu'il arrosa de deux bouteilles de vieux Musigny, ce vin parfait, que les Bourguignons se gardent jalousement de trop faire connaître afin de se le réserver pour eux.

Après la fève se place le blé ; la carpe en est également friande. Le revers de la médaille est, selon moi, que la pêche au blé nécessite l'emploi de très petits hameçons, qui, par leur exiguïté même, manquent de solidité et ne s'implantent pas assez profondément dans les chairs du poisson, dont ils rendent la déchirure facile.

Quant aux pâtes, elles sont aussi nombreuses « que les étoiles ou bien que les flots furieux de la mer », comme on dit dans je ne sais plus quel opéra. Chacun de nous en a au moins deux, dont la recette lui a été transmise sous le sceau du secret le plus absolu. Secret de polichinelle s'il en fût...

La plus simple de ces pâtes est la modeste mie de pain roulée entre les doigts. Tous, au collège, nous nous sommes entraînés à la confection de cette amorce, en roulant

les boulettes qui nous servaient de projectiles au cours
des batailles que nous nous livrions silencieusement pendant que le professeur nous initiait aux beautés de la
langue d'Homère. Amorce facile à se procurer entre
toutes et, de plus, amorce excellente. Durant un assez
long séjour que j'ai fait à Montpellier, pour retaper mes
bronches, j'ai toujours vu les pêcheurs du Lez s'en servir exclusivement ; il est vrai aussi que jamais je ne les
ai vus prendre une seule carpe. Je jouais de malheur...
oui, certes, on prenait des carpes, des monstres même,
mais ces prises étaient faites invariablement quelques
jours avant ma rencontre avec mes confrères ! Une chose
par exemple, que je puis affirmer, c'est qu'en 1905, dans
le cantonnement de la Société de pêche de Vichy, on a
pêché la carpe, *presque tout l'hiver*, en amorçant avec
de la mie de pain, sans aucune préparation, et cette pêche a été exceptionnellement abondante.

Je crois devoir vous indiquer la recette d'une excellente pâte, préconisée par Poitevin : faites tremper du
pain de chènevis, prenez une quantité égale de pain tendre, que vous pétrissez avec trois jaunes d'œufs ; le tout
doit former une boule d'un volume égal à celui d'une
grosse orange.

Après avoir étendu cette pâte, vous ajouterez :

Miel blanc	2 cuillerées.
Anis pulvérisé	10 grammes.
Coriandre pulvérisée	10 grammes
Huile essentielle d'anis	2 grammes.
Huile d'amandes douces . . .	10 grammes.

Vous pétrissez à nouveau la pâte avec ce mélange,
jusqu'à ce que l'agglomération soit assez complète et ho-
mogène pour tenir sur l'hameçon.

Cette pâte sera toujours conservée dans un endroit
frais, car faute de cette précaution elle aigrit facilement. On arrive rarement à la garder plus de trois
jours.

Voici une autre recette, moins compliquée; les résultats en sont, quand même, merveilleux. Prenez de la mie de pain rassis, gros comme une petite orange, émiettez-la le plus fin possible entre vos doigts, prenez une quantité égale de pain de chènevis, que vous pulvérisez au pilon, ajoutez quatre morceaux de sucre trempés d'eau, trois cuillerées de miel et pétrissez le tout dans la main, de manière à constituer une espèce de mastic, d'aspect semblable à celui des vitriers. L'opération est assez longue, je vous en préviens, il faut vous armer de patience, mais cela coûte peu à un pêcheur à la ligne.

Il est important de tenir cette pâte au frais; elle aigrit aussi vite que celle de M. Poitevin. La recette m'en a été donnée par M. Vexenat, un fin pêcheur de carpes et de brochets de l'Allier, que j'ai rencontré au Mont-Dore, qu'il habite pendant la saison thermale. Il est d'une rare obligeance pour tous ses confrères de pêche, qui s'adressent à lui. S'il m'en souvient bien, M. Vexenat avait obtenu notre précieuse recette dans des conditions plutôt bizarres. Il y a quelques années de cela, nos confrères de Saint-Yorre, qui prenaient rarement des carpes, assistaient presque chaque jour, en été, à un spectacle peu fait pour leur être agréable. Tandis que leur flotte s'immobilisait d'une façon désespérante, celle d'un pêcheur, venu de Vichy à bicyclette, se livrait à des cabrioles désordonnées et sans interruption; et, sans interruption aussi, les carpes se succédaient, passant de l'épuisette au panier. Ce panier était plein jusqu'au bord, chaque fois que l'heureux pêcheur levait la séance. Heureux, oui, mais bien peu communicatif. A toutes les avances faites pour nouer conversation avec lui, il avait répondu d'une façon si laconique et si rogue qu'on avait compris sa ferme volonté de demeurer à l'écart, de jouer au sauvage. Il craignait qu'on ne surprît son secret, disaient les mauvaises langues. L'inconnu obéissait-il à un sentiment aussi mesquin? personne ne le sait; je sais seulement qu'un beau jour il tomba dans l'eau, et que ce bain forcé pouvait avoir pour lui de funestes conséquences, sans l'intervention de M. Vexenat, qui se hâta de le réconforter de son mieux. Pour cette action d'éclat, notre sympathique confrère ne reçut pas la médaille de sauvetage; il fut néanmoins récompensé, puisqu'il obtint, en témoignage de reconnaissance, la recette de la fameuse pâte à carpes. Le misanthrope en question était un des bons solistes des concerts du Casino de Vichy.

Lorsque vous pêcherez sur un coup appâté, comme il convient, depuis deux ou trois jours, je vous conseille, de jeter de temps à autre sur ce coup quelques bribes de votre amorce ; cette pratique a de sérieux avantages. A ce propos, certains pêcheurs soutiennent qu'on ne doit appâter un coup qu'avec l'amorce même qu'on emploiera pour la pêche. N'est-ce pas aller un peu loin? Je suis assez tenté de le croire. En tous cas, j'ai vu obtenir des résultats surprenants par des confrères qui n'étaient pas exclusifs à ce point.

Pour la centième fois, je vous répète que les caprices du poisson sont si déconcertants, que les influences auxquelles il obéit sont si nombreuses et variées, qu'on a toujours tort de formuler des théories absolues en matière de pêche. Faites un peu à votre tête pour vous instruire, on n'apprend d'une manière sûre qu'à ses dépens.

La ligne une fois tendue, on la relèvera le moins souvent possible, pour visiter les hameçons. Une heure d'intervalle n'est pas de trop, au dire des maîtres.

III. La pêche a la pelotte.

J'ai passé en revue les principaux modes de pêche de la carpe. Qu'on me permette de dire quelques mots sur la pêche à la pelotte; elle a une trop grande importance pour que je n'en fasse pas mention.

On pêche à la pelote en se servant d'asticots, de vers de terre, ou de vase et même de blé et de fèves; telles sont, du moins, les amorces les plus communément employées. Pour confectionner cette pelotte, voici comment j'ai toujours vu pratiquer nos meilleurs pêcheurs. Ils prenaient de la terre glaise, bien nettoyée et débarrassée des corps étrangers qui pouvaient s'y trouver mêlés, et, tout en la pétrissant comme aurait pu le faire un mouleur, ils introduisaient dans sa masse des vers, des fèves, du blé, ou des asticots, suivant la pêche qu'ils voulaient faire, puis ils en formaient une boule de la grosseur d'un œuf. Plaçant alors cette boule dans le creux de la main, ils y enfonçaient le pouce de l'autre main de manière à y pratiquer une excavation pénétrant jusqu'au milieu de la masse et dans cette excavation ils plaçaient et les hameçons amorcés et la plombée, puis ils garnissaient le tout d'une pincée de l'amorce employée, après quoi, en serrant la main, ils rapprochaient les bords de cette boule qui reprenait sa forme primitive. Les bas des lignes, en fine florence, portaient généralement deux hameçons et une légère, très légère plombée, parce que le poids de la boule est plus que suffisant pour entraîner l'amorce à fond et l'y maintenir dans des eaux calmes comme celles où on pêche la carpe. On peut mêler une certaine quantité de crottin de cheval à la terre glaise; de nombreux et habiles pêcheurs recommandent ce mélange.

Gardez-vous de relever trop souvent votre amorce. Ne la relevez qu'à la dernière extrémité, quand vous supposerez que votre pelotte est désagrégée. Une excellente précaution, qui vous permettra de connaître facilement le moment opportun de renouveler l'amorce, est de placer dans l'intérieur de la pelotte un petit morceau de liège; ce liège montera à la surface de l'eau, quand rien ne le retiendra plus, et vous avertira de ce qui se passe là-bas au fond.

A cette pêche, comme d'ailleurs à toutes les autres

de la carpe, il est nécessaire d'amorcer à l'avance;
vous le ferez en jetant sur le coup de petites boules
de glaise, composées comme la pelotte elle-même. N'en
doutez pas, la pêche à la pelotte est une des meilleures
à pratiquer, surtout quand on s'attaque à de vieilles
roublardes de carpes, dûment chevronnées et défiantes
en diable, parce que les plus malignes s'y laissent toujours prendre.

Quels sont les temps de pêche les plus favorables?
Je ne veux pas revenir sur ce que je vous ai dit; souvenez-vous seulement, que, si la carpe craint le froid,
elle ne craint pas moins la grande chaleur; les températures extrèmes la laisseront insensiblé à vos agaceries.
Cela n'empêche pas que, même au cœur de l'hiver,
par des journées ensoleillées, vous puissiez la pêcher
avec certain succès. Nous tablons sur ce qui se passe
le plus souvent; c'est surtout en matière de pêche qu'il
n'y a pas de règles sans exception, je vous le répète.

Le vent d'est, est mauvais, celui d'ouest est parfait;
Poitevin, remarque, toutefois que, contrairement à cette
donnée générale. la carpe mord surtout par le vent d'est,
dans la Vienne. Question d'orientation de la rivière, sans
doute, de vent contraire au sens du courant.

Grosse question: peut-on pêcher la carpe avec plusieurs lignes ou bien faut-il se limiter à une seule. A
vous dire, franchement, ma pensée de *derrière la tête*,
on doit pêcher avec une seule ligne ; je vous en passerai
deux à la rigueur, mais jamais plus. Et je m'explique.
Avant que l'appât ait été avalé comme il convient, les
touches de la carpe varient beaucoup, elles sont plus ou
moins vives, plus ou moins espacées, de là, la nécessité
de les surveiller, avec une attention soutenue, si
l'on veut saisir exactement le moment du ferrage,
ce qui est capital à cette pêche. Or, je me le
demande, comment pouvez-vous surveiller utilement
plusieurs flotteurs, comment même en pouvez-vous surveiller deux seuls, s'ils sont tant soit peu éloignés l'un

de l'autre, et notez qu'en bonne pratique, ils doivent l'être, sans quoi les lignes se *commanderaient*, autrement dit, seraient exposées à s'enchevêtrer à la première défense du poisson. Et vos deux lignes étant séparées, comment ferez-vous pour ferrer sur la seconde quand vous serez auprès de la première ? Vos mouvements, le bruit de vos pas ne donneront-ils pas l'éveil au poisson : une seconde de retard dans le ferrage ne suffira-t-elle pas pour que la rusée commère voie le piège et vous fausse compagnie ? L'emploi de deux lignes ne peut se faire qu'à trois conditions; il faut 1° que vos cannes soient très longues, 2° que vous ayez leurs talons en quelque sorte réunis sous la main, 3° que leurs scions se trouvent suffisamment écartés pour qu'on ne soit pas exposé à l'enchevêtrement des bannières et des bas de lignes.

En somme, l'emploi de plusieurs lignes ne sera pratique qu'autant que le ferrage pour chacune d'elles pourra s'opérer de lui-même automatiquement, et sans nécessiter l'intervention du pêcheur qui, livré à lui-même, arrive toujours trop tard, comme les fameux carabiniers de l'opérette, quand il n'a pas sa canne immédiatement sous la main. C'est pour parer à ces inconvénients que le *ferreur automatique* a été créé. Je ne vois guère que la pêche à la pelotte qu'il ne puisse pas faciliter, à cause de son poids et de la préparation toute spéciale de l'amorce.

Passons maintenant à votre outillage. Je n'entrerai pas dans les détails d'un pareil sujet, dont l'étude complète m'entraînerait baucoup trop loin, étant donné que cet outillage change avec chaque mode de pêche employé; vous comprendrez sans peine, en effet, qu'une canne fort légère est indispensable, lorsqu'on doit la tenir sous la main, tandis qu'une canne, si lourde soit-elle, n'est point de nature à effrayer le pêcheur, quand il la fixe sur la berge ou l'assujettit sur un support.

Que votre canne soit solide, qu'elle puisse résister aux défenses d'un poisson lourd et vigoureux, voilà ce à quoi vous devez veiller tout spécialement. Pour sa

longueur, et son poids, faites à votre guise et choisissez
comme bon vous semble en tenant compte, cela va sans
dire, du genre de pêche que vous allez pratiquer, suivant que vous voudrez pêcher près ou loin de la rive, en
gardant à la main cette canne ou sans la soutenir. Il
vous est même loisible d'user de simples scions de baleine, munis d'un moulinet au bas.

On pique ces scions dans la terre de la berge, on fait
tendre le fil de sa ligne et l'extrémité de ces fines montures, très sensibles aux moindres touches, vous indique
aussi bien qu'un flotteur les attaques du poisson. Quelques pêcheurs, qui se moquent de *l'heure légale*, placent,
pour les pêches du soir, un grelot avertisseur à l'extrémité de ces scions, et bien certainement le petit carillon
que sonne la carpe, en tirant sur l'amorce, est plus agréable à leur oreille que les plus beaux morceaux de musique. La flexibilité de la baleine empêche la rupture de
la bannière et du bas de ligne, sans nuire au ferrage,
parce que le scion est trop court pour que cet inconvénient se produise, le *coup de poignet* se faisant très bien
sentir sur tout le corps de la ligne.

Un point sur lequel tout le monde est d'accord, c'est
qu'il faut pêcher la carpe, très finement et très solidement; les florences de vos bas de ligne devront donc être
de première qualité. Certes, vous ne prendrez pas toujours des monstres, mais, comme vous avez la chance
d'en rencontrer dans presque toutes les rivières à carpes,
vous auriez, avouez-le, trop de regrets de voir une belle
prise vous échapper pour une méchante économie de
quelques sous sur un achat de florences; faites plutôt
un peu tirer la langue à vos créanciers.

Votre bannière sera un cordonnet de choix, dont il
existe aujourd'hui des marques nombreuses. Recherchez
particulièrement celui que l'eau ne pénètre pas, grâce à
une préparation spéciale, et vous serez ainsi à l'abri des
fâcheux mécomptes que vous procurent les bannières à

bon marché, qui pourrissent en moins d'une saison de pêche.

Les plombées ne doivent pas être lourdes pour mieux laisser transmettre au flotteur les indications des moindres touches, et puis on pêche généralement la carpe en eau calme. Un plomb qui m'a paru bien compris pour cette pêche est celui qui a la forme et à peu près la grosseur d'une pièce de deux francs. Il est percé au milieu, dans tout son diamètre, et laisse au bas de ligne son entière liberté de glissement ; mais, par sa forme plate et large, il a surtout l'avantage de ne pas s'enfoncer dans la vase autant que des plombs ordinaires.

Flottes légères et sensibles.

Quant à vos hameçons, il va de soi que leurs numéros varieront suivant le genre de pêche que vous pratiquerez ; ces hameçons devant toujours être entièrement couverts par l'amorce. Donc l'hameçon qui servira pour la pêche à la fève ne conviendra pas pour la pêche au blé. Autre différence, très importante à signaler, et dont je vous prie de prendre bonne note ; chaque fois que vous pêcherez avec des pâtes, n'employez jamais l'hameçon simple ; l'hameçon triple est infiniment préférable, pour cette excellente raison qu'il retient mieux l'amorce et s'implante plus solidement dans la gueule du poisson, avec ses branches multiples.

Je vous ai fait mes confidences, ce n'est plus un secret, pour vous, que je ne suis pas partisan de l'épuisette pour la pêche de la truite et de l'ombre ; qu'il s'agisse au contraire de la pêche de la carpe, et je proclame bien haut qu'elle est indispensable. Choisissez cette épuisette large d'ouverture, profonde et à mailles de grande dimension. Les mailles fines et serrées font obstacle à l'eau et gênent de la sorte une manœuvre qui demande autant de promptitude que de précision. Manche solide et long, car souvent vous êtes obligé de coiffer votre carpe assez loin du bord.

La carpe ne mord pas gloutonnement comme certains

poissons, le chevenne par exemple. En présence de votre amorce, si alléchante soit-elle, elle hésitera toujours, ne s'en approchera qu'avec une extrème circonspection, l'examinera sous toutes ses faces, la déplacera légèrement de l'extrémité du museau et ne se décidera à la saisir qu'après maintes autres grimaces de vieille coquette. Ne vous pressez pas de ferrer, je vous en conjure, attendez de voir votre flotteur plonger lentement, sans secousses, en suivant une direction donnée; alors certainement la carpe a englouti l'amorce et s'éloigne pour la déguster tout à son aise dans quelque coin de son choix ; ferrez donc à cette minute précise, et que Saint-Pierre vous soit propice !

Une fois ferrée, la carpe, la grosse, surtout, ayant conscience nette du danger, cherchera à gagner son refuge, racines d'arbres ou herbes épaisses dont vos sondages vous ont révélé la place exacte ; coûte que coûte, empêchez-la d'y arriver ; mais en la retenant, gardez-vous de la ramener à la surface de l'eau et laissez-là épuiser ses défenses au fond. Au commencement, ces défenses seront très fortes et un peu espacées, puis elles deviendront plus fréquentes et moins énergiques; montez alors légèrement le poisson à la surface en vous tenant toujours prêt à lui rendre du fil en cas de nouvelles cabrioles; enfin, quand vous le verrez *blanchir*, autrement dit, osciller sur lui-même, glissez votre épuisette derrière lui et enlevez vivement. Un excellent pêcheur de ma connaissance amène la carpe sur son épuisette et la coiffe; c'est là une manière de procéder que je ne conseillerai jamais: j'estime qu'elle expose trop à des sauts désordonnés de la commère, au moment où elle se trouve en face d'un filet ne lui disant rien qui vaille.

Un dernier mot. Ceux de nos confrères qui, comme moi, sont venus chercher à Nice un peu de chaleur et de soleil, ont eu certainement leurs rêveries matinales troublées par d'affreux cris de la rue:

Oh ! la belle Poutina !
Oh ! la Nouna !

J'ai voulu savoir ce que pouvait être cette *Poutina,* cette *Nouna,* cause de mes tribulations, et j'ai vu, dans des corbeilles portées par des femmes et des fillettes, une masse gélatineuse assez semblable à des œufs de grenouilles. En y regardant de près, j'ai constaté que cette masse n'était qu'une agglomération de minuscules poissons à l'état embryonnaire ; on apercevait leurs yeux, parfois leur fine arête dorsale ; et il y en avait de toutes les formes. C'était le frai de nombreuses espèces qu'on avait détruit d'un coup de filet, et quel filet ! Figurez-vous une immense senne dont les mailles vont en se rétrécissant vers le centre, centre qui forme une sorte de poche en tissu si serré qu'il ne laisserait pas passer une épingle.

Mais la Poutina est bonne en omelette et, pour cinq à six sous de cette drogue, on confectionne un plat pas cher. Or, les embryons consommés dans cette omelette de cinq sous auraient atteint en grossissant, et cela au bout d'un an ou deux, une valeur supérieure à plusieurs centaines de francs!

A ma connaissance, ce brigandage dure depuis de longues années ; va-t-il donc s'éterniser, l'autorité finira-t-elle par ouvrir les yeux?

VII.

LE CHEVENNE

I. SES CARACTÈRES. SES MŒURS.

Est-ce bien chevenne qu'il faut dire ? Pour baptiser notre rusé compère, je suis dans un cruel embarras ; songez donc qu'il répond indistinctivement aux noms de chevenne, chevesne, chevaine, chevanne, chavanne, chevance, chaboisseau, gogan, juêne, juerne, cabot, garboteau, barboteau, meunier, et j'en passe ! Au petit bonheur ! Baptisons-le chevenne ; l'essentiel est que mes lecteurs ne se méprennent point sur le poisson dont il s'agit. Ces dénominations, si différentes et si nombreuses, proviennent, à n'en pas douter, de ce que le chevenne, très commun, se trouve dans la plupart de nos rivières de France.

« C'est un joli poisson, dit M. Raveret-Watel, malgré sa tête un peu massive, suivie d'un dos épais. Le corps oblong, un peu comprimé sur les côtés, est revêtu de larges écailles, légèrement festonnées, et présentant une bordure foncée, qui dessine un réseau de lignes noires sur le dos et les flancs du poisson. La bouche, grande. fendue obliquement, est conformée pour saisir des proies bien plus à la surface qu'au fond de l'eau. La robe, párée de brillants reflets métalliques, est élégante. Sur le dos, la coloration est d'un brun verdâtre, tournant quelquefois au bleuâtre plus ou moins foncé ». Cette coloration varie suivant les diverses rivières qu'habite le chevenne, et même suivant les différents fonds de chacune de ces rivières. La nature prévoyante veut, en effet, comme j'ai déjà eu l'occasion de le faire remarquer, que les poissons et le gibier prennent une livrée dont la teinte soit en parfaite harmonie avec le milieu ambiant, pour leur permettre de se soustraire plus facilement aux regards de leurs nombreux ennemis!

Le chevenne présente plusieurs variétés. Les différences qui les distinguent sont peu accusées et ne consistent guère que dans des détails insignifiants, tels que les stries des écailles ou la forme plus ou moins allongée du corps.

Partout, en Loire, depuis la source du fleuve jusqu'à son confluent, ce poisson est très abondant et de bonne qualité. Mais de si bonne qualité soit-il, sa chair n'en demeure pas moins molle et sans saveur ; suivez donc le conseil donné à propos du chevenne de la Drance, proscrivez-le radicalement de votre table pour en faire hommage, au gré de votre fantaisie, à un ami ou à une aimable belle-mère.

Le chevenne fraye de mai à juin, suivant la température de l'eau. Il est le plus grand de tous les poissons blancs, son poids peut atteindre et même légèrement dépasser trois kilos. J'ai eu la bonne fortune d'en prendre un de trois kilos cent vingt grammes.

Bien que l'histoire de ce chevenne n'ait rien de fort intéressant, je tiens cependant à vous la conter, parce qu'elle permettra à ceux de nos confrères qui aiment à philosopher, de constater une fois de plus combien, en face de la passion, voire même de la paisible passion de la pêche à la ligne, notre pauvre conscience devient complaisante et cède facilement. C'est dans la Drance, en pêchant au ver par eau trouble, que je pris le monstre en question. Jamais encore il ne m'avait été donné de rencontrer chevenne de taille semblable; j'étais émerveillé. Force me fut, cependant, malgré mon admiration, de me souvenir que nous étions le huit juin, que la pêche du chevenne était interdite et que j'avais l'insigne d'honneur d'être substitut. Le cas était grave. Que faire? Croyez-m'en, mon parti fut vite pris. Je fis ce que vous auriez tous fait à ma place, ne vous en déplaise, c'est-à-dire que, dissimulant de mon mieux le poisson sous mes vêtements, je repris triomphalement le chemin de Thonon, d'un pas léger. Arrivé à destination, je m'empressai de confier le corps du délit à la cuisinière de mon ami T..., auquel je donnais souvent des truites. Ce brave T... me rencontra le soir même au cercle et m'invita à déjeuner pour le lendemain; mais, à l'heure indiquée, j'avais à peine franchi le seuil de sa porte qu'il se campa devant moi et m'accabla d'amers reproches. Comment... c'était un chevenne que j'avais apporté chez lui, et c'était pour ce mauvais poisson qu'il s'était cru obligé de se fendre d'un déjeuner en ma faveur... Pourquoi ne l'avais-je pas charitablement prévenu... Non... on ne trompe pas les gens de la sorte. Bref, je fus mis en pénitence. Au repas, pas la moindre goutte de ce vieil Yvorne, pour lequel ma préférence marquée était connue de longue date — rien que le vin du crû, — un excellent vin blanc, d'ailleurs, dont on pouvait facilement se contenter. Quant au chevenne, il ne parut pas sur la table, c'est bien entendu; seuls les domestiques furent appelés à s'étrangler avec ses arêtes.

N'avez-vous pas entendu qualifier d'ogre un individu doué d'un appétit exceptionnel? Mieux vaudrait le qualifier de chevenne, car je ne connais pas d'animal aussi vorace. Tout lui est bon. Les fruits, les insectes, les farineux, les fromages, les pâtes, les viandes, les proies vivantes, les proies mortes, les bonnes odeurs comme les plus nauséabondes, il s'accommode de tout; on serait certainement plus embarrassé de trouver l'appât qu'il refuse, que celui qu'il préfère; bien présentée, je ne vois aucune amorce qu'il n'accepte pas.

N'allez pas croire, pour autant, qu'un tel dévorant, soit sans défiance, que sa voracité lui fasse braver le danger et facilite sa capture; vous commettriez là une erreur grossière. Le chevenne est, au contraire, prudent à l'excès. Il a l'ouïe et la vue très fines, et pour peu que ses craintes soient éveillées, il ne mordra plus; à la moindre alerte, il fuira comme un éclair, pour gagner son refuge sous des racines, des rochers ou des berges profondes. Je vous recommande donc instamment, quand vous le pêcherez,, de prendre des vêtements de couleur terne et de vous chausser d'espadrilles ou de caoutchoucs Toute coiffure blanche doit être prohibée. Ces détails paraîtront peut-être enfantins, aux yeux de certaines personnes qui n'ont jamais pêché qu'en chambre, aux yeux des *galettes*, mais les vrais pêcheurs en connaissent l'importance et ne commettent jamais les *gaffes* contre lesquelles je cherche à vous mettre en garde.

Aussitôt ferré, le chevenne se jette violemment de droite et de gauche; ses défenses sont aussi énergiques que courtes. Ne le brusquez pas, au besoin même rendez-lui du fil, et vous le sentirez mollir sans tarder; montez-le alors doucement à la surface, faites émerger légèrement sa gueule, puis amenez-le sans secousse à bord, et vous serez étonné de son extrême docilité, il glissera dans votre épuisette comme une lettre à la poste, si vous ne commettez pas quelque lourde maladresse.

Le chevenne est fort sociable, on le trouve souvent réuni en bandes nombreuses. Evidemment, cela a beaucoup de bon, et si vous tombez au milieu de ces bandes, vous avez de grandes chances de faire une excellente pêche, mais s'il vous arrive de manquer un seul poisson, après l'avoir ferré il fuira comme un fou, et ses bonds désordonnés donneront l'éveil à ses amis et connaissances qui s'empresseront de le rejoindre. Allez chercher fortune à une autre place, c'est ce que vous avez de mieux à faire.

Pour décrire, par le menu, les divers modes de pêche du chevenne, je me bornerai à indiquer les modes de pêche employés uniquement pour ce poisson et je passerai sous silence ceux qui sont communs à d'autres espèces, tels que les pêches au blé, à l'asticot, au ver, aux farineux, à certaines pâtes, dont j'ai d'ailleurs eu l'occasion de dire quelques mots.

II. Pêche a la surprise.

Cette pêche est très attrayante et très productive. Elle se pratique au temps chaud, lorsque le chevenne se tient à la surface de l'eau. Ce n'est point une pêche de débutant, car elle nécessite, en plus de l'habitude, de se *défiler* sans bruit et sans se faire voir, un œil exercé à apercevoir le poisson et une main habile maniant une canne sans difficulté et capable de faire exactement tomber l'amorce à un endroit déterminé.

Munissez-vous d'une canne longue, légère et de moyenne flexibilité. Que votre bas de ligne, en fine florence, et la bannière ne dépassent pas la longueur de la canne; qu'ils soient même parfois plus courts. Ni plomb, ni flotte. Quant à l'hameçon, vous devez proportionner sa grosseur à celle de l'amorce employée. Les meilleures de ces amorces me paraissent être les sauterelles, les mouches de mai, les perlides, les petits hannetons des prairies, les grosses mouches, les grillons, les araignées de buisson.

Approchez-vous avec des précautions d'Apache de l'endroit voulu et, sans que le moindre bruit, le moindre mouvement puisse trahir votre présence, descendez prudemment votre ligne à travers les branches jusqu'à la surface de l'eau, puis faites sautiller l'amorce en lui imprimant, autant que possible, l'allure d'un insecte qui cherche à éviter la noyade. L'attaque ne se fera pas attendre, l'amorce sera aussitôt happée, et si, après deux ou trois sauts, elle ne l'a pas été, c'est qu'aucun chevenne n'est là ou que ceux qui s'y trouvaient ont flairé le danger et vous ont faussé compagnie. Changez de place sans hésiter ; vous perdriez votre temps en vous obstinant, à moins que vous ne soyez retenu là par les charmes de la conversation avec une aimable compagne de pêche.

Le moment de pratiquer cette pêche est facile à connaître ; il n'est autre que celui où vous trouvez en abondance, sur le bord de l'eau, l'insecte qui vous sert d'amorce. Le poisson en est devenu, très vite, friand.

Pêchez parfois comme à la mouche artificielle, en ayant soin, cependant, d'imprimer une légère allure à votre amorce, insecte relativement fort, en comparaison des frêles éphémères, et qui s'agite toujours en cherchant à se sauver. Cette amorce, sous l'action des courants ou de la simple résistance de l'eau, se tasse, la plupart du temps, sur la courbure de l'hameçon, où elle ne constitue plus, après un ou deux lancers, qu'une masse informe, peu faite pour attirer le poisson. C'est là un grave inconvénient. Pour y remédier je me sers d'hameçons sans palette, longs de tige et très fins de fer et, en les empilant, je place à rebours un ou deux crins de cheval, que je coupe ensuite presque ras. Ces crins font légèrement saillie et forment ce qu'on appelle d'un vilain nom..... une queue de cochon. Ils permettent de monter l'insecte jusqu'à la tête de l'hameçon et ne le laissent plus descendre ; cet insecte est ainsi solidement maintenu dans une position très naturelle sur la tige de l'hameçon, dont la courbure et la pointe restent complètement dégagées comme il convient. Tous les insectes *s'enfilent* par la tête, *sans aucune exception*.

M. B..... ti, de St-Etienne, est passé maître à cette pêche. Il est d'une adresse merveilleuse. On croirait voir opérer un habile prestidigitateur quand il décroche son chevenne, le met en lieu sûr, amorce à nouveau et lance sa ligne. Certes, j'ai une longue pratique, ma main est très exercée et je m'acquitte assez rapidement de toutes ces menues besognes de pêche, mais j'estime que M. B... ti, dans la pêche à la volée ,à l'insecte, opère, au bas mot, vingt fois plus vite que moi. Il est d'ailleurs connu comme le loup blanc à St-Etienne; personne, ainsi que lui, ne porte son poisson vivant dans une énorme courge-bouteille suspendue à la ceinture, et surtout personne, aussi bien que lui, ne sait réussir une friture dorée et

croustillante, avec cette bonne huile de *Firenze*, dont le
parfum fait ressortir si heureusement le bouquet de certain vin d'Asti, dont j'ai gardé douce souvenance.

III. Autres modes de pêche du chevenne.

Je dois recommander un mode de pêche, qui tient à
la fois, de la pêche à la surprise et de la pêche à l'insecte à la grande volée.

Quand vous battez une rivière ou un canal, de vingt
à trente mètres de largeur, le poisson qui est sur le
bord opposé ne vous aperçoit généralement pas, si vous
ne faites pas de mouvements désordonnés et si vos vêtements sont de couleur terne. — vous pouvez donc le
surprendre, tout aussi bien que celui auquel vous présen-
tez votre amorce, en la faisant flotter, avec mille précautions à travers les branches et les obstacles de la rive.
Pour cela, jetez cette amorce de façon qu'elle tombe
tout à fait au bord de l'eau; vous la retirez ensuite doucement à vous, en lui imprimant de légères saccades. Oh!
vous n'aurez pas à la retirer fort loin si un chevenne est
à proximité, parce qu'elle sera presque toujours happée
au moment même où elle touchera l'eau. J'ai connu peu
de pêches aussi amusantes et aussi productives que celle-là; toutefois, pour s'y livrer, je ne dois pas vous dissimuler qu'une certaine pratique est nécessaire; car, si
on n'est pas absolument maître de son lancer, on court
grand risque d'envoyer son amorce sur des herbes ou
des branches, qui vous la gardent sans pitié.

La sauterelle et *le petit hanneton des prairies* sont,
sans contredit, les deux meilleures amorces de cette pêche, mais quand le choix entre elles vous est possible,
n'hésitez pas un instant à donner la préférence au petit
hanneton. Rien ne le vaut. C'était le favori du père Bar-
barin, un vrai *canut* de la Croix-Rousse qui, après avoir
longtemps peiné en *tirant le battant*, était venu prendre
sa modeste retraite de travailleur dans mon petit pays

de Poncin. Ce vieux confrère avait une verve endiablée,
un langage imagé et une réserve inépuisable d'histoires
abracadabrantes, auxquelles son argot et son pur accent
de la *Grand'Côte* donnaient une saveur toute spéciale.
Comme l'ancien Léonce des Variétés, il contait les plus
folles en gardant un sérieux imperturbable. Le rencontrer
au bord de l'eau était donc une bonne aubaine ; elle m'é-
chut souvent et j'étais à ses côtés quand, certain dimanche, il entassait chevennes sur chevennes dans son
panier.

Retenez de ceci que le *petit hanneton des prairies* est
une amorce de choix et, pour cette seule bonne parole,
vous me conserverez, j'en suis certain, une éternelle gra-
titude.

Vous aurez rarement de la difficulté à vous procurer
les insectes employés pour la pêche à la grande volée,
parce que vous ne les rechercherez, en bonne pratique,
que lorsqu'ils constituent une amorce sérieuse, c'est-à-
dire lorsqu'ils sont très abondants et que le poisson les
rencontre un peu partout, sur l'eau où ils sont tombés.
Mais, même en temps d'abondance, votre mauvaise
étoile peut faire que vous n'en trouviez pas. Ne renoncez
pas, pour autant, à la partie de pêche projetée, car un
bohémien m'a donné le moyen de se tirer d'embarras en
pareille circonstance. Je l'ai maintes fois employé et les
résultats que j'ai obtenus sont tels que, le cas échéant,
je n'hésite pas à vous engager à l'essayer vous-mêmes.
Découpez dans un vieux chapeau de feutre mou et noir
une rondelle de la largeur d'une pièce de cinquante centimes, choisissez un hameçon semblable aux numéros
10 ou 11 des hameçons irlandais dit crystal, empilez-le
sur une fine florence, piquez la pointe au milieu de la
rondelle jusqu'à ce que, parvenue à la florence, elle
vienne s'appuyer sur la palette qui, faisant légèrement
saillie, l'empêche de redescendre.

Pêchez comme à l'insecte, sans plomb ni flotte. Vous
jetez devant vous et vous imprimez un peu d'allure à

l'amorce. Sous l'action du courant et de la traction, l'eau bouillonne doucement autour de cette amorce, on jurerait le frémissement de tous ces gros insectes tels que hannetons, bourdons et autres qui, tombés à l'eau, agitent fiévreusement leurs ailes pour se tirer d'embarras. J'ai toujours une de ces rondelles en portefeuille ; cela ne me charge pas, que je sache, et peut me rendre un grand service. Faites comme moi. Et puis vous avez encore une autre ressource, celle des insectes artificiels. Ces imitations d'insectes, bien communes et bien peu réussies au début, se sont beaucoup perfectionnées depuis quelques années.

La pêche du chevenne à l'insecte ne se fait pas seulement à la surface, on peut la faire aussi à fond ou à moitié eau. Mais je ne parle de cette pêche à fond ou à moitié eau que pour éviter le reproche d'être incomplet, car je l'ai en médiocre estime ; les résultats qu'elle m'a donnés sont peu encourageants. Il est vrai que la mauvaise réussite pouvait tenir à ma maladresse. Essayez donc, si bon vous semble, et pour ce faire, plombez légèrement votre bas de ligne et munissez-le d'une plume comme flotteur.

Pour toutes ces pêches à l'insecte, je vous renouvelle le conseil que je vous ai donné dans un de mes précédents chapitres de placer sur votre empile un ou deux crins de cheval coupés presque ras ; si vous les posez bien, ils suffiront à maintenir l'amorce en bonne place et à l'empêcher, sous l'action des courants ou du lancer, de venir se tasser en masse informe sur la courbure de l'hameçon.

Nous allons passer en revue les autres pêches spéciales au chevenne.

> Et quand reviendra
> Le temps des cerises,

comme le dit la romance si connue, n'oubliez pas de mettre ce temps à profit et de pêcher le chevenne avec le joli fruit que chante le poète. Pêche propre et appétissante entre toutes. On la pratique dans les profonds à courants mous. La cerise à employer est la grosse cerise rouge, dont on enlève délicatement le noyau par le côté de la queue. Le bas de ligne est en fine florence, il est peu plombé et la plombée se place à 15 ou 20 cm. au-dessus de l'hameçon. Quant à cet hameçon, ce sera, si vous m'en croyez, un hameçon triple, qui soutiendra l'amorce comme il convient et qui s'implantera mieux que tout autre dans la gueule du poisson. Flotte légère, telle que le flotteur transparent en celluloïd. On pêche presque à fond, mais souvent, le plus souvent même, il arrive que l'amorce est saisie à moitié eau. Ne l'oubliez pas, c'est le gros chevenne qu'on prend à la cerise, celui dont l'expérience est proportionnée à la taille; je ne saurais, dès lors, trop vous recommander une extrême prudence. Pas le moindre bruit.

Après les cerises, vous pourrez employer avec un égal succès les grains de raisin noir, en pêchant exactement comme vous le faisiez avec la cerise. Pour ces deux pêches, il est bon de familiariser le poisson avec l'amorce en jetant sur le coup, deux ou trois jours à l'avance, quelques cerises ou quelques grains de raisin ; on en jettera aussi pendant la pêche.

L'amorce est toujours franchement happée. Point de petits frémissements de la flotte, qui s'enfonce brusquement sous l'attaque du poisson. Ferrez immédiatement.

Pour fixer convenablement la cerise ou le raisin, une excellente pratique est de faire un petit trou au fruit dans sa partie opposée à la naissance de la queue et d'y passer la florence qu'on tire ensuite à soi jusqu'à ce qu'on ait fait pénétrer les trois branches de l'hameçon dans ce fruit, qu'elles maintiennent bien de la sorte, tout en demeurant cachées. On rattache alors, par un nœud de pêcheur, la florence au ras de la plombée. Tout cela se fait en un clin d'œil.

En novembre, février, mars et avril, si j'en juge par

ce que nous voyons dans nos rivières de l'Est, deux bonnes pêches de chevennes sont celles aux boyaux de poulet et à la moëlle épinière de bœuf ou de mouton. Ce sont des pêches de fond, qui se pratiquent absolument comme celle au gros ver. Le vent, quel qu'il soit, ne vaut jamais rien pour elles ; un principe à retenir est qu'il est contraire à toutes les pêches de fond à moins que... Ah ! ces exceptions aux règles générales ! Il y a de quoi déconcerter les plus malins d'entre nous !

Florence fine. Flotte et plombée relativement légères. Ferrer après les premiers frémissements de la flotte. lorsqu'elle s'enfonce franchement sous l'eau. Pêcher dans les remous et surtout à l'embouchure de ruisseaux ou d'égouts, charriant des immondices et des débris d'abattoir. Inutile de vous dire que l'hameçon triple est de rigueur.

Pendant tout l'hiver, quand le froid n'est pas trop rigoureux, mais principalement en novembre, février, mars et avril, la pêche au sang est, de l'avis général, la meilleure pour le chevenne. Que votre hameçon triple, d'une grandeur correspondant aux numéros 10 ou 11 des irlandais, soit monté sur une fine florence; flotte et plombée légère. Canne de moyenne flexibilité. Pêchez dans les grands fonds, où se trouvent les gros chevennes, aux époques de l'année indiquées ci-dessus. Pêchez à fond de préférence, et, comme pour la pêche à la moelle ou aux boyaux de poulet, pêchez principalement à proximité des embouchures de ruisseaux ou d'égoûts, qui charrient les détritus de toute nature.

A cette pêche, la plus grande difficulté qu'on rencontre est celle de se procurer une amorce convenable, autrement dit du sang assez compact pour qu'il puisse bien tenir sur l'hameçon. On triomphe de cette difficulté en préparant le sang d'une certaine façon dont je crois avoir déjà donné la recette dans un des calendriers du pêcheur; je la formule de nouveau pour ceux de mes lecteurs qui n'en auraient point pris connaissance : versez le sang dans un plat et laissez-le, pendant un jour ou deux, se coaguler dans un endroit frais. Découpez-le ensuite en cubes ou dés de quinze millimètres environ de largeur, que vous placez entre deux planchettes légèrement chargées et inclinées, afin de faire écouler la partie liquide de ce sang ou sérum, et saupoudrez-les de sel fin. Le sel facilite l'écoulement du sérum et conserve l'amorce; le chevenne en paraît d'ailleurs très friand.

Rien de plus facile, que la pose de ce sang sur l'hameçon. Vous coupez à moitié un de vos cubes avec l'extrémité inférieure de la florence de votre bas de ligne, puis vous tirez cette florence en haut, jusqu'à ce que les trois branches de l'hameçon se soient implantées complètement dans l'amorce, qu'elles soutiennent en s'y dissimulant. Vous le voyez, on procède ici un peu comme on procède pour amorcer avec les raisins ou les cerises.

Une bonne précaution sera d'attirer le poisson sur le coup en jetant à l'eau, de temps à autre, quelques boulettes de terre pétrie avec du sang, et même quelques menus morceaux de sang caillé.

Permettez-moi, en terminant, de dire un mot sur la pêche du *mulet*. J'ai reçu de très nombreuses lettres, me demandant si ce poisson pouvait se pêcher à la mouche artificielle. A pareilles questions, il m'était impossible de répondre sans faire appel à la bienveillance des confrères, car je n'ai jamais pêché le mulet. Mon appel a été entendu. J'ai la bonne fortune de communiquer la réponse de M. Dubroca, de Dax; je savais qu'il maniait en maître sa canne à pêche, vous pourrez vous convaincre qu'il ne manie pas sa plume avec une moins grande habileté. Voici sa lettre:

« Je suis fort aise de vous fournir le renseignement que vous demandez. Vous désirez savoir si le mulet mord à la mouche artificielle. Depuis très longtemps je me livre à cette pêche du mulet et je vis au milieu d'enragés, qui la pratiquent avec la même ardeur que moi. Dans notre Adour, en effet, le mulet se montre au printemps et en été en quantités prodigieuses. Or, *jamais* on n'en a pris à la mouche artificielle. Nous le pêchons avec grand succès soit avec le ver marin ou *gravette*, soit avec du thon frais ou de la sardine, mais, à la mouche artificielle, ce serait peine perdue. Vous pouvez donc dire à vos correspondants que, s'ils veulent prendre du mulet, ils doivent d'abord prendre une précaution celle de laisser leurs mouches artificielles chez eux; qu'ils se procurent des vers de mer, du thon ou de la sardine, qu'ils se munissent d'une ligne à trois hameçons superposés n° 8, qu'ils s'arment d'une gaule rigide de 4 m 50 à 5 mètres et surtout, même s'ils sont jeunes mariés, qu'ils se lèvent matin; le mulet ne donne, en eau douce du moins, que de très bonne heure; vers huit heures et demie ou neuf heures, au plus tard, la pêche est invariablement et irrévocablement finie; dès que le soleil commence à chauffer, le mulet quitte le fond, se répand sur les bords, et ne mord plus. Le seul engin de pêche qui convienne alors est un bon fusil chargé de plomb n° 2 ou 3, dont on asperge la bande, après s'être au préalable, assuré que la silhouette du garde-pêche n'apparaît pas à l'horizon, car cette pêche est rigoureusement défendue

« Tel est le renseignement que je me fais un plaisir de vous donner. Si quelqu'un vous répond que le mulet mord à la mouche artificielle, ce monsieur n'a vu cela que dans ses rêves, soyez-en-sûr, comme je n'ai encore vu que dans les miens la plume et la mouche grises, que, grâce à votre aimable obligeance, j'espère bientôt voir dans la réalité. »

Vous voilà complètement édifiés. Non, le mulet ne mord pas à la mouche artificielle, et c'est un maître pêcheur qui vous l'affirme.

IV. La pêche du chevenne a la mouche artificielle.

Si tous les pêcheurs à la ligne sont gens intelligents et de commerce agréable, il n'en existe pas moins entre nous, mes chers confrères, des différences marquées: voyez ce pêcheur insatiable, dont le vaste panier n'est jamais assez plein, voyez maintenant cet autre amateur raffiné, qui se contente de la plus modeste prise, pourvu que cette prise, faite suivant les règles précises de notre art, lui donne les délicates émotions qu'il recherche seules. C'est à ce dernier que je dédie ma causerie sur la pêche du chevenne à la mouche artificielle.

Cette pêche, en effet, est une des moins productives; on ne saurait, notamment, la comparer à la pêche au sang, à la surprise, à l'insecte, à la grande volée; mais, en revanche, qu'elle est captivante pour le véritable pêcheur! Point d'amorce répugnante à toucher, point de ces interminables stations à la même place, vous pêchez en marchant et tous vos muscles sont en jeu, vous battez la rivière, comme le chasseur bat un champ, votre attention est sans cesse en éveil, vous observez l'insecte qui passe, vous calculez votre lancer, vous en assurez la précision, vous prenez enfin mille précautions pour amener à bord un poisson qui n'est retenu que par un fil plus fragile que notre vertu à l'approche du printemps. Toutes ces difficultés sont pleines de charme; d'autre part, elles constituent une excellente école pour ceux d'entre nous dont la main n'est pas complètement formée et qui aspirent à pêcher la truite ou l'ombre.

N'oubliez pas que je vous parle de la Loire, c'est-à-dire de la pêche dans une rivière large et à bords généralement découverts; n'oubliez pas non plus que le chevenne est défiant en diable et vous comprendrez la nécessité où vous êtes de pêcher très loin et très fin, si vous voulez réussir. Cannes à une main, cannes à deux mains, votre choix m'importe peu, l'essentiel est que vous arriviez à faire tomber votre mouche *au moins* à une vingtaine de mètres de vous, car ce n'est guère qu'à cette distance que vous avez des chances de ne pas être aperçu du chevenne ni d'éveiller sa défiance. Une bannière de crins de cheval, tressés en *queue de rat*, facili-

tera beaucoup votre lancer. Le dessus de cette bannière
peut se composer simplement de 7 à 8 crins et sa partie
inférieure de quatre et même de trois, si vous y adjoi-
gnez le caoutchouc dont je vous ai déjà tant de fois préconisé l'emploi. Il est bien entendu que votre canne sera légère et flexible, avec un moulinet au talon.

Passons aux mouches. Elles devront être de la
taille des plus grosses de celles que vous employez pour
la truite, l'ombre, la vandoise, et je vous invite à ne pas
en choisir à monture moindre que le dix italien; pour
certains soirs d'été, vous ferez même bien d'en prendre
de plus volumineuses.

Ces mouches seront montées sur une fine florence ou
sur crin de cheval. Leurs meilleures couleurs sont le
rouge et le noir. Par rouge, je n'entends point parler du
rouge vermillon, mais uniquement du rouge fauve,
qu'on remarque sur le cou de certains coqs. Que de
pauvres coqs revêtus de pareille livrée j'ai fait mettre
au pot, pour me procurer ces plumes si recherchées!
s'ils me restent sur la conscience, heureusement ils ne
me sont pas restés sur l'estomac ! Ayez aussi quelques
mouches grises.

En Loire, je vous conseille de placer trois mouches,
au moins, et six mouches, au plus, sur votre bas de
ligne. Ces mouches, séparées par un intervalle de 40
à 50 *centimètres*, seront de couleurs différentes; avec
une ligne armée de mouches de la même nuance vous
diminuez vos chances de prise dans des proportions
notables, car le chevenne, lui aussi, a des caprices qu'il
faut savoir satisfaire, il donne tantôt sur une mouche,
tantôt sur une autre, suivant l'éphémère qui passe et
Dieu sait s'il en passe de variées dans un temps très
court!

Autant que possible, choisissez de préférence une
mouche noire pour la dernière, celle qu'on appelle la
sauteuse et qu'on maintient à la surface de l'eau, qu'elle
ne fait qu'effleurer; ne la perdez pas de vue, c'est elle

qui vous indiquera toujours exactement la position de
votre ligne. Notez que cette dernière mouche et la première seront touchées dix fois plus souvent que les autres.

Les mouches grises vous réussiront principalement le
soir. Elles doivent être plus grosses que les autres, car
elles reproduisent certaines éphémères assez volumineuses, qu'on voit voltiger sur l'eau à la tombée de la
nuit.

En dehors de ces mouches, j'ai vu un pharmacien
d'Orléans employer avec succès une mouche rouge énorme; mais était-ce bien là une mouche, à proprement parler? Figurez-vous une longue plume rouge, enroulée en
spirale sur un hameçon n° 6 irlandais, depuis sa courbure jusqu'à la tête; cette plume était ensuite tondue
assez court, de telle sorte que l'amorce ressemblait plus
à une chenille qu'à tout autre insecte. Le confrère pêchait
du haut du pont ; il faisait sautiller à fleur d'eau et autour des piles, son plumeau, dont les gros chevennes se
montraient friands. Quand l'un d'eux avait mordu, il
était aussitôt amené à bord, où un commis de pharmacie, interrompant la lecture de son journal, le coiffait
d'une épuisette. Parfois l'opération était longue et pleine
de péripéties, parce qu'il fallait, à l'occasion, traîner un
chevenne récalcitrant sur une grande distance. De ma-
licieux pêcheurs prétendaient que les mouches du pharmacien, qu'il fabriquait lui-même, étaient saturées de
l'odeur des drogues dont ses mains étaient imprégnées,
odeur agréable au chevenne ; d'autres soutenaient que
notre confrère trempait ses amorces dans une composition savante, qu'il gardait secrète; pour moi, son succès
tenait uniquement à son habileté à présenter les amorces
et à leur donner une allure naturelle. Nous savons tous,
en effet, que les chevennes sautent sur les insectes, quels
qu'ils soient, qui tombent à l'eau, mouches, araignées,
hannetons, voire chenilles, la seule difficulté est d'imi-

ter les mouvements de ces insectes avec des insectes artificiels. Tout le secret de notre pêche est là.

Jetez en face de vous ; laissez la mouche prendre le
courant et, quand elle aura commencé à le descendre,
ramenez-là insensiblement à bord, en lui imprimant de
légères saccades. Point de bruit de pieds, je ne saurais
trop vous répéter cette recommandation, qui est marquée
au coin de la sagesse. Le poisson est sourd… j'ai vu cela
écrit récemment dans plusieurs articles. Peut-être veut-
on dire par là qu'on n'a pas constaté chez lui l'existence
d'organes auditifs ; mais à moi, qui ne me targue point,
de connaissances scientifiques, il importe peu qu'il perçoive le bruit du pied par les ouïes, par *la ligne médiane*
ou par la queue, ce que j'affirme, avec tous les pêcheurs,
c'est qu'il le perçoit et je n'ai même jamais douté qu'il
ne perçoive le son de la voix ou tout autre son. Pourquoi, je vous le demande, les vibrations de l'eau, les
ondes sonores qui lui transmettent le bruit du pied agi-
raient-elles autrement sur lui que sur nous à qui elles
transmettent, lorsque nous faisons une plongée, les moindres paroles prononcées sur le bord?

Le chevenne n'a pas une longue défense, vous le savez . Aussitôt qu'en le montant à la surface vous lui aurez mis une partie de la gueule hors de l'eau, vous l'amé-
nerez sans difficulté aucune à la rive. Que cette facilité
d'amenée n'aille pas vous rendre imprudents et vous
faire oublier que vous pêchez avec des lignes d'une extrème fragilité ! Ne brusquez jamais le poisson et soyez
toujours maîtres de vos nerfs. Vous aurez, d'ailleurs, peu
d'occasions de vous emballer, parce que, à la mouche
artificielle, vous prendrez rarement de gros chevennes ;
ces hauts personnages paraissent dédaigner les éphémères de petites dimensions. On arrive cependant à leur
faire accepter quelquefois ces bestioles, et je tiens la
manœuvre qu'on emploie en pareil cas comme étant une
des plus amusantes et des plus instructives.

Voici en quoi elle consiste. Quand, remontant la rivière, j'aperçois, dans une eau calme, un gros chevenne se chauffant au soleil à fleur d'eau, je me place, à une vingtaine de mètres au-dessous du poisson, et j'envoie ma mouche, à 40 ou 50 centimètres en face de lui. La mouche n'a pas touché l'eau, qu'il se précipite dessus, mais, aussitôt, d'un léger coup de poignet, j'enlève mon amorce qui disparaît en l'air, comme par enchantement, et mon compère de s'arrêter, tout ahuri de cette brusque disparition. Je rejette une seconde fois, un peu plus près du chevenne, et, à son premier mouvement, mon amorce s'envole de nouveau, pour tomber ensuite *aussi près de lui que possible*. Dans la crainte que l'insecte lui échappe une troisième fois, le compère se jette sur lui et le happe gloutonnement. Veuillez bien croire que ce n'est point pour faire du genre, de la fantaisie, que j'emploie pareil stratagème, vous seriez dans l'erreur, Non, l'expérience tentée à maintes reprises, expérience que vous pouvez d'ailleurs renouveler, m'a prouvé que le chevenne, tout en se jetant sur mon amorce au premier lancer, ne l'aurait pas happée, il serait arrivé d'un bond sur elle, l'aurait examinée puis aurait fait demi-tour. Au second lancer, vous réussirez peut-être; néanmoins je conseille de pratiquer le troisième — il est infaillible s'il est bien réussi, c'est-à-dire s'il fait tomber l'insecte presque sur le poisson. Pas de meilleure école pour ceux d'entre nous qui désirent se faire la main, se l'assouplir, et donner à leur lancer la précision voulue.

Fort heureusement, les petits et les moyens chevennes sont plus faciles à prendre à la mouche artificielle. Parfois, ils sont réunis en bandes assez nombreuses et quand, par un temps favorable, on tombe sur l'une d'elles, il n'est pas rare de prendre plusieurs poissons du même coup. Tous se précipitent sur l'amorce, c'est à qui la soufflera à son voisin, on se pousse, à l'envi, on se bouscule et, dans cette mêlée, l'eau paraît positivement entrer en ébullition sous la ligne; souvent les rangs sont si serrés, qu'en la retirant on amène, en outre

des poissons qui ont saisi l'amorce, d'autres pauvres
diables que les hameçons libres ont accroché au passage, tantôt par le ventre, tantôt par la tête, tantôt par
la queue.

Cela vous expliquera comment un de mes amis, qui
ne donna jamais dans sa vie, qu'un seul coup de ligne,
eut l'insigne bonne fortune de prendre un poisson. Une
ombrelle en mains, il m'accompagnait à la pêche. Le
chevenne montait ferme ce jour-là, il grouillait autour
de mes amorces. A un moment donné, j'offris ma canne
à mon compagnon, en lui disant qu'il n'avait qu'à attendre de sentir une légère secousse pour amener un poisson en retirant la ligne. Tirez doucement à vous et sans
à coup, telle était ma recommandation formelle au pêcheur improvisé qui ne s'y conforma guère, car, levant
aussitôt la gaule, d'un mouvement brusque, il fit décrire,
dans les airs une élégante courbe à un petit chevenne,
qui vint s'abattre sur la grève, à douze ou quinze mètres derrière nous. J'allai le décrocher .Le pauvre diable
était pris par la queue. Je gardai pour moi cette fâcheuse
remarque, je fis même force compliments à mon ami que
je désirais beaucoup voir prendre goût à un sport pouvant le distraire de temps à autre, au milieu de ses graves préoccupations et le reposer d'un lourd et incessant
travail. Peine perdue. X... s'en est tenu à ce premier et
dernier succès de pêche. Depuis, il a eu des succès d'un
autre genre, puisqu'il est devenu un de nos plus hauts
fonctionnaires.

En Loire, on peut pêcher le chevenne à la mouche artificielle depuis le mois de mars jusqu'au milieu d'octobre,
les mois chauds, juin, juillet et août sont les meilleurs.

Au moment des fortes chaleurs, il faut pêcher le matin et le soir. J'ai remarqué que c'était toujours à cette
époque, à la chute du jour, que je faisais mes pêches les
plus abondantes, tout en respectant religieusement la
loi. Dans le milieu de la journée, de onze heures du matin, à une heure du soir, j'ai constaté que le chevenne

donnait encore volontiers, aussi je faussais presque toujours compagnie à mes camarades de pêche au repas de midi.

J'ai indiqué à un fabricant une huitaine de variétés de mouches qui sont ce que je peux appeler mes mouches *type ;* elles ont fait leurs preuves non seulement sur l'Ain, le Rhône, la Drance, la Loire, l'Allier, le Doubs, mais encore sur de nombreuses rivières de la Savoie, du Jura, de la Côte-d'Or, des Alpes, des Cévennes, des Pyrénées et de la Bretagne. Partout, elles ont donné des résultats exceptionnels; elles sont montées sur des hameçons de trois grandeurs différentes et sur fine florence. J'ai préféré la florence au crin de cheval, parce que ce dernier serait peut-être trop fragile entre les mains de ceux d'entre nous qui n'ont pas une longue pratique de notre art.

Pêchez avec trois mouches, au moins. et six, au plus. Alternez les nuances, mettez par exemple, une mouche rouge, comme première, puis une mouche grise, puis une noire et ainsi de suite. Séparez ces mouches par un intervalle de 40 à 50 centimètres, j'insiste particulièrement sur ce point.

Sans exception, tous les poissons de surface montent sur ces mouches, mais vous comprenez de reste qu'avec des amorces aussi fines, il ne faut pêcher que sur des eaux claires.

VIII.

LE BARBEAU

I. Ses caractères. Ses habitudes.

Dernièrement, je déjeunais chez un de mes vieux amis. Afin de fêter notre heureuse rencontre, son cordon-bleu avait composé un menu délicat. J'ai cependant conscience de ne point avoir apprécié ce repas comme il le méritait. Si j'étais distrait, si je n'avais pas le recueillement voulu pour savourer la finesse de la chère et le bouquet des vins, c'est qu'en face de moi se trouvait le chef-d'œuvre d'un célèbre peintre lyonnais, une nature-morte représentant un barbeau de forte taille. Sous sa riche livrée d'or, d'argent et de bronze, le poisson était si bien rendu que, mon instinct de pêcheur se réveillant, mon imagination m'emporta au loin, sur les bords d'une rivière enchantée où je faisais des pêches miraculeuses.

C'est le souvenir de cette aventure qui, me revenant en mémoire, m'amène à parler du barbeau, alors que mon intention première était de parler du brochet.

Comme tous les poissons, le barbeau porte des noms différents suivant les localités. Barbot, barbiot, barbleau, barbillon, telles sont ses dénominations les plus fréquentes.

De forme allongée et élégante, le barbeau est, sans contredit, un de nos plus beaux poissons d'eau douce. Tout révèle en lui la force et l'agilité. Ses écailles minces et dentelées ont un vif éclat ; dorées sur les flancs, argentées près du ventre, elles prennent des teintes de vieux bronze sur le dos. Tête longue, museau proéminent, bouche demi-circulaire, lèvres épaisses dont la supérieure dépasse l'inférieure. Ces lèvres portent quatre appendices charnus ou barbillons — de là le nom de barbillons qu'on donne aux jeunes barbeaux et parfois aux sujets adultes.

Il existe plusieurs espèces de barbeaux, mais, en France, nous n'en possédons que deux : le barbeau commun et le barbeau méridional. Je ne parlerai, pour l'instant, que du premier et, dans la suite, je n'aurai que peu de choses à dire du second.

On trouve le barbeau dans la plupart des rivières d'Europe, principalement dans celles dont le cours est rapide et le fond rocailleux. Il aime les eaux pures et courantes. « Poisson très vorace, dit Raveret-Watel, il ne laisse rien échapper : fretins, vers, insectes, détritus végétaux ou animaux, tout lui est bon, rien ne lui répugne; on assure même qu'il aurait un goût particulier pour la chair en putréfaction. L'histoire rapporte qu'à la suite d'un sanglant combat entre les Turcs et les Autrichiens, sur les bords du Danube, au XVIIe siècle, les barbeaux se montrèrent excessivement abondants sur ce point du fleuve, attirés qu'ils étaient par les nombreux cadavres qu'on avait jetés à l'eau. Son robuste appétit procure au barbeau une croissance rapide. A quatre ou cinq mois, les barbillons ont déjà la taille du goujon, auxquels ils ressemblent alors beaucoup et auxquels ils se mêlent volontiers ; et, vers quatre ans, ils peuvent atteindre une taille de 0 m. 40 avec un poids de cinq ou six livres. Du reste, c'est seulement vers cet âge qu'ils deviennent aptes à se reproduire. La ponte s'effectue de mars à juin. Les œufs, au nombre d'une dizaine de mille, sont d'une belle couleur orange et de la grosseur de grains de millet ; très gluants, ils se collent aux pierres du fond et des rives. La qualité de ce poisson varie suivant la nature du fond sur lequel il vit. Ainsi, les barbeaux de la Seine et de la Marne sont de qualité très médiocre, tandis que ceux de la *Loire* jouissent d'une excellente réputation. Néanmoins, la chair du barbeau est toujours fade, et l'abondance des arêtes la rend peu agréable. La laitance est appréciée des gourmets; les œufs, au contraire, passent pour avoir des propriétés vénéneuses et ont causé de véritables empoisonnements.

Dans nos meilleurs Traités de pêche, j'ai vainement cherché des données sur le poids maximum des barbeaux et, puisque j'en suis réduit à me contenter de ce que je sais personnellement, je vous dirai que, dans la Loire, le Rhône, et l'Ain, je n'en ai pas vu prendre d'un poids supérieur à dix ou douze livres.

En Loire, le barbeau est abondant. Evidemment, par suite du braconnage, du braconnage à la dynamite surtout, vous ne le rencontrez plus en aussi grande quantité qu'autrefois, mais il peut vous procurer de belles captures, si vous savez pêcher comme il convient.

Vous dire à quelles pêches merveilleuses de barbeaux, j'ai assisté, il y a quinze ou vingt ans, à proximité de la terre princière de Sourcieux, près Montrond, est chose impossible ! Je vois toujours l'aimable M. F. Balay, après une pêche au filet, m'invitant à choisir les monstres qui pouvaient me plaire. On aurait été embarrassé à moins. Ah ! les beaux poissons ! J'ai certainement évoqué leur souvenir en face du splendide tableau de Coquerel, pendant le déjeuner dont je viens de vous parler, et maintenant mes distractions d'antan ne doivent plus vous étonner.

Vous trouverez le barbeau près des digues, des enrochements, des écluses, des chutes, des déversoirs, sous les roues des moulins, sous les bateaux amarrés depuis longtemps à la même place, tels que les lavoirs et les bains.

Il est doué d'une force rare. S'obstinant à maintenir son museau collé à fond, piquant toujours, toujours de la tête, ses défenses sont les plus rudes qu'un pêcheur ait à soutenir quand il s'agit d'une pièce pesant plus de quatre ou cinq livres. Dans la lutte, les autres poissons ne gardent pas obstinément le fond, ils montent parfois à la surface, et vous pouvez profiter de cette montée pour les rapprocher du point où vous voulez les amener. Avec le barbeau, cette chance vous est refusée.

Le barbeau craint le froid; il se réfugie en hiver dans les eaux profondes, sous les rochers, sous les enfoncements des rives. On agira sagement, avant de le pêcher à cette époque de l'année en prenant la température de l'eau, car un amateur distingué m'a assuré qu'on n'avait aucune chance de réussir quand cette température était inférieure à 8 ou 9 degrés au-dessus de zéro.

Le barbeau craint aussi la grosse chaleur ou tout au moins le grand soleil.

II. Engins et appats.

On le pêche toujours à fond — c'est vous dire que les vents, quels qu'ils soient, sont défavorables lorsqu'il s'agit de lui, puisqu'il est de principe, si principe il y a en matière de pêches, que le vent est contraire à celles qui se pratiquent à fond. Quant à la hauteur de l'eau, à sa couleur, je vous en parlerai en traitant les divers modes de pêche du barbeau; tel de ces modes n'est bon que par eau claire, tandis que tel autre ne peut être pratiqué qu'en eau trouble.

Quelques mots, maintenant, sur votre équipement. Il n'importe peu que vous vous serviez d'une canne à une main ou d'une canne à deux mains — l'essentiel est que vous arriviez à placer exactement votre amorce à l'endroit où se tient le barbeau, et que vous soyez outillé de manière à soutenir la lutte avec un poisson d'une vigueur et d'une résistance exceptionnelles, sans avoir à redouter une rupture. A cette pêche, les cannes, dites *cannes à lancer à l'américaine*, me paraissent pouvoir rendre d'utiles services. Elles sont pourvues d'un moulinet spécial, d'une grande souplesse; mais, quelle que soit votre canne, tenez pour certain qu'un moulinet est indispensable. Il n'est pas nécessaire qu'il contienne,

exception faite pour les cannes à lancer, une grande
longueur de soie ou de cordonnet, parce que le barbeau
ne s'éloigne guère dans ses défenses de l'endroit où il
a été ferré; en revanche, il est urgent que ce cordonnet
soit d'une solidité à toute épreuve.

Une épuisette à large ouverture, à manche long et résistant ou, ce qui est mieux encore, une bonne gaffe, ne
doit jamais vous quitter si vous avez chance de rencontrer de gros barbeaux.

Loin de moi la prétention d'être grand clerc et de
connaître complètement les ressources et les finesses des
différentes pêches du barbeau, quoique je les aie toutes
pratiquées ! Pour vous en parler j'ai tenu à me procurer
des renseignements précis, puisés aux sources les plus
sûres.

Les pâtes ou préparations employées à cette pêche
sont fort nombreuses. Vous rencontrerez partout des
confrères prenant des airs de conspirateurs pour vous
confier qu'ils détiennent une recette dont ils gardent jalousement le secret. Secret de Polichinelle s'il en fût !
Cette fameuse recette, soyez-en certain, sera, neuf fois
sur dix, à base de farine, de pain de chènevis ou de fromage de gruyère... Un peu plus de ceci, un peu moins
de cela, une drogue telle que l'anis, le coriandre, l'assa-
fœtida, l'essence de rose, l'huile d'amandes douces pour
aromatiser... Vous en savez maintenant autant et plus
que le confrère cachottier.

Dans la Loire, et dans l'Ain, j'ai vu employer avec
succès une pâte composée simplement de pain de chènevis et de farine en quantité égale. On délaye la farine
avec de l'eau chaude, et on y mêle le pain de chènevis
réduit en poudre, puis on pétrit le tout jusqu'à ce qu'on
obtienne une pâte assez compacte pour bien tenir sur
l'hameçon. Quelques pêcheurs ajoutent un peu de miel
à ce mélange. L'hameçon le meilleur est l'hameçon à
trois branches. Il retient solidement l'amorce et s'implante mieux que l'hameçon simple dans les chairs du

poisson. Cet hameçon est de la grosseur des numéros 13 ou 14 irlandais.

Voici une autre composition donnée par Poitevin. «Prenez, dit-il, de la mie de pain ordinaire, faites-la tremper dans de l'eau, où on a fait bouillir du pain de crétons ; pétrissez cette mie avec le créton bouilli et formez-en une pâte, que vous étendrez en forme de galette. Râpez dessus du fromage de gruyère, et pétrissez le tout. Recommencez l'opération deux ou trois fois, pour que le fromage se trouve dans toutes les parties ». Cet appât est une des meilleures amorces de fond qui existent pour le barbeau. Il paraît même qu'on peut l'employer avec succès pour la pêche du chevenne.

Pêchez par eau claire et à fond. Ne ferrez pas aux premières touches. C'est une pêche de la belle saison.

Le fromage de gruyère seul, sans aucune adjonction, est une amorce de tout premier choix, pendant les mois d'été ; nos meilleurs pêcheurs de l'Ain l'emploient presque exclusivement. La difficulté de fixer solidement le fromage sur l'hameçon (toujours l'hameçon à trois branches numéro 13 ou 14 irlandais) a été vite surmontée. On dénoue la florence au-dessous de la plombée, on enfile cette florence dans une grosse aiguille qu'on pique dans le morceau de fromage en le traversant de part en part, on tire alors sur la florence jusqu'à ce que les trois branches de l'hameçon soient assez profondément engagées dans le fromage pour qu'elles y disparaissent; on donne avec son couteau une forme arrondie et alléchante à l'amorce, puis, par le nœud du pêcheur, on rattache la florence au bas de ligne et le tour est joué.

Le département de l'Ain est fort heureusement un pays de production de fromage de gruyère, car nous en consommons une énorme quantité à la pêche. Un de mes compatriotes m'avouait, l'an dernier, avoir eu une violente discussion avec sa femme, qui lui reprochait ses prodigalités envers les barbeaux auxquels il avait jeté en pâture, en moins d'une semaine, plus d'un kilo de fromage, et cela sans résultat...

Si le cœur vous en dit, cette pêche au gruyère vous fournira une excellente occasion d'employer les piquets à grelot.

Pêchez à fond, tout-à-fait à fond, avec une bonne plombée en olives, qui maintienne votre amorce et permette à votre flotte ou à votre scion d'indiquer les moindres touches du poisson. Ne pas ferrer à la première touche, attendre que le barbeau ait happé l'amorce; comme il s'éloigne toujours aussitôt après l'avoir engloutie, vous verrez votre flotteur ou votre scion indiquer une traction lente et soutenue — c'est à ce moment précis qu'il faut ferrer.

Je vous recommande une extrême prudence, pour amener le poisson à l'épuisette; pas de brusquerie, soyez maître de vos nerfs; le barbeau, je vous l'ai dit, a de vigoureuses défenses, dont vous ne pouvez triompher qu'à force de prudence et de sang froid.

Ne négligez jamais d'appâter à l'avance la place où vous devez pêcher. Gare à la bredouille si vous ne prenez pas cette précaution. Vous pourrez appâter soit avec des boulettes de terre, pétries avec des grains de chènevis, soit avec des vers rouges coupés en morceaux, et mêlés à de la glaise.

En été, pendant les grandes chaleurs, cette pêche n'est réellement bonne que le soir assez tard, à la nuit tombante; les grosses pièces ne donnent même qu'après l'heure règlementaire et, malheureusement, si vous avez chance de les prendre, vous avez aussi quelques chances de cueillir un procès-verbal. Il n'y a pas de roses sans épines.

Le blé est une excellente amorce pour le barbeau. Il s'agit du blé cuit bien entendu. De nombreux pêcheurs l'aromatisent légèrement, même certains d'entre eux vont jusqu'à soutenir que, sans un mélange d'un peu de coriandre, d'anis et de cumin, d'aloès, de jalap ou de n'importe quelle autre drogue, ce blé ne constitue plus qu'une amorce médiocre. Dieu me garde de vouloir enlever à ces confrères leurs chères illusions; toutefois, si vous tenez à faire un mélange, contentez-vous, croyez-m'en, d'adjoindre quelque peu de miel au blé, pendant sa cuisson. Quoi qu'on fasse ou qu'on dise, les drogues sont toujours les drogues et les barbeaux, fins et intelligents connaisseurs, ne doivent guère se montrer plus empressés que nous à prendre médecine. Je dis : prendre médecine, et je dis juste, car il s'agit en réalité d'une purgation qu'on se propose, le plus souvent, d'administrer aux barbeaux à l'aide de ces savantes mixtures. Ne riez pas, le fait est exact et M. de Cherville le constatait très finement dans un article où, avec sa verve habituelle, il contait ceci: « Un nommé Krez avait découvert, que, lorsque la carpe dédaignait l'amorce, ce manque d'appétit indiquait le besoin d'une purgation, et il vendait fort cher aux amateurs de grosses fèves, cuites avec de la casse ou du séné, pour remédier aux inconvénients de cet état pléthorique des cyprins. » Pas plus que les cyprins, les cyprinidés, tels que les barbeaux, n'ont pu, paraît-il, trouver grâce devant M. Purgon.

Le barbillon est friand du blé, le gros barbeau ne l'aime pas moins, mais pour la pêche de ce dernier je ne conseille pas pareille amorce parce qu'il faut, avec elle, employer des hameçons minuscules qu'un seul grain recouvre presqu'entièrement. Or ces hameçons, forcément très fins de fer, n'offrent pas assez de résistance aux défenses énergiques du barbeau; d'autre part, à cause de leur petitesse même, ils s'implantent très peu dans les chairs, les déchirent facilement et glissent.

Pour la pêche au blé, comme d'ailleurs pour toutes les pêches du barbeau, sans aucune exception, l'amorce doit toucher le fond, ou en être *extrêmement* rapprochée. Votre plombée sera, dès lors, proportionnée à la force des courants, de manière à ce que cette amorce soit constamment maintenue à fond.

Fine florence, flotte sensible ; on ferre à la première touche.

Avec le blé, on pêche aussi à la *pelote* et c'est même à la pelote que vous avez le plus de chances de toucher de gros barbeaux. Vous connaissez cette pêche. En parlant de la carpe, je vous ai donné des détails aussi précis et complets que possible sur la confection et l'emploi de la pelote ; qu'il s'agisse de la carpe ou du barbeau, le mode de procéder est identiquement le même, sauf que, pour le barbeau, qui se pêche dans des courants, la plombée doit être plus forte.

Ayez grand soin d'appâter d'avance avec du blé cuit, soit avec de petites boulettes de terre mêlée de pain de chènevis ou de vers coupés en morceaux. Votre réussite dépendra, en majeure partie, de la manière dont vous aurez appâté. En appâtant, ne soyez ni prodigues ni avares, car prodigalité et avarice ont toutes deux de graves inconvénients ; avec l'une vous gavez le poisson, qui dédaignera ensuite votre amorce ; avec l'autre, vous n'attirerez que peu de barbeaux sur le *coup*.

La pêche au blé doit se pratiquer pendant la belle saison et par eau claire.

Le pain de chènevis est encore une excellente amorce pour le barbeau ; tous les pêcheurs le savent, mais beaucoup d'entre eux sont fort embarrassés pour escher avec lui. La nécessité rend industrieux, la *noquette* fut vite trouvée. La noquette ! M. Ponsard, un maître en pareille matière, nous a montré toutes les ressources de cette pêche, dans une charmante lettre que j'ai été fort aise de vous communiquer, au mois de novembre dernier. Il nous a expliqué par le menu comment on pouvait confectionner soi-même des noquettes. Mais on n'a pas toujours du pain de chènevis sous la main ; d'autre part, l'attache du fil autour de la noquette n'est point chose facile pour les pêcheurs aux doigts inhabiles, nos confrères feront donc bien de s'approvisionner de noquettes chez tous les fabricants d'articles de pêche ;

ces amorces, de différentes grosseurs, se fixent facilement et solidement sur l'hameçon.

Mêmes bas de lignes que pour la pêche au blé, c'est-à-dire très fins ; hameçons n°s 11 ou 12 ; flotte légère et sensible. Pêcher en eau claire. Juillet et août sont les deux meilleurs mois.

Passons maintenant aux amorces vives : les principales sont l'asticot et le ver rouge, les seules dont je vous parlerai. Sans doute, on prend des barbeaux avec des porte-bois, des sauterelles et quantité d'autres insectes, mais ce sont là, à proprement parler, des pêches d'exception ; nous n'avons pas à nous y arrêter.

L'asticot et le ver de terre ou de terreau doivent être surtout employés au printemps et à l'automne. Entre ces deux amorces, je n'hésite pas un instant à donner la préférence au ver. L'asticot, en effet, par sa petitesse, exige l'emploi d'imperceptibles hameçons, qui sont très défectueux quand il s'agit de gros barbeaux : je vous ai fait remarquer leurs inconvénients en parlant de la pêche au blé . Ne vous servez donc de cette esche que pour le barbillon et c'est encore, comme pour le blé, en pêchant à la pelotte, que vous obtiendrez les meilleurs résultats, surtout si votre coup a été convenablement appâté. On pêche en eau claire.

En ce qui concerne le ver, je vous recommande instamment de n'employer que des vers de choix, très vivaces, très rouges et ayant jeûné en boîte un certain nombre de jours. Les vers fraîchement cueillis sont mous et peu résistants, ils crèvent peu après leur immersion et nous savons tous qu'un ver privé de mouvement n'attire guère que les poissons atteints de la monomanie du suicide. Oui, le choix des vers est d'une importance capitale pour cette pêche.

L'amorce devra être extrèmement rapprochée du fond, si elle ne repose pas sur ce fond même, parce que le barbeau ne chasse jamais entre deux eaux, la conformation de sa bouche, placée très en dessous, ne lui

permettant que difficilement de saisir une amorce qui
ne touche pas le sol ; la gymnastique du requin, obligé
de se retourner sur le dos pour happer sa proie, n'a pas
l'heur de lui plaire.

Employez un hameçon semblable à l'hameçon français l'*Invincible* nº 9 ou 10 ; pêchez à fond, très à fond,
avec une plombée en olive maintenant bien le bas de ligne, tout en vous permettant d'apercevoir les moindres
touches du barbeau qui, généralement, roule l'appât
avec le museau avant de le saisir ; aussi la flotte, après
avoir tremblé faiblement, subit une ou deux tractions,
puis s'enfonce sous l'eau avec une allure soutenue,
quand le barbeau a englouti le ver et qu'il s'éloigne pour
le déguster à l'aise. Ferrez aussitôt. Ne pêchez qu'en eau
trouble. La pêche au ver, par eau claire, ne peut se faire
que la nuit ou dans des eaux *extrêmement* profondes.

Pareille pêche au ver est fort pratique, je le veux bien,
mais il y a mieux, infiniment mieux et j'avoue sincèrement, et sans l'ombre de fausse modestie, que j'éprouve
une réelle satisfaction à vous initier à un nouveau mode
de pêche que vous ignorez tous, mes chers confrères,
par cette excellente raison qu'il n'a été employé jusqu'à
ce jour que par quelques rares amateurs de l'Ain qui ne
se montrent pas autrement empressés de le divulguer.
C'est la perfection même pour le barbeau. On le nomme
la traîne. Retenez ce nom et inscrivez-le en lettres d'or
sur vos tablettes. Voici la description de l'outillage qu'il
nécessite : sur un bas de ligne de 5 à 6 crins de cheval
tressés ou de forts crins de Florence, tels que les Pa-
drons et les Maranas, trois ou quatre hameçons, distants de 25 à 30 centimètres les uns des autres, sont attachés latéralement; la longueur de cette attache laquelle est composée de mêmes crins que le bas de ligne,
est d'environ 5 à 6 centimètres. A l'extrémité du bas de
ligne est fixé un morceau de plomb *filé* de 40 à 50 centimètres de longueur; ce plomb est le même que celui
qu'on met en spirales pour charger les lignes; il figure

sous le n° 1688 du catalogue, mais il est entendu que pour la *traîne* il n'est pas enroulé. Les hameçons sont de la grosseur des *invincibles* n°s 9 ou 10. Quelques amateurs mettent une légère plombée entre les hameçons. Cela peut offrir un avantage, quand on pêche dans des courants d'une force exceptionnelle, mais dans les courants ordinaires on peut très bien s'en dispenser.

Cannes longues, solides et de moyenne flexibilité. Moulinet, épuisette ou gaffe. Bannière cordonnet ou soie. Pas de flotteur.

On choisit, pour pratiquer cette pêche, un endroit où l'eau court sur des graviers et des cailloux, fond *relativement* uni, où ne se rencontrent ni herbes ni racines.

Une excellente précaution est de répandre de temps à autre, pendant la pêche, quelques vers ou quelques morceaux de vers hachés sur le coup qui, cela va de soi, a été appâté depuis un certain temps.

En faisant face à la rivière, *on jette* en pleine eau et au-dessus de soi ; le courant prend la ligne et *l'entraîne* (de là le nom) constamment maintenue à fond par le long fil de plomb qui serpente et glisse entre les pierres sans s'y accrocher ; on laisse passer devant soi, puis descendre plus bas et on ne relève que lorsqu'on est à *bout de ligne*. Emportés comme ils le sont par la force du courant, les hameçons, toujours en avant, se présentent à merveille pour l'attaque du poisson.

Que l'absence de flotteur ne vous inquiète point, car si vous pêchez comme il convient, c'est-à-dire en tenant votre ligne suffisamment tendue, vous percevrez les moindres touches, celles mêmes des goujons qui viendront mordiller vos amorces ; ces touches vous sont transmises par le fil et la canne d'une manière surprenante et votre main qui les ressent vous indiquera, mieux que le flotteur le plus perfectionné, le moment précis où vous devrez ferrer.

Mon vieil ami Beau pratique cette pêche à la traîne

avec une supériorité incontestable et il en obtient des résultats tellement extraordinaires que souvent les journaux de nos régions, du Rhône et de l'Ain, les ont mentionnés, pour le plus grand honneur de notre Confrérie. Je ne vous en dirai rien, par crainte d'être taxé d'exagération. Toujours est-il qu'il y a cinq ou six ans, mon ami, las d'entasser barbeaux sur barbeaux, m'appela à la rescousse pour lui tenir compagnie pendant ses séances de pêche et le distraire par mon bavardage d'une réussite par trop soutenue, finissant par le blaser. Ma guigne voulut que je fusse indisposé, elle m'empêcha de répondre à cet appel.

La pêche à la traîne ne se pratique ordinairement qu'en eau trouble, après une crue. Si on veut pêcher en eau claire on doit attendre que le jour soit tombé et n'entrer en campagne qu'à l'heure où gendarmes et gardes, ayant regagné le domicile conjugal, oublient dans de doux entretiens avec leurs femmes les ennuis et les fatigues de la journée.

Deux mots maintenant sur le *barbeau méridional*. On ne le rencontre pas dans nos régions, mais il est commun dans les départements de l'Hérault, des Alpes-Maritimes et des Pyrénées-Orientales. « Son corps, dit M. Raveret-Watel, est moins effilé, plus ovalaire que chez le barbeau commun ; la tête plus courte, plus obtuse. La nageoire dorsale, plus large et moins élevée, ne présente pas, à la partie postérieure de son quatrième et dernier rayon épineux, les dents aiguës qui existent chez l'espèce commune. Les parties supérieures du corps sont d'un gris verdâtre ou d'un gris teinté, soit de rose, soit de jaune, et semé de gros points noirâtres. Les parties ventrales sont argentées. Au printemps, les barbillons prennent souvent une couleur rouge, et il en est de même pour les nageoires. Les écailles sont plus grandes que chez le barbeau commun et d'une forme différente ».

Pendant un séjour que j'ai fait à Montpellier, j'ai vu

prendre au filet quelques-uns de ces barbeaux. Tous étaient de petite taille. On peut tenir d'ailleurs pour certain que le barbeau méridional n'atteint jamais les poids des gros barbeaux communs. C'est une espèce plus petite.

On peut pêcher ce barbeau comme son *gros frère*, car ses mœurs, selon Raveret-Watel, sur lesquelles on ne possède aucune observation particulière, ne paraissent pas différer de celles du barbeau commun.

IX.

LE BROCHET.

I. SES CARACTÈRES ET SES MOEURS.

Peu ou prou nous avons entendu parler du décret de messidor. Il règle l'ordre des préséances entre nos divers fonctionnaires. Fort heureusemnt, semblable règlement n'existe point à l'égard des poissons et vous m'excuserez de ne pas avoir présenté plus tôt, à mes lecteurs, messire brochet, qui doit, j'imagine, occuper un rang élevé dans la hiérarchie du monde aquatique. Vous savez, d'ailleurs, que je tiens beaucoup à conserver à ces causeries le caractère bon enfant et fantaisiste des conversations à bâtons rompus que nous échangeons d'habitude entre confrères quand nous avons le plaisir de nous rencontrer au bord de l'eau.

Parlons donc du brochet ; mieux vaut tard que jamais.

Pour faire connaître et dépeindre sous son jour véritable *le requin d'eau douce*, je regrette de n'avoir ni la verve ni le talent de description de M. Cunisset-Carnot qui l'a fait avec une maîtrise capable de décourager de plus malins que moi. Mais... à la bonne franquette...

Au point de vue purement scientifique, en ce qui concerne l'organisme du brochet, sa biologie, voici ce qu'écrit mon auteur favori, M. Raveret-Wattel, une autorité indiscutable en pareille matière :

« Chez ce poisson, admirablement construit pour une rapide natation, toute la conformation du corps se prête à une existence de rapine. La tête est forte et déprimée. La bouche énorme, fendue jusque sous l'œil, est armée de formidables dents garnissant même la langue, le palais et l'entrée du gosier. Parmi ces dents, très va-

riées de forme, il en est qui, pouvant se renverser en
arrière, puis se redresser, à la volonté de l'animal, sont
de merveilleux instruments pour saisir et retenir une
proie.

« Le brochet est d'un vert grisâtre, foncé sur le dos,
plus clair et passant même au jaune sur les flancs, lesquels sont marqués de bandes et de marbrures olivâtres
Le ventre est argenté. Chez les individus provenant
d'eaux limpides, les couleurs sont plus vives que chez
ceux qui ont vécu dans les eaux vaseuses.

« Le brochet, auquel la forme de son museau a valu
les noms de *bec de canne, bec de canard, becquet, etc...*,
se plaît dans les eaux tranquilles, sur les fonds garnis
d'une abondante végétation. C'est dans ce milieu, près
de quelque vieille souche d'arbre, que cet insatiable
mangeur aime à se mettre à l'affût. Toute proie lui est
bonne, et, dès qu'il atteint une certaine taille, les poissons, petits ou gros, même ceux de sa propre espèce,
ne sont pas seuls à faire les frais de ses repas ; grenouilles, musaraignes, rats, jeunes chiens tombés ou
jetés à l'eau, jeunes canards, oisons, poules d'eau. etc...
lui servent à varier ses menus. On prétend que les cra-
pauds lui répugnent, et que, s'il vient à en saisir un par
mégarde, il s'empresse de le rejeter. Les épinoches jouissent aussi auprès de lui d'une certaine immunité à cause
de leurs aiguillons, qu'il redoute pour son gosier. Il
est tellement vorace et si peu sensible à la douleur qu'on
le voit souvent, après avoir été pris à l'hameçon et
ayant réussi à se décrocher, mais au prix d'une terrible
déchirure de la bouche, se jeter de nouveau sur l'appât
qu'on lui présente. Les pêcheurs affirment que le brochet consomme, en une semaine, deux fois son poids de
poisson ; que, par suite, des individus d'environ six ans,
pesant de huit à dix kilogrammes, comme il n'est pas
rare d'en capturer, n'arrivent à ce développement qu'a-
près avoir absorbé plus de deux cent cinquante kilogrammes de poisson.

« Le brochet fraye en mars et avril. Il dépose sur les plantes aquatiques ses œufs petits et très nombreux. Les mâles, toujours beaucoup plus petits que les femelles, sont parfois dévorés par ces dernières quand la fraie est terminée ».

Quel est le poids maximum du brochet ? Quelle est sa longévité ? A ces deux questions, malgré mes recherches, il m'est impossible de répondre d'une manière positive ; mais je n'écris point un traité d'histoire naturelle et nous pourrons les élucider suffisamment. Il faut, pour cela, se renseigner auprès des pêcheurs sérieux et n'accorder qu'une confiance très relative aux récits de quelques auteurs, qui laissent par trop la bride sur le cou à leur bouillante imagination. N'ai-je pas lu un passage du livre de Block cité par Kresz dans son *Parfait Pêcheur*, 2me édition, page 401, où il est dit : En 1497, on prit un brochet à Kaiserslautern, dans le Palatinat, qui avait dix-neuf pieds de long et qui pesait trois cent cinquante livres. On l'a peint dans un tableau que l'on conserve au château de Lautern et l'on voit son squelette à Manheim. L'empereur Barberousse, qui le fit mettre, en 1230, dans un étang lui fit attacher un anneau de cuivre doré qui pouvait s'élargir par ressort. Il fut pêché deux cent soixante-sept ans après. On conserve encore cet anneau à Manheim en mémoire de ce poisson extraordinaire ».

Eh bien, malgré le portrait, l'anneau, le squelette, je demeure plus incrédule que Saint-Thomas, car je n'ai pas, comme le bienheureux en question, la ressource de voir et de toucher pour me convaincre, étant donné que, depuis 1497, portrait, squelette et anneau ont dû rejoindre les vieilles lunes.

Que les brochets arrivent à peser près d'un quintal, je n'en serais pas étonné. Pendant mon séjour à Thonon, j'en ai vu de monstrueux capturés soit dans le lac Léman, soit dans le lac de Neufchâtel, plusieurs d'entre eux pouvaient dépasser quarante livres, si mes souvenirs sont exacts. Ce dont je suis absolument sûr, c'est qu'au cours des belles soirées d'été, quand j'allais sur le lac, me faire bercer en petit bateau, pour savourer à plaisir une délicieuse pipe et rêvasser à mon aise en face des merveilles du ciel, de l'eau, de la montagne, auxquelles les dernières lueurs du jour donnaient un charme empoignant, j'étais souvent tiré de ma rêverie par la brusque cabriole d'un monstre venant prendre ses ébats près de moi. Un léger frisson me passait alors sous la peau ; on a beau avoir de grosses moustaches sous le nez, à l'occasion on a ses nerfs tout de même. C'étaient les brochets qui me jouaient ces vilains tours. Le bruit de leur saut ne devait le céder en rien, ce me semble, à celui que produisait, sur les eaux de la Seine, la chute des vieux chiens de Louis-le-Onzième, quand il les jetait par-dessus le quai en leur disant : « Eh ! mes amis, il n'y a de si bonne compagnie qu'il ne faille quitter ! »

Résumons tout cela, si vous le voulez bien, et concluons que le brochet peut vivre son siècle et peser son quintal. Personne ne nous taxera, je l'espère, d'exagération.

La croissance du brochet est très rapide. Je le crois sans peine. Comment donc pourrait-il en être autrement chez un poisson doué de l'appétit formidable que l'on sait ? Quel rude estomac est le sien et combien nos pauvres dyspeptiques doivent envier ces digestions faciles et rapides que les eaux thermales, les ordonnances des docteurs et les drogues des pharmaciens sont impuissantes à leur donner !

Le brochet chasse nuit et jour ; les changements de saison lui importent peu ; qu'il fasse chaud, qu'il gèle à pierre fendre, il dévore toujours ; il dévore même en pleine période de frai. Voilà certes un gaillard qu'on étonnerait ferme en lui contant que de pâles humains oublient le boire et le manger en présence d'une jolie femme.

Si encore le brochet ne tuait que pour se nourrir !

Malheureusement, il n'en est rien. Obéissant, comme tous les grands carnassiers à des instincts de férocité et de destruction, il tue pour le seul plaisir de tuer. Le loup, repu, égorge, dit-on, tout un troupeau, la fouine égorge tout un poulailler ; de même le brochet, gavé de nourritures, broiera entre ses dents aiguës de pauvres poissons qu'il rejettera ensuite. M. Albert Petit, en bon pêcheur et en fin observateur qu'il est, n'a pas manqué de faire cette judicieuse remarque.

Au moment de la pêche de nos étangs du Forez, alors que j'allais chasser la bécassine, j'ai vu, bien des fois, des brochetons d'un quart à peine, des *lancerons*, qu'on avait parqués, se manger entre eux, et, comme ils étaient, à peu de chose près, de tailles semblables, il arrivait souvent, qu'après avoir englouti la tête de leur proie, ces petits dévorants dont la gueule était complètement obstruée et les ouïes par là même fermées, mourraient asphyxiés ou, si vous l'aimez mieux, noyés, ce qui est le comble de la déveine pour un poisson.

M. Raveret-Watel nous a dit que le brochet s'attaque aux rats, aux canetons, aux petits chiens. Cela est exactement vrai. Au prix d'emplette je vous cite même qu'un gros brochet aurait sauté aux naseaux d'un pauvre aliboron qui se désaltérait dans l'eau du Léman. Le vieux pêcheur de Thonon, préposé à la garde de ma petite barque m'a conté cette histoire, qu'il tenait pour authentique et je me serais bien gardé de le contredire, sûr que j'étais d'en être pour mes frais d'éloquence. Et puis..... qui sait ? La chose est-elle donc impossible ? Nous en avons tous, d'ailleurs, tant que nous sommes, gobé de plus raides quand elles nous étaient contées par de savants messieurs à habits brodés et à lunettes de mandarins.

Le brochet est *très* rare dans la Loire, en amont de Roanne, mais, à partir de cette ville, il devient de plus en plus abondant à mesure que le fleuve s'élargit, que ses eaux sont plus calmes, plus profondes et surtout plus garnies d'épaisses herbes aquatiques, de vieilles souches d'arbres qui sont les refuges préférés où il vient se mettre à l'affût.

II. Comment on pêche le brochet

Les modes de pêche de la plupart de nos poissons d'eau douce varient à l'infini et le choix d'une amorce n'est pas sans nous causer parfois un certain embarras... Pêchera-t-on au ver, à la pâte préparée, à l'insecte... quelle va être la fantaisie du poisson... que faut-il inscrire sur son menu? Enigme tout aussi cruelle pour nous autres pêcheurs que celle qui désespérait le monsieur de Paul Bourget, lorsqu'il voulait analyser son état d'âme, dans les circonstances troublantes que l'on sait. »

Avec le brochet, nous sommes affranchis de ces perplexités, de ces hésitations; on le prend au vif, au vif seul — point de salut en dehors du vif. J'entends bien qu'on pêche encore le brochet à l'hélice, au poisson artificiel, à la cuiller, mais vous savez, comme moi, que ces différents modes de pêche ne sont pas autre chose que des *imitations* du vif

La pêche au vif se fait de deux manières, à la ligne volante, ou à la ligne dormante

I. Pêche à la ligne volante.

C'est celle que nous pratiquons quand nous pêchons en nous déplaçant souvent, pour chercher le poisson là où nous espérons devoir le rencontrer. A cette pêche, on ne s'éternise jamais à une place déterminée. On bat la rivière et notre vif va *quêter* le brochet dans les bons endroits, absolument comme nos braves toutous vont quêter le gibier dans les remises. C'est la vraie pêche du brochet, selon moi; c'est tout au moins la seule capable d'empoigner à fond ceux de nos confrères qui sont doublement férus des passions de la pêche et de la chasse.

Qu'ils sont heureux, ceux-là! Ils ont sur notre pauvre terre un avant-goût des suprêmes béatitudes que nos deux saints patrons St-Pierre et St-Hubert, réservent à leurs élus!

Munissez-vous d'une canne très solide. Elle devra être longue, si vous pêchez dans une large rivière parce que vous aurez quelquefois à descendre votre amorce à une certaine distance du bord. Je dis, avec intention, *descendre* votre amorce et non *jeter*; cette amorce est un poisson vivant, ne l'oubliez pas, il faut se garder de le blesser par un brusque lancer. On le pose, on ne le jette pas.

Votre canne sera pourvue d'un moulinet, garni de soie ou de cordonnet, d'une très grande résistance ; quant à votre bas de ligne, si vous n'en avez pas déjà essayé un vous donnant entière satisfaction, je crois vous donner un bon conseil en vous invitant à le composer ainsi: un hameçon triple de première qualité, très acéré et très résistant, généralement des n° 9 ou 10, monté sur une corde d'acier, telle que le *mi* de la mandoline, corde de vingt centimètres, un excellent crin de Florence, de même longueur, un émérillon, une plombée immédiatement après cet émérillon, puis un mètre cinquante de bon crin marana, enfin le cordonnet. Le plomb, une olive allongée, doit être proportionné à la taille du poisson servant d'amorce de façon à le maintenir en bonne place et l'empêcher de remonter. Le meilleur flotteur est un liège *un peu gros*, précédant d'assez près deux autres petits bouchons, qui vous aideront beaucoup à suivre toutes les phases de l'attaque du poisson.

Je ne suis pas, je l'avoue franchement, un pêcheur de brochets très expérimenté, aussi n'est-ce point en vertu de ma seule expérience que je vous recommande pareil bas de ligne; mais il m'a été indiqué par M. Vexenat, ce fin pêcheur de l'Allier, dont je vous ai parlé déjà; son emploi m'a toujours donné d'excellents résultats et de nombreux amateurs en ont proclamé la supériorité,

Vous remarquerez que l'hameçon triple, n°ˢ 9 ou 10, est relativement petit. Si la préférence lui est accordée, cela tient à ce que le brochet, ayant la gueule peu charnue, les branches d'un gros hameçon s'y engagent difficilement à fond, elles vacillent souvent et peuvent glisser.

Comme amorce le modeste vairon, en hiver, convient assez bien, car il est très vivace ; mieux vaut cependant le petit chevenne, que certains pêcheurs de la Loire et de l'Allier, appellent *rein noir;* cette amorce n'a qu'un défaut, un seul, c'est de vivre peu de temps, et de vous obliger à la renouveler fréquemment. Employez le gardon. Quant au goujon vous ne devez vous en servir que lorsque vous n'aurez point d'autres amorces sous la main, parce que ce poisson cherche sans cesse à *se terrer* et qu'il tire la ligne à bord, aux risques de l'engager sous les herbes et les racines. Par des temps très froids la loche donne de bons résultats. Enfin, quand le brochet paraît peu disposé à mordre, vous stimulerez immédiatement sa voracité en amorçant avec un petit poisson rouge. Cette amorce n'est pas encore par trop vulgarisée, elle n'en est que plus sûre ; hâtez-vous d'en profiter. Elle est merveilleuse, au dire de ceux qui ont eu la bonne fortune de l'employer. D'ici à peu d'années, soyez-en sûrs, les pêcheurs de brochets auront tous à domicile un joli bocal où ils élèveront de petits poissons rouges à la becquée; les enfants de ces confrères et surtout leurs chats seront enchantés de ces essais de pisciculture en chambre.

Ne pas craindre de prendre des amorces plutôt grosses; elles résistent mieux que les petites et les brochetons eux-mêmes s'en accommodent très volontiers.

Pour les transporter sur le lieu de pêche, on place les poissons qui doivent servir d'appât dans des seaux spéciaux. Ces appareils sont aujourd'hui très perfectionnés. Vous en trouverez en zinc, en zinc émaillé, en toile. et la Manufacture Française ne vous en offre pas moins de sept à huit espèces. Parfaite, en été, *la gourde défrigé-rante* si chère à mon ami Baldinotti, de Saint-Etienne; elle lui permet, comme j'en ai été souvent témoin, de conserver, au moment des fortes chaleurs des petits poissons aussi frétillants, à la fin d'une longue journée de pêche, qu'au moment de leur prise. Il est bon, souvenez-vous en, d'apprêter entièrement son outillage, avant de retirer du seau le poisson appât, quand on veut le fixer sur l'hameçon. Cette opération, cela se conçoit du reste, doit être rapidement menée afin de conserver le plus possible toute sa vigueur à l'amorce.

Le poisson se fixe sur l'hameçon de plusieurs manières. La meilleure, celle qui me paraît permettre à l'amorce de vivre le plus longtemps et de garder toujours sa position naturelle, est l'amorçage sous la nageoire dorsale. Il importe de ne pas prendre uniquement cette nageoire, mais d'engager aussi légèrement une des branches de l'hameçon triple sous la peau du dos, au ras de la nageoire, en prenant grand soin de ne pas léser l'épine dorsale. Pour mon compte, je n'ai jamais amorcé que de cette façon. J'ai vu, je dois le dire, deux parfaits pêcheurs et le garde-pêche d'un de mes amis procéder autrement. A l'aide d'une aiguille à amorcer, dans laquelle était engagée la boucle de l'empile, ils passaient cette empile par la bouche du poisson et la faisaient sortir par l'anus — les trois branches de l'hameçon venaient s'appliquer à l'extrémité des lèvres de l'amorce comme une sorte de muselière. Cela fait, ils attachaient leur bas de ligne à cette boucle d'empile.

Poitevin cite une troisième manière. Elle consiste à introduire une des pointes de l'hameçon par l'ouïe et à la faire sortir par la bouche pour ramener l'empile le long du corps où on la fixe en entourant d'un fil et l'empile et le poisson près de la queue. Quelques pêcheurs, à l'aide d'une aiguille ordinaire, dit toujours Poitevin, passent ce fil entre peau et chair pour plus de sûreté.

Le poisson reste sans la moindre gêne, libre de ses mouvements.

Dans une quatrième manière on fait entrer et sortir l'hameçon sous la dorsale, près de la queue; on l'introduit ensuite par l'ouïe, pour le faire sortir de nouveau par la bouche. (Poitevin, 6ᵉ édition, pages 293 et 294).

Ayez une profonde et solide épuisette ou une gaffe. Pour la pêche des gros brochets la gaffe seule me paraît devoir être employée, comme elle doit l'être d'ailleurs pour la pêche de tous les poissons de très forte taille, tels, par exemple, que les saumons. Une épuisette ayant les dimensions nécessaires en pareille circonstance serait, cela se conçoit, d'un transport et d'un maniement par trop difficiles.

A la volante, on pêche le brochet dans les remous, les anses de rivière, les *reculs*, c'est-à-dire dans des endroits, assez profonds, se trouvant en tête ou en queue de courants où se rencontrent à profusion les herbes aquatiques, les vieilles souches, que le brochet recherche toujours pour s'y mettre à l'affût. On y descend son amorce, et si, après un certain temps, elle n'est pas saisie, on la relève, pour la descendre ailleurs; vous sondez de la sorte tous les coins et recoins où vous supposez qu'un brochet peut se tenir, puis, la place complètement explorée, vous allez tenter fortune ailleurs.

A quelle profondeur l'amorce se pose-t-elle? C'est là une question sur laquelle je reviendrai quand je parlerai des temps de pêche, mais, dès maintenant, je peux vous dire d'une manière générale que, plus il fera froid, plus vous devrez rapprocher votre amorce du fond, sans jamais cependant exagérer cette descente à fond, pour cette excellente raison que les yeux du brochet, placés très en dessus de sa tête, ne lui permettent que difficilement de voir ce qui est au-dessous de lui.

De ce que vous pêchez à la ligne volante n'allez pas conclure que vos cannes ne doivent pas quitter votre main ; ce serait vouloir vous condamner à une fatigue bien inutile et je vous engage vivement, pour vous reposer ou pour bourrer une bonne pipe, à les déposer de temps à autre sur un affût. L'essentiel est que vous les ayez toujours à portée et que vous ne perdiez pas de vue votre flotteur.

L'attaque du brochet est vive et brusque. A nos débuts nous nous y sommes tous laissés prendre et nous avons manqué nos premières pièces en ferrant aussitôt que cette attaque se produisait ; neuf fois sur dix vous raterez le brochet en opérant ainsi. Cela s'explique. Le brochet saisit violemment le poisson, c'est entendu, mais il ne le saisit qu'avec *l'extrémité* de sa gueule, la moindre secousse le dégagera d'autant plus facilement que cette partie de la gueule est, nous le savons, dépourvue de chair, que les hameçons s'y implantent difficilement, et qu'ils peuvent glisser. Demeurez maître de vous, ne vous pressez pas ; voici comment les choses se passent. Le brochet, après avoir saisi l'amorce, la tient à l'extrémité de sa gueule et cherche à l'entraîner au fond — de là la première touche. Dès qu'il est plus à fond, qu'il se sent tranquille et bien maître de sa proie, il se met en devoir de l'engloutir complètement et part tout aussitôt, pour la déguster à l'aise, dans un bon coin de son choix. C'est à ce moment qu'il faut ferrer. Votre flotteur vous marquera les diverses phases de ce petit drame. Mais il peut arriver que ce drame comporte des scènes imprévues et Poitevin est dans le vrai en disant : « souvent aussi, après avoir pris l'appât et avoir poussé une pointe, le brochet s'arrête un instant puis reprend sa course, et s'arrête de nouveau pour recommencer ensuite à se sauver. Tant que dure ce manège on peut être certain qu'il n'a pas avalé ce qu'il tient. Ces alternatives d'élans et d'arrêts sont une preuve de l'inquiétude qu'il ressent pour sa proie ou pour lui-même. Il a peut-être aperçu un voisin aussi gourmand et aussi vorace que lui et la crainte qu'il en éprouve lui enlève toute la tranquillité nécessaire pour savourer à son aise sa capture. Si, au contraire, il reste calme et s'arrête pendant quelques minutes, on peut ferrer sans crainte, il a avalé sa proie. » Quelle délicieuse émotion nous éprouvons quand, sous le ferrage, nous sentons notre ligne résister et se tendre violemment! C'est le deuxième tableau du drame. Nous approchons du dénoûment car la défense du brochet est rarement longue. Il commence par filer un peu. Conservez alors une légère tension sur la ligne pour le maintenir en haleine, le fatiguer, amenez-le ensuite doucement en ayant grand soin de rendre du fil à la moindre résistance, et, après deux ou trois défenses il montera à la surface et *blanchira;* méfiez-vous de lui à ce moment-là parce que souvent il cherchera à sauter en l'air (j'en ai vu quelques-uns faire ainsi des bonds de plus d'un mètre), et tenez vous prêt à abaisser immédiatement, le cas échéant, la pointe de votre canne, afin que la bannière entière, tombant à l'eau, supprime toute résistance. Après cet effort, le dernier le plus souvent, amenez à vous et faites prestement jouer la gaffe.

Achevez sans retard votre victime en la frappant sur le dessus de la tête avec un bâton ou un caillou. Même après la mort du brochet, ne cherchez pas à enlever votre hameçon de sa gueule sans y avoir introduit un instrument quelconque qui l'empêchera de se refermer sur vos doigts, car un mouvement convulsif peut très bien déterminer cette brusque contraction, qui n'est pas sans dangers. Les dégorgeoirs, et surtout les ciseaux à baillons, sont des instruments précieux en pareille circonstance — tous les pêcheurs de brochet doivent s'en servir. On ne saurait prendre trop de précautions pour éviter les graves accidents que peuvent occasionner les terribles dents d'un gros brochet.

Le poisson vivant, *le vif,* est la véritable amorce pour le brochet, mais comme il est parfois difficile de se la procurer, on recourt, le cas échéant, à ses imitations: l'hélice, le poisson artificiel, la cuiller.

Je n'ai pas à revenir sur la description de ces trois engins, que tous les pêcheurs connaissent, quand ce ne serait que pour les avoir vus en montre chez les marchands, et je me borne à vous recommander de ne jamais oublier, lorsque vous voudrez les employer pour le brochet, de veiller avec soin à ce qu'ils soient montés sur corde à guitare, ou sur fil d'acier, car une simple monture, même en marana extra-fort, serait presque toujours coupée par les dents formidables du poisson.

Parmi ces engins de pêche, choisissez de préférence ceux de grande taille — ils sont plus résistants et la large gueule du brochet saura s'en accommoder; nous avons tous vu prendre de simples brochetons avec des hameçons énormes.

On pêche le brochet à l'hélice, au poisson artificiel ou à la cuiller, *à peu près* comme on pêche la truite; je dis: à peu près, parce que, au lieu de maintenir constamment l'amorce à la même profondeur en la faisant évoluer, on doit sans cesse la faire monter et descendre dans l'eau ; ce mouvement est celui qui attire le mieux le brochet.

Je passe sans insister sur les autres amorces que vous pourriez employer telles que souris, grenouilles, canetons, etc..., etc... ce sont là des amorces exceptionnelles J'ai cependant lu dernièrement qu'en Allemagne, l'amorçage avec la souris vivante donnait des résultats surprenants pour la pêche des très gros brochets. L'hameçon se fixe à la souris au moyen d'un fil entourant le corps.

Enfin, pour être complet, je dois vous mentionner, comme pêche à la ligne volante, certaine pêche dite généralement, *à rôder* ou *à traîner*, qui se pratique en bateau, surtout sur les grandes rivières, les étangs et les lacs. Elle se fait à l'aide d'une hélice, d'un poisson artificiel, ou d'une cuiller, l'engin étant fixé à une très longue ligne enroulée sur une planchette ou plioir. La Manufacture Française, dans son dernier catalogue, énumère plusieurs espèces de ces planchettes et plioirs, sous les numéros 938 — 944 — 968. C'est le mouvement du bateau lui-même qui imprime son allure à l'amorce; il faut donc choisir une embarcation légère, nageant vite et sans bruit. La ligne, plus ou moins plombée, suivant la profondeur à laquelle on veut la faire manœuvrer, est munie de nombreux émerillons, pour l'empêcher de s'enrouler et de se nouer sous l'action de l'hélice comme de celle de la cuiller. Le pêcheur, placé à l'arrière du bateau, jette l'amorce à l'eau et rend du fil jusqu'à ce que cette amorce soit à une distance minimum de 40 à 50 mètres, puis, tenant la ligne entre le pouce et l'index, il lui imprime un mouvement de va et vient qui, outre qu'il attire le poisson, permet encore de mieux sentir son attaque et de ferrer en temps voulu, si le brochet ne s'est pas ferré lui-même, ce qui arrive assez souvent à cette pêche.

Il est bien entendu qu'il faut amener la prise à l'épuisette ou à la gaffe avec une extrême précaution, sans jamais trop raidir la ligne et en se tenant toujours prêt à rendre du fil, si la défense est par trop vive ; inutile d'ajouter que le bateau doit cesser de nager aussitôt que l'amorce a été saisie ; agir autrement serait, on le comprend, rendre beaucoup plus violentes les défenses du poisson.

Cette pêche est pleine de charme. Aux émotions intenses que souvent elle procure, elle joint toujours le plaisir de la promenade en canot, plaisir qui n'est point à dédaigner quand le paysage, qui se déroule devant le pêcheur, parle à ses yeux et à son imagination.

J'ai pêché de la sorte sur le Léman et sur un petit lac appartenant à un de mes amis. Vous dire que j'ai fait merveilles serait affreusement mentir et, cependant, je conserve de ces parties de pêche un souvenir ineffaçable. Si je n'ai pris que des brochetons, j'ai eu, en revanche, de fortes lignes brisées par d'énormes brochets ; les émotions de la lutte me sont restées chères malgré tout.

Veillez à ce que votre amorce n'aille pas s'engager dans des herbes aquatiques ou des racines, qui vous les

garderaient neuf fois sur dix. Les grands filets dormants
sont aussi à redouter et j'en sais quelque chose parce
que, plusieurs fois, j'ai dû, sur le Léman, sacrifier des
cuillers qui s'étaient grippées dans d'immenses tramails.
— j'aurais par trop endommagé ces filets coûteux si je
m'étais entêté à vouloir rentrer en possession de mon
amorce. De tout cela, concluez que je ne suis pas de première force à cette pêche. J'ai conscience que mes mésaventures provenaient uniquement de ma maladresse.
Puis il y a vraiment des choses difficiles à expliquer : je
demeure calme et maître de moi avec une grosse truite
au bout de ma ligne, jamais je ne brusque le mouvement,
et je ne suis qu'une galette en face d'un brochet ! Dites-
moi encore pourquoi j'ai toujours fiacré lamentablement
un lièvre qui me partait dans les bottes et en plein découvert, alors que je tire assez proprement le lapin et
les oiseaux, voire même les plus difficiles, tels que l'a-
louette au cul-levé, la grive et la bécassine !

II. La pêche du brochet à la ligne dormante. — Vous
savez qu'on entend, par ligne dormante, celle qu'on place
dans un endroit déterminé pour l'y laisser pendant un
temps assez long, un jour, une nuit ; elle pêche toute
seule, sans la moindre intervention de l'homme qui,
après l'avoir posée, ne s'en inquiète plus que pour
la relever.

Sur une rivière peu large, ces lignes peuvent être fixées soit au rivage, soit à de gros flotteurs ; malheureusement, si la rivière n'est point une propriété privée,
gardée soigneusement, on court les plus grands risques
de les voir visitées par les écumeurs d'eau douce, si nombreux partout. La pêche à la ligne dormante n'est donc
guère pratique qu'en pleine eau, sur les larges rivières
et principalement sur les étangs et les lacs, qui sont propriétés particulières et où personne ne peut, sans autorisation, se promener en bateau.

La ligne est montée et amorcée comme la ligne volante au vif, car il ne saurait être question des imitations

du vif, l'hélice, le poisson artificiel et la cuiller, pour une ligne à laquelle le pêcheur n'imprime pas ce mouvement factice qui trompe le poisson. Livrée à elle-même l'amorce artificielle ne prendrait que les brochets las de l'existence, qui pour en finir avec leurs maux, viendraient s'accrocher aux hameçons, absolument comme nous nous accrochons à une corde pour nous pendre, quand nous broyons par trop de noir. La ligne est fixée à un gros flotteur tel qu'une plaque de liège, un morceau de bois léger, une vessie de mouton gonflée; vous n'avez que l'embarras du choix; l'essentiel est que votre flotteur soit très voyant pour que vous puissiez facilement l'apercevoir si un brochet vous l'a promené au loin et parfois engagé au milieu d'amas de feuilles ou d'herbes aquatiques.

Je n'ai pêché le brochet à la ligne dormante, qu'en Valromey, dans le lac des Hôpitaux, propriété de M. D... qui veut bien m'honorer de son amitié. Il y a des monstres de plus de 25 livres dans ce lac. Chaque fois que je vais là-bas, je me propose de les exterminer, mais la maison de M. D... est si hospitalière, on y reçoit un accueil si empressé, si bienveillant, l'intimité qui se crée entre hôtes et invités a tant de charmes, qu'on a peine à s'y soustraire; aussi la nuit arrive souvent avant que j'aie songé à me mettre en campagne et mes lignes dormantes sont invariablement tendues en dépit du sens commun. Cela ne nous a pas empêchés de prendre, en une seule soirée, la dernière fois que je suis allée aux Hôpitaux, trois brochets, dont le moindre pesait 8 livres. Je me souviendrai longtemps de cette partie de pêche parce que, dans mon empressement à saisir un de mes brochets pour le transporter dans un vivier, je me heurtai si violemment le genou droit contre une pointe de rocher, que j'en souffre depuis lors chaque fois que le temps va changer. Bien désagréables les genoux transformés en baromètres!!

Pour toutes les pêches du brochet, quelles qu'elles

soient, le meilleur moment est toujours de septembre à décembre.

Choisissez, le plus possible, un temps calme.

Le vent du midi est favorable, celui du nord ne vaut pas grand chose, celui de l'ouest ne vaut rien; telles sont du moins les remarques que j'ai faites dans nos contrées de l'Est, mais je me garderai bien de vous ériger ces remarques en principes.

Je n'ai peut-être pas suffisamment indiqué à quelle profondeur doit être placée l'amorce vive, pour la pêche du brochet.

Qui, parmi nous n'a pas remarqué que les poissons se rapprochent plus ou moins du fond suivant que les températures de l'air et de l'eau sont plus ou moins basses ? Cette remarque nous servira de guide en la circonstance : plus il fera froid, plus nous devrons descendre notre amorce. Mais gardons-nous d'exagérer cette descente à fond, mieux vaudrait, cent fois, l'exagérer en sens contraire, parce que la conformation de la tête du brochet est telle, que les yeux, placés très en dessus, ne permettent qu'assez difficilement à l'animal de voir au-dessous de lui. Une amorce nageant très bas échappera le plus souvent à la vue du brochet; voilà ce dont il faut bien se souvenir.

Tenez compte aussi, pour la descente de l'amorce, de la situation des lieux de pêche; sachez choisir avec discernement votre place en rivière. Et ce choix des bonnes places n'est point aussi facile qu'on le suppose communément; il nécessite beaucoup d'observation et beaucoup de pratique.

IX.

LA PERCHE.

I. Ses caractères. Ses habitudes. Les engins

Je ne sais si vous l'avez remarqué: lorsque j'ai eu à parler de la truite et de l'ombre, mes deux poissons favoris, j'en ai fait la description la plus flatteuse qu'il fût; pour un peu, trouvant qu'un tel sujet était indigne de la vulgaire prose, j'aurais invoqué les muses et taquiné la lyre du poète. Je parlais de belles et nobles dames, de robes tramées d'or et d'argent et constellées de rubis, je parlais encore de parfums dignes de servir de bouquet au mouchoir, etc... etc... Eh bien! je suis presque tenté de me laisser aller à un emballement semblable en vous parlant de la perche! Est-elle assez coquette, cette perche! Elle se classe aux premiers rangs de nos plus beaux poissons d'eau douce. Sa livrée se pare de riches couleurs passant du vert-bronze, sur la partie supérieure du corps, au jaune d'or sur les côtés : le ventre est étincelant de blancheur ; les flancs présentent des stries de bandes noirâtres ; enfin les nageoires caudales et anales sont d'un chaud vermillon qui rehausse encore de son vif éclat l'ensemble de cette brillante parure.

« Les écailles qui recouvrent le corps de la perche, dit M. Raveret-Watel, sont garnies d'aspérités, qui font qu'on éprouve une sensation de rudesse lorsqu'on saisit ce poisson avec la main. Le bord libre de ces écailles présente, en outre, de fines dentelures qui, examinées à la loupe, apparaissent comme des chefs-d'œuvre de ciselure. Les nageoires sont très rigides; celle du dos est particulièrement développée et présente de forts aiguillons, dont les piqûres sont douloureuses et occasionnent souvent de violents maux de doigts aux pêcheurs. La perche tient ordinairement cette nageoire couchée le long du dos, mais, à l'approche d'un ennemi ou lorsqu'elle fuit effrayée, elle la relève tout à coup.

La perche pond un très grand nombre d'œufs : une femelle de deux livres en donne plus de 150.000. Ces œufs, jaunâtres et de la grosseur d'une tête d'épingle, sont reliés ensemble par un enduit mucilagineux, assez semblable à celui qui réunit ceux des grenouilles, mais moins gluant ; ils forment de longs rubans, larges de deux à quatre centimètres, que les perches enlacent aux herbes aquatiques, et qui, dans l'eau ne se distinguent pas facilement. »

La perche fraye en mars ou avril, suivant la température et la profondeur des eaux. On prétend qu'elle ne reproduit qu'à l'âge de trois ans. Il m'a été impossible de me procurer des données certaines sur sa longévité ; je crois cependant que cette longévité doit être assez grande.

Les perches n'atteignent pas un poids très fort et, si je suis bien renseigné, ce poids maximum serait de trois kilos. J'ai lu, cependant, que dans certaines rivières de Belgique, d'Allemagne et d'Angleterre, les perches acquéraient un poids supérieur. Est-ce le cas de dire : A beau mentir qui vient de loin ? Les plus grosses que j'ai prises n'ont jamais dépassé un kilo et demi et je vous prie de croire que je ne compte pas ces captures par centaines, il s'en faut de beaucoup.

La perche nage très rapidement. C'est par excellence un poisson chasseur ; ses formes, son enveloppe dure et rugueuse, sorte de cuirasse, ses dents pointues qui garnissent les deux mâchoires, le palais et le gosier, ses nageoires hérissées d'aiguillons, tout, dans son ensemble, révèle en elle l'animal de proie, solidement armé pour la lutte. Elle est si vivace que son transport est facile sur un long trajet, si le temps est frais. Kresz et Poitevin prétendent même que ce transport peut s'effectuer en déposant le poisson sur de simples herbes humides, sans qu'on ait à se servir des réservoirs employés d'ordinaire à pareil usage.

La perche aime les eaux claires et tranquilles. On la rencontre surtout près des digues et enrochements, des moulins, des vannes, des ponts, des joncs. Elle se tient le plus souvent entre deux eaux. Sa voracité est excessive. Elle se jette avidement sur les petits poissons, les vers, les insectes, quels qu'ils soient, passant à sa portée ; on prétend qu'elle s'attaque à l'épinoche, que tous les autres poissons de proie respectent, à cause de ses piquants dangereux. Cette voracité lui profite, elle en fait un de nos meilleurs poissons. Chair savoureuse, d'un goût exquis, qui se recommande d'une façon toute spéciale aux bons soins de votre cordon-bleu ; faites lui toujours, quant à vous, les honneurs d'une vieille bouteille prise derrière les fagots. J'ai une trop haute idée de mes confrères pour ne pas les soupçonner d'être, en majeure partie, entachés du gentil péché de gourmandise. Brillat-Savarin a dit : « L'homme d'esprit seul sait manger », et il a dit vrai. N'est pas gourmet qui veut.

En Loire, la perche est assez commune dans la partie médiane du fleuve, mais elle est rare dans sa partie supérieure où les eaux sont rapides, battues par de nombreux et forts courants. Je n'ai jamais pêché au-dessous de Tours et je ne saurais vous dire si dans la Basse Loire la perche se rencontre encore, c'est toutefois très probable. Ceux de nos confrères qui voudraient bien me renseigner sur ce point me rendraient service.

A côté de la perche commune, la seule dont nous ayons à nous occuper ici, il existe d'autres espèces de perches. Je vous citerai notamment : la perche argentée ou poisson-soleil, appelée aussi calico-bass, mais à tort, car le véritable calico-bass appartient à un genre différent; la perche noire ou black-bass à bouche étroite; la perche-truite ou black-bass à large bouche; enfin la gremille ou perche-goujonnière.

A l'exception de la gremille que nous connaissons tous

et qui est de fort petite taille, ces autres espèces de perches sont d'origine exotique ; ce n'est même que depuis peu d'années qu'on a essayé de les acclimater en France. Avant de les jeter dans beaucoup de nos rivières, il aurait été prudent, nous l'avons déjà dit et nous ne craignons pas de le répéter, de limiter ces essais d'acclimatation à des eaux closes au lieu de s'engouer sottement et sans contrôle de ces nouveautés, sur les réclames intéressées de certains marchands. Nous n'aurions pas à déplorer aujourd'hui de fâcheuses méprises. On a introduit le loup dans la bergerie ; les calico-bass, les cat-fishs viennent maintenant se joindre aux braconniers pour dépeupler nos eaux françaises.

La perche étant un poisson d'une extrême voracité, ruse peu ; elle se jette sans aucune hésitation et franchement sur les proies qui passent à sa portée ; vers, poissons, sauterelles, hannetons, asticots, mouches, voire même certaines pâtes, tout cela lui est bon. Ainsi, dans la Loire, j'ai souvent pris des perches en pêchant à la mouche artificielle, il est vrai qu'elles étaient petites ; j'en ai pris aussi dans le lac des Hôpitaux avec une pâte composée d'œufs, de farine, de beurre et de sucre. Mais ne vous y trompez point, si l'on *raccroche*, d'ici et de là, des perches avec des mouches, des pâtes, des sauterelles, etc..., les seules amorces qu'il soit pratique d'employer à leur pêche sont le ver et le poisson, et nous ne nous occuperons que de ces deux amorces.

Son insatiable appétit fait que la perche manque un peu de prudence, sa pêche est plus facile que celle de beaucoup d'autres poissons et je recommande d'une façon spéciale celle des petites perches aux débutants ; elle leur évitera presque toujours la fâcheuse bredouille, qui leur paraît déshonorante et qu'ils redoutent tant. Respectons chez nos jeunes confrères cette salutaire crainte de la bredouille, elle dénote des sentiments tout à leur honneur : la passion de notre sport et la volonté d'y passer maîtres. Les années viendront bien assez vite

pour les cuirasser ; à leur premier cheveu blanc la crainte de la bredouille aura déjà diminué et, quand il aura
neigé davantage sur leur chevelure, cette crainte aura
complètement disparu ; ils sauront alors, par expérience,
qu'à certains jours néfastes, rien ne peut nous préserver
de la *guigne*. La nature a des secrets, qu'elle garde jalousement ; la science des plus forts d'entre nous demeure impuissante à les révéler.

Pour la pêche de la perche, je vous conseille d'employer une canne solide et de moyenne flexibilité. Il vous
appartient d'en fixer vous-mêmes la longueur, suivant
les rivières que vous battez, en tenant compte de ceci,
c'est qu'à cette pêche, comme à celle du brochet, vous
aurez plus à *poser* votre amorce qu'à la *jeter*, car l'a-
morce est, la plupart du temps, un petit poisson qu'il
faut éviter de brusquer sous peine de le faire périr
promptement ou, tout au moins, de diminuer beaucoup
la vivacité de ses mouvements. Plus votre amorce sera
frétillante, plus elle attirera la perche ; souvenez-vous
en et outillez-vous en conséquence. Et puis, même en pêchant au ver, vous aurez à imprimer à votre amorce
certains mouvements, que je vous indiquerai: de là encore la nécessité d'employer une canne que vous ayiez
bien dans la main, qui vous obéisse entièrement et qui
permette à l'appât toutes les évolutions voulues.

Bannière en cordonnet de première qualité et ne *vril-
lant jamais* dans l'eau, telle que la ganse lucidor et la
soie dite américaine. Bas de ligne de 2 mètres environ en
bonne florence. Les plombs, les hameçons, les flottes varient d'après le mode de pêche employé, — j'y reviendrai. Le moulinet est indispensable ; l'épuisette ne l'est
pas moins, parce que la perche a la gueule extrêmement
tendre et qu'on risquerait de la déchirer en voulant enlever ce poisson d'autorité ou même l'amener un peu vivement.

La pêche de la perche commence en février ou en
mars, suivant que la température est plus ou moins

douce. Mais la meilleure saison est l'automne : octobre ou novembre.

Telles sont les données générales. Je vais maintenant entrer dans les détails relatifs à chaque mode de pêche de la perche, en commençant par la pêche au ver.

II. LES DIVERS MODES DE PÊCHE DE LA PERCHE

Il est essentiel que vos vers soient de premier choix, bien rouges et bien vivaces, qu'ils aient jeûné en boîte pendant deux ou trois jours. Enfermez-les dans des boîtes de bois, où ils se conservent mieux que dans les boîtes en métal et garnissez le fond et le dessus de ces boîtes d'une légère couche de mousse humide. Dans le cas où vos vers n'auraient pas subi un jeûne suffisant, vous pouvez les améliorer assez rapidement en les poudrant de quelques pincées de sable sec ; cette simple opération aura pour résultat de les faire dégorger plus vite et de les raffermir. Notez, en passant, que le contact des doigts est toujours nuisible aux vers; vous ferez donc bien, lorsque vous aurez à puiser dans votre boîte, où ils sont généralement enchevêtrés les uns dans les autres pour former une espèce de boule, de saisir délicatement celui de votre choix en touchant ses voisins le moins possible. Les vers qui ont été touchés souvent, *tripatouillés* comme nous le disons dans notre langage imagé de pêcheurs, meurent très vite.

Pour la pêche de la perche au ver, l'hameçon qui m'a donné les meilleurs résultats est un hameçon de moyenne grandeur, correspondant aux numéros 8 ou 9; avant de l'adopter, je l'avais déjà vu employé par de fins pêcheurs. Il faut qu'il soit long de tige, pour permettre de placer deux vers. Le premier de ces vers, enfilé jusqu'à moitié corps, sera monté en tête de la palette et sa partie demeurée libre pourra s'agiter et frétiller à l'aise, le second viendra rejoindre le premier, un peu au-dessus de la courbure de l'hameçon et sa queue, comme celle de l'autre, aura toute facilité de remuer. Ce sont les mouvements de ces deux queues qui exciteront le mieux la convoitise du poisson et le feront mordre.

Veillez donc à ce que vos vers soient toujours pleins de vie, et très remuants, puisque le succès de votre pêche dépend, en majeure partie, de leur état de conservation. Examinez souvent vos amorces; quand un ver est mort remplacez-le aussitôt. Un ver se trouve plus facilement qu'une perche. Mon compatriote, le vieux père Benoît, qui fut mon premier professeur de pêche au ver, me répétait souvent, alors qu'il m'inculquait les principes élémentaires de notre art: « Vois-tu, petit, mieux vaut rentrer avec un panier plein, et une boîte à vers vide, qu'avec une boîte bien garnie et un panier sans poissons. » Le père Benoît parlait d'or, toutes ses paroles étaient marquées au coin de la sagesse; faites comme moi, profit de ses bons conseils.

Si je pose deux vers sur mon hameçon, j'ai vu, je dois l'avouer, plusieurs de mes confrères n'en poser qu'un sur le leur. A vous de choisir entre les deux méthodes, mais essayez-les au préalable, et je vous parie dix ans de la vie de mes oncles à héritage, contre un sou, que vous serez de mon école après cet essai.

Autre chose. Quelques amateurs pêchent avec deux et trois hameçons, disposés comme le sont les mouches artificielles, quand on en met plusieurs sur un bas de ligne. Si vous adoptez cette manière de procéder, peut-être sera-t-il bon que vous attachiez vos hameçons latéraux sur un crin rigide, tel que la soie de sanglier, afin d'éviter qu'ils viennent se coller contre le corps des bas de ligne; dans cette position, cela se comprend du reste, le poisson ne les saisirait que très difficilement.

Je n'aime pas ce genre de monture. La multiplicité des hameçons rend, à mon avis, presque impossible la pêche à *rôder* ou à *la plombée*, car, à chaque instant, la ligne, hérissée de pointes comme un porc-épic s'accroche aux herbes et aux racines. J'expliquerai, quelques

lignes plus bas, en quoi consiste cette pêche à *rôder* ou
à *la plombée*.

Pêchez à quinze ou vingt centimètres du fond. Plombez assez fortement votre bas de ligne, et que votre flotte soit proportionnée à la plombée.

Nous savons que la perche attaque franchement, il
s'en suit qu'il est inutile d'attendre, pour ferrer, que ses
touches se répètent.

Si vos vers sont ce qu'ils doivent être, les perches, se
trouvant à proximité de l'amorce, se précipiteront immédiatement sur elle; aussi, l'absence de touches, après
quelques instants de pêche, vous indiquera sûrement
qu'il n'y a pas de perches sur votre coup. Inutile de rester davantage à cette place, allez sans tarder, chercher
fortune ailleurs. Mais avant de vous éloigner tentez une
suprême ressource en faisant, lentement et sans secousses, monter et descendre votre amorce; promenez-la
ainsi sur tout le coup en continuant à lui imprimer ce
mouvement de montée et de descente, qui est parfait pour
mettre le poisson en éveil et l'exciter à mordre.

Bon nombre de praticiens ne pêchent jamais autrement la perche au ver. C'est ce mode de pêche qu'on
nomme généralement pêche à *roder* ou bien encore pêche à *la plombée*, parce qu'il faut une plombée assez
forte, pour que le bas de ligne obéisse bien à l'impulsion de la main. La rôdée, ou la plombée, ne réussit
complètement qu'en eau un peu claire; il faut que le poisson aperçoive l'amorce à une certaine distance, cela va
de soi. A cette pêche, je me suis toujours bien trouvé de
jeter assez loin, en face de moi, pour ramener ensuite
insensiblement la ligne à bord, en lui imprimant sans
cesse le mouvement indiqué; mieux vaut, à mon avis,
explorer un coup de cette façon que de le faire en pêchant de gauche à droite ou de droite à gauche.

La pêche à rôder est préférable à la pêche au ver ordinaire, avec elle on est plus sûr de la réussite pour cette
excellente raison qu'à certains jours, la perche, mal en

appétit, ne touchera pas une amorce immobile tandis qu'elle se précipitera sur une amorce en mouvement — ce mouvement nous l'avons dit, réveille sa convoitise, sa voracité, elle ne veut pas que la proie qui paraît fuir lui échappe et elle la saisit gloutonnement.

A la rôdée, ce n'est pas la flotte qui vous indiquera toujours les touches du poisson, la plupart du temps, vous en serez avertis par un léger choc, que vous ressentirez dans la main, au moment où la perche saisira l'amorce que vous faites monter et descendre — votre ligne est alors très tendue et les moindres vibrations imprimées à l'extrémité du fil sont transmises par ce fil à la canne, qui les transmet à la main. Ferrez sans trop tarder, ferrez surtout sans brusquerie par un léger coup de poignet, parce que vous vous exposeriez, en ferrant autrement, à déchirer la gueule de la perche qui est, comme vous le savez, très tendre.

Amenez le poisson à l'épuisette avec une extrème précaution, sans-à-coup, *ménagez-le* et soulevez-le le moins possible.

Un temps couvert, orageux, convient à cette pêche. Pêchez de préférence par un léger vent du sud. Au commencement et à la fin de la saison, pêchez dans la journée, en été ne pêchez que le matin et le soir.

III. La pêche de la perche au vif, au poisson artificiel, a la cuiller.

Parlons maintenant de la pêche au vif. la vraie pêche de la perche. Elle exige de l'observation, une certaine sûreté de main. en somme elle présente assez de difficultés pour constituer un sport bien digne de stimuler l'émulation de nos plus habiles confrères.

Quelques mots sur l'outillage qu'elle comporte.

Le bas de ligne. en bonne florence, d'une longueur d'un mètre cinquante à deux mètres. portera à sa partie supérieure un émerillon, auquel s'attachera la bannière.

Cet émerillon est indispensable pour éviter l'enroulement du bas de ligne sur lui-même, sous les évolutions du vif.

La plombée, placée à une vingtaine de centimètres de l'hameçon, sera plus ou moins forte, suivant qu'on voudra pêcher plus ou moins à fond; pour en déterminer le poids on devra également tenir compte de la grosseur du poisson servant d'amorce. Quant à la flotte, cela va de soi, elle sera proportionnée tout à la fois, et à la grosseur du vif, et au poids de la plombée.

Comme hameçon, l'hameçon triple s'impose. N'en exagérez jamais la grosseur: les n° 9 ou 10 me paraissent préférables aux autres. La pêche de la perche ne vous donnera pas de très grosses pièces, la moyenne de vos captures dépassera rarement le kilo: pour des poissons de cette taille un très fort hameçon serait défectueux, il ne serait pas non plus proportionné à l'amorce qu'on doit employer; cette amorce sera généralement en effet, un assez petit poisson, tel que véron, bouvière, loche, soëf et autre menu fretin. Jamais vous n'aurez à regretter le choix d'une petite amorce, celui d'une grosse vous exposera, au contraire, à bien des déceptions parce que la perche ne pourra pas la saisir entièrement dans sa gueule, l'hameçon ne sera pas engagé, il restera en dehors, déchirera les chairs du vif sous la tension de l'attaque et vous verrez votre bas de ligne décrire brusquement en l'air cette maudite courbe que nous ne connaissons que trop. Que de belles pièces j'ai manquées, pour n'avoir pas toujours mis en pratique le conseil que je vous donne! Oui, j'avais la ressource en pareil cas, de jurer et de sacrer en français, en provençal et en patois bugiste, puisque mes connaissances comme polyglotte ne s'étendent pas au-delà, mais le poisson n'en était pas moins raté et raté, convenez-en, par une faute bien facile à éviter.

En ce qui touche la manière d'amorcer au vif, elle ne diffère pas, pour la pêche de la perche, de celle employée pour la pêche du brochet, et je me suis trop récemment occupé de cette dernière pour que j'aie à indiquer aujourd'hui les divers   modes d'attache du vif à l'hameçon. Qu'il s'agisse du brochet, qu'il s'agisse de la perche, je vous conseille l'amorçage par la nageoire dorsale, en vous recommandant d'engager légèrement la branche de l'hameçon sous la peau du dos du petit poisson, au ras de la nageoire, et de bien veiller à ne pas léser la moëlle épinière.

Outillés comme nous venons de le dire, ayant en main la canne que je vous ai indiquée, canne qui vous permette de laisser descendre votre amorce sur le coup que vous aurez choisi, sans que vous soyez obligé de la jeter, parce que tout mouvement un peu brusque peut ou la blesser ou la détacher de l'hameçon, vous vous approchez de la rivière, sans bruit, et en vous dissimulant le plus possible, si les eaux sont claires et peu profondes, puis vous *coulez* votre vif à vingt centimètres environ du fond; par les temps chauds vous pouvez rapprocher le vif de la surface; ce sont, je le répète, les températures de l'air et de l'eau qui vous indiquent la profondeur à laquelle vous devez pêcher. Les *coins* à perches sont partout les mêmes ; il faut rechercher les herbes, les enrochements, les piles de pont, les digues, mais il faut aussi s'assurer que le vif ne puisse pas trop facilement gagner ces herbes et ces enrochements, où votre ligne viendrait s'engager et s'accrocher.

S'il se trouve des perches à l'endroit où vous pêchez, votre amorce sera saisie, sans tarder, la perche se précipitera sur elle, aussitôt qu'elle l'apercevra; ne vous éternisez donc jamais à une place où vous n'êtes pas touché presqu'immédiatement; l'absence de touches au bout de quelques minutes vous indique d'une manière sûre qu'il n'y a rien à faire là. Mais, pour le vif comme pour le ver, ne quittez jamais le lieu de pêche avant de l'avoir complètement exploré, en promenant le vif sur

toute son étendue, et puis, par de petits mouvements lents
et sans à-coup, faites monter et descendre cette amorce,
la perche craint de voir échapper le petit poisson qui
paraît fuir et elle se jette violemment sur lui. C'est ce
qu'on peut appeler la *pêche à rôder*, au vif. Une grande
légèreté de main est nécessaire pour cette manœuvre,
car la moindre traction un peu brusque risque de blesser le vif ou de déchirer sa nageoire dorsale, dans laquelle l'hameçon est engagé.

En pêchant au vif, surtout quand on s'attaque à de
grosses perches, il est bon de ne pas trop se presser
pour ferrer, afin de leur permettre d'engloutir complète-
tement l'appât ; de cette façon l'hameçon se fixe dans la
gorge, dont la chair est plus résistante que celle de la
gueule, qui se déchire si facilement. Quoiqu'il arrive et
alors même que vous seriez sûr que la perche est piquée
dans la gorge, ne la brusquez pas pour l'amener à l'é-
puisette, ménagez-la, sous peine de la voir vous fausser
compagnie, à l'instant où vous pensiez la tenir.

Voilà ce que j'avais à dire sur le vif. C'est un excellent mode de pêche, sans contredit, cependant je n'éton-
nerai personne, surtout parmi les vieux praticiens, en
affirmant que les imitations du vif sont peut-être préférables au vif lui-même, pour la pêche de la perche, et
cela pour deux raisons : la première est que ce mode de
pêche donne de meilleurs résultats, la seconde est qu'il
peut être employé dans quantité d'endroits où l'autre serait impossible.

Ces imitations sont les poissons artificiels, tels que devons et autres similaires, les poissons de plomb et d'étain
et enfin la cuiller.

Quelles sont les meilleures ? Je n'hésite pas à répondre : les poissons de plomb ou d'étain et la cuiller, parce
qu'elles m'ont toujours mieux réussi que les autres. Il
demeure toutefois bien entendu que je n'émets là que
mon humble avis, je ne me formaliserai nullement si
quelques-uns de nos confrères, plus habiles que moi à

se servir des devons et autres artificiels semblables, protestent contre mon dire. Vous savez de longue date que je suis l'ennemi des théories absolues en matière de pêche; vérité ici, erreur au-delà: quelque chose convient dans un pays et ne vaut rien ailleurs.

Le poisson de plomb ou d'étain se fixe à un bas de ligne de deux mètres en florence solide; le poids de ce poisson est généralement assez fort pour en assurer la rapide plongée et le maintien à la profondeur voulue, on sera donc rarement obligé de ·l'augmenter à une plombée. Placez un émerillon entre le bas de ligne et la bannière, que vous choisirez en bon cordonnet tressé et non tordu, afin qu'il ne vrille pas. Le cordonnet tressé à plat, passé ensuite au laminoir, pour l'arrondir, et recouvert d'un vernis, ne fait pas long usage, il se désagrége et s'use rapidement. L'émerillon est ici de toute nécessité, pour éviter l'enroulement de la ligne sous la torsion du poisson, torsion qui se produit même *un peu* avec les poissons qui ne sont pas considérés comme *tournants*. Il y a en effet, deux sortes de poissons d'étain et de plomb: ceux qui ne tournent pas et ceux qui tournent. Ces derniers sont, à coup sûr, les meilleurs; leur scintillement attire la perche d'une façon irrésistible, mais... voici le revers de la médaille, ils sont parfois d'un emploi difficile, dans les endroits où se rencontrent des herbes et des racines, auxquelles ils s'accrochent souvent. Le poisson tournant a besoin d'un champ d'action assez étendu; on ne le fait pas toujours mouvoir perpendiculairement et souvent on lui imprime un mouvement oblique. Vous connaissez tous, d'ailleurs, la manière de se servir de ces deux poissons : on les laisse descendre à une certaine profondeur, puis, par un léger *coup de poignet*, on les fait monter assez vivement, pour les laisser redescendre encore, remonter ensuite et cela sans interruption. Vous expliquer, avec une clarté suffisante, ce que doit être ce ·coup de poignet, me serait chose assez difficile; mon explication, quelle que soit ma bonne volonté, servirait peu, aux débutants. Je préfère leur conseiller de voir opérer pendant dix minutes un bon *praticien* ; ces dix minutes d'observation leur seront plus profitables que la lecture de vingt pages de mes élucubrations sur un pareil sujet. Ce que j'ai à dire, c'est qu'on ne doit pas toujours pêcher à la même profondeur, il faut commencer à pêcher près du fond, et monter insensiblement ensuite. Toute la place est successivement explorée de la sorte; exploration rapide et qu'il est fort inutile de prolonger, puisque la perche attaque aussitôt qu'elle voit l'amorce.

Chaque pays a des noms différents pour désigner ce mode de pêche : branlette, dandinette, diable, diablotin, sont je le crois, les dénominations les plus usitées dans nos pays de l'Ain, du Rhône, et de la Loire.

Passons à la cuiller. Il s'en fait, maintenant, des quantités de modèles. A vous de choisir; essayez, observez bien les résultats obtenus; votre expérience seule doit vous servir de guide, telle cuiller, parfaite dans la Loire, ne vaudra rien dans l'ouest. Dans la Loire, et dans nos rivières et lacs de l'est, la cuiller en métal blanc, forme allongée, avec hameçon triple, m'a constamment réussi.

Pour bien pêcher à la cuiller, il faut pêcher sur une nappe d'eau assez étendue, offrant le champ voulu pour la faire évoluer comme il convient. On pêche la perche dans des endroits relativement calmes; il est donc impossible de compter sur les courants pour imprimer une rotation à la cuiller ; vous ne l'y ferez tourner qu'en la tirant à vous, après l'avoir jetée à une certaine distance, Les cannes permettant de lancer une amorce au loin, dites *cannes à lancer*, conviennent très bien à ce mode de pêche. Mais, soit qu'on pêche en rivière, soit qu'on pêche en lac, le meilleur système, pour l'emploi de la cuiller est de pêcher en bateau, de la façon suivante: sur un bateau léger, nageant bien, et conduit par un bon rameur, vous vous placez à l'arrière ayant en vos mains un plioir, sur lequel est enroulé une longue ligne. (Bas de ligne de deux mètres en florence, assez *forte plombée*, à quarante centimètres au-dessus de la cuiller, un émerillon sur le bas de ligne, un autre sur la bannière, un peu au-dessus de l'attache du bas de ligne). Vous mettez la cuiller à l'eau et lui rendez au moins trente mètres de fil, puis, tenant ce fil entre le pouce et l'index, vous imprimez à la ligne, avec l'avant-bras, un léger mouvement de recul, pour la ramener aussitôt après en avant, sur une longueur de 40 à 50 centimètres Ce mouvement de va-et-vient de la cuiller doit continuer sans interruption.

On arrête le bateau dès qu'une perche a saisi la cuiller, afin de ne pas exagérer la tension de la ligne par la vitesse de la nage. Amenez avec ménagements. Epuisette indispensable.

Jamais je n'ai pêché la perche à la cuiller dans la Loire. Je l'ai pêchée dans la Saône, près de Collonges, mais ne connaissant pas la rivière à cet endroit là et pêchant un peu à l'aventure, je ne fus pas très heureux. La cuiller m'a procuré, en revanche, de beaux succès dans des lacs. Sans doute, on peut lui substituer les devons et tous autres poissons artificiels du même genre; tenez pour certain, quand même, qu'aucun de ces poissons, ne la vaut.

J'ai pris dans le lac de Genève des quantités de perches avec un engin beaucoup moins perfectionné que ceux dont nous venons de parler. Une ficelle de 5 à 6 mètres, une forte balle au bout; un peu au-dessus de cette balle, des rognures de fer-blanc, fixées sur la ficelle, hérissée; près de ces rognures, de nombreux et très gros hameçons triples. Je descendais ma ligne et je la remontais par de brusques saccades ; mes rognures de fer-blanc, scintillaient, les perches, gourmandes ou curieuses, arrivaient en foule, se pressaient autour de la ligne et se faisaient saisir par les hameçons, qui s'enfonçaient tantôt dans leur ventre, tantôt dans leur

flanc — c'était pitié. Bien peu sportive, cette pêche, elle
n'amuse qu'un instant; on est vite dégoûté de prendre les
pauvres perches aussi brutalement; n'est-ce pas procéder là comme le font les professionnels de la maraude ?

———

X.

LE GOUJON

I. LE PETIT POISSON POPULAIRE..

Si jamais un curieux quelconque prend fantaisie de
vous demander quel est le poisson dont la pêche compte
le plus grand nombre d'amateurs, n'hésitez pas à lui
répondre: c'est le goujon. Oui, le modeste goujon fait
prime; ses adeptes sont légions et, Dieu sait s'il y en a
des passionnés!

Parlez-nous du goujon, ne cesse-t-on de me répéter.

Tout le monde connaît le goujon. Avec sa forme allongée, sa livrée nuancée de gris, de fauve et de brun
verdâtre avec les barbillons qui ornent ses lèvres, on
pourrait le prendre à première vue pour un petit barbeau, qui aurait perdu deux de ses barbillons à la batail-
le. Sa bouche est placée très en-dessous de sa tête afin
de lui permettre, en sa qualité de poisson de fond, de
saisir facilement sa nourriture. « Bien qu'on le trouve
un peu partout, dit Raveret-Watel, le goujon aime les
eaux peu profondes, courantes, claires et fraîches, mais
non pas froides. Toujours près du fond, il recherche
les lits de gravier, de sable fin, et même d'argile; la vase

lui déplaît. Il aime néanmoins les eaux troublées à la suite de pluies et de crues; on le voit alors chercher dans les berges, les vers, que la hauteur momentanée de l'eau le met en mesure de trouver plus facilement. La position inférieure de sa bouche lui permet de remuer aisément les places qu'il a tâtées avec ses barbillons, afin de mettre à nu les petites proies dissimulées sous le sable; la mobilité de son globe oculaire lui permet aussi, comme à la tanche, de regarder sans gêne et sans bouger, tantôt au-dessus de lui, tantôt au-dessous, ou devant son museau. »

Très sociable, le goujon vit en troupes nombreuses, les petits se tenant rapprochés des rives, les gros cherchant une plus grande profondeur. Son alimentation est surtout animale, ainsi que l'indique le peu de longueur de son tube digestif, et consiste en vers, petits mollusques, larves d'insecte, et frai de poisson, il est avide de chair en décomposition et, quand il se trouve quelque charogne, dans un cours d'eau, on manque rarement d'apercevoir des goujons dans le voisinage.

Le goujon fraye en avril et en mai: l'époque du frai varie suivant les températures de l'eau et de l'air. Ses œufs sont petits et teintés de bleu, et il les dépose sur les pierres du fond ou sur les herbes aquatiques.

On trouve le goujon dans la plupart de nos rivières françaises. Il est fort abondant dans la Loire; les eaux de notre beau fleuve lui conviennent à merveille et lui valent une finesse de chair, que les vrais gourmets savent apprécier comme il convient.

On prend du goujon toute l'année; l'hiver est cependant une mauvaise saison pour le pêcher. Certains pêcheurs, avec le Poitevin, soutiennent que les meilleurs temps de pêche sont le printemps et l'automne, d'autres, avec Kretz, affirment la supériorité de l'été. A mon avis, cette diversité d'opinions s'explique par cela seul que chacun de nos confrères ne parle que de la pêche qu'il fait chez lui, de sa pêche *locale*, et nous savons tous, depuis longtemps, que les conditions de pêche se modifient à l'infini, suivant les lieux. A une époque déterminée de l'année, les températures de l'air et de l'eau peuvent varier grandement entre diverses contrées, même rapprochées. Or, la réussite de la pêche dépend presqu'uniquement de ces températures. En Loire, les *goujoniers* me paraissent avoir une préférence marquée pour le printemps et l'automne.

Quand vous battez une rivière pour pêcher le goujon, vous devez le rechercher principalement sur les bancs de sable ou de fin gravier, placés en eaux légèrement courantes et dans les remous avoisinant une eau limpide. Un fond, où *un peu* de vase est de temps à autre amenée par un courant, ne lui déplaît pas non plus, mais ne le pêchez jamais sur un vrai fond de vase, ce serait perdre complètement votre temps.

Le goujon doit être réfractaire à la dyspepsie ; son estomac peut rivaliser avec celui de l'autruche et son appétit est toujours en éveil. Il mord franchement, sans aucune hésitation. C'est là un des grands avantages qu'offre sa pêche. Autre avantage : le goujon, d'humeur sociable, vit presque toujours en bandes nombreuses et, quand on a la bonne fortune de tomber sur une de ces bandes, on peut parfois, sans changer de place, bourrer son panier jusqu'au couvercle : toute la bande y passe.

On le voit, la pêche du goujon est relativement facile et productive. Par cela même, elle devait plaire aux dames. Les dames ont, en effet, nous le savons tous, des trésors inépuisables de patience pour supporter les défauts de leurs seigneurs et maîtres, mais elles n'en ont pas pour vingt centimes, quatre sous, aussitôt qu'elles sont à la pêche : elles veulent prendre tout de suite et beaucoup. Ne vous étonnez donc pas de la préférence marquée dont elles daignent honorer le goujon. Sur 100 femmes qui trempent du fil, 99 le trempent pour ce joli petit **poisson.**

II. Comment on pêche le goujon

Pour la pêche du goujon, point n'est besoin d'une canne très résistante, l'effort qu'elle supporte étant insignifiant ; l'essentiel est qu'elle soit légère, car vous devez toujours l'avoir en mains. Si vous pêchez de la rive et dans une large rivière, ne craignez pas de choisir cette canne un peu longue, afin que vous puissiez pêcher à une certaine distance du bord, là où se trouvent d'ordinaire les plus gros goujons.

Un modeste roseau vous suffira ; il constituera même la canne à goujons par excellence, à cause de son extrême légèreté. Mais, bien qu'il s'agisse d'un simple roseau, il n'en faut pas moins veiller à ce qu'il soit ajusté et équilibré avec soin et que ses viroles aient une complète cohésion. Connaissez-vous rien de plus agaçant que l'espèce de clapotement produit par une canne mal jointe, chaque fois qu'on lance ? Il y a là de quoi énerver outre mesure les plus calmes d'entre nous.

Que votre canne soit munie d'un moulinet. Le moulinet seul vous permettra de changer, en un clin d'œil votre longueur de fil pour pêcher plus ou moins près du bord, suivant votre fantaisie et, dans la pêche au goujon, c'est à chaque instant qu'on a ainsi à rendre du fil ou à en reprendre. En pêcheurs pratiques que vous êtes, vous n'avez pas, je l'imagine, autant de moulinets que de cannes et à toutes ces cannes, vous adaptez le même. Avec les moulinets perfectionnés que nous possédons aujourd'hui, cette adaptation est, d'ailleurs, facile et rapide ; pour la mener à bien, deux minutes sont plus que suffisantes. Il va de soi que semblable moulinet doit être toujours garni d'un solide et bon cordonnet, puisqu'il vous servira pour la pêche de tous les poissons. Peu importe la grosseur de ce cordonnet, vous n'avez pas à la redouter, elle ne vous empêchera jamais, que je sache, de pêcher avec des bas de ligne d'une extrême fi-

nesse. Pour la pêche comme pour la chasse, il faut sim-
plifier le plus possible son outillage. Achetez peu, contentez-vous d'acheter les objets indispensables, mais
ne lésinez pas sur leur prix et que tous ces objets soient
de première qualité.

Votre bas de ligne aura deux mètres de longueur environ, soit un mètre cinquante en fine racine anglaise et
cinquante centimètres en crin de cheval... mais il y a
mieux, et un bas de ligne, de deux mètres, entièrement
composé de crins de cheval, est la perfection même. Evidemment, vous entendrez blâmer cet emploi du crin de
cheval, on vous prônera le bas de ligne en racine ; eh
bien ! laissez dire, et conservez votre crin de cheval. Entre pêcheurs expérimentés, il y a beau temps qu'on est
d'accord pour reconnaître que, *lorsqu'on peut choisir*
entre la racine anglaise et le crin de cheval, il ne faut
jamais hésiter et donner toujours la préférence au dernier. Remarquez que j'ai souligné les mots *lorsqu'on peut
choisir* ; je n'ai nullement la prétention de vous conseiller de partir en guerre avec un crin de cheval quand
vous vous attaquerez à des poissons de *poids*... nous parlons du goujon, ne l'oublions pas, du goujon qu'on pourrait enlever facilement avec un cheveu de femme. Le
crin de cheval ne s'altère jamais dans l'eau, une ligne
montée sur lui fera dix fois plus d'usage qu'une ligne
montée sur racine anglaise, qui pourrit malgré toutes
les précautions qu'on puisse prendre. Le crin de cheval
a une élasticité qui fait complètement défaut à la racine.
Enfin le crin de cheval a une transparence que ne pourra
jamais atteindre la plus fine des racines ; il est en quelque sorte complètement invisible dans l'eau. Cela est si
vrai, qu'un très habile pêcheur du Nord m'écrivait dernièrement, que, dans certains cours d'eau fort clairs de
son pays, c'est maintenant perdre son temps que vouloir
pêcher avec une racine, si fine soit-elle ; le crin de cheval seul permet d'y toucher quelques poissons.

Mais je vous préviens qu'il n'est pas facile de trouver

du bon crin de cheval, je vous préviens même que de *tous vos articles de pêche, tous sans exception*, c'est celui que vous aurez le plus de peine à dénicher. Un bon crin de cheval n'a pas de prix ; s'il était payé à sa juste valeur on s'exposerait, pour en avoir une petite provision, à se faire pourvoir d'un conseil judiciaire, comme prodigue, par des juges peu familiarisés avec notre art et nos engins.

Sur votre bas de ligne, vous pouvez placer deux hameçons. N'en placez jamais davantage, car loin d'augmenter vos chances de prises vous les diminueriez plutôt : les hameçons s'enchevêtrent, on accroche à chaque instant les herbes et les racines. Hameçons très petits, correspondant au n° 11 ou 12 des hameçons italiens, qu'on couvre entièrement avec un asticot ou un menu ver. Plombée suffisante pour maintenir la ligne à fond, très à fond, je reviendrai d'ailleurs là-dessus, car c'est un point capital. Flotte proportionnée à la plombée.

Les seules amorces que j'ai vu employer pour la pêche du goujon sont le ver de terreau, le ver de vase et l'asticot. Je n'en connais point d'autres et si on en a découvert de nouvelles, elles ne sont pas encore vulgarisées; je doute fort, d'ailleurs, qu'elles puissent jamais rivaliser avec leurs aînées.

Le ver de terreau! Dois-je vous présenter ce gentil monsieur ! Non. Il serait par trop prétentieux de ma part de vous parler, en détail, d'une amorce que vous connaissez, pour la plupart, autant et plus que moi. Deux mots seulement. Le ver de terreau se trouve en abondance dans la terre un peu grasse avoisinant les fumiers et dans le *terreau* qui est, vous le savez, un amas de végétaux et de détritus de toutes sortes, qu'une lente fermentation, provenant de la décomposition des tissus, transforme en humus fertile. Au point de vue *scientifique*, je dis peut-être là une ânerie, mais je parle *en pêcheur* à des confrères qui me comprendront... l'essentiel est qu'ils sachent où il faut aller gratter la terre pour trouver l'amorce recherchée. Ce ver est tendre, peu résistant, même après un séjour en boîte; heureusement, c'est là un inconvénient bien minime avec le goujon qui vous oblige, par ses attaques incessantes, à renouveler très souvent votre amorce.

Quant au ver de vase, si vous en voulez d'authentiques et de bons, le meilleur conseil que je puisse vous donner est celui d'en faire venir de Paris, où il fait l'objet d'un important commerce. Les professionnels, qui exercent ce commerce lucratif, ne travaillent pas que pour la capitale, ils travaillent aussi pour l'exportation et expédient en province leur précieuse marchandise, soigneusement emballée dans de la mousse, humide. C'est dans la Seine, m'assure-t-on, qu'ils trouvent le ver de vase. Ils le recherchent surtout dans le milieu du fleuve, où il serait plus abondant que sur les bords; il est enfoui dans la vase qu'on drague et qu'on fouille pour l'y découvrir. Ver très petit, très rouge. Le goujon en est friand à l'excès, même gavé de nourriture il acceptera toujours pareille amorce.

Il y a quelques années, si j'en crois un bon pêcheur, qui m'a conté la chose, les goujons de Vichy s'étaient mis en grève et boudaient obstinément contre les plus mirifiques vers de terreau et asticots qu'on leur présentait. Caprice, disaient les vieilles barbes. Mais les vieilles barbes se trompaient; la bredouille s'éternisant prenait les proportions d'une véritable calamité: nos braves confrères de Vichy, si gais d'ordinaire, devenaient moroses; déjà un sombre découragement s'emparait d'eux, quand un honorable marchand d'articles de pêche de la ville eut l'idée géniale de demander à Paris une amorce irrésistible, capable de ramener les goujons à de meilleurs sentiments. On lui envoya de la capitale un fort stock de vers de vase, qu'il distribua à sa clientèle. Aussitôt la bouderie des goujons cessa comme par enchantement — ils dévoraient les vers de vase, dont il fallut nombre de fois renouveler la provision. L'heureux marchand se fit tout d'or, et les pêcheurs, après avoir gorgé leurs familles de goujons, en vendirent de telles quantités que les pauvres baigneurs durent signifier à leurs hôtels qu'ils demanderaient leurs notes, si on leur servait des fritures plus de sept fois par semaine.

Bien certainement, le ver de vase n'existe pas que dans la Seine; on doit le rencontrer dans bon nombre de rivières, telles que la Saône et la Loire, où le fond présente, par endroits, de grands bancs de vase; il n'en est pas moins vrai, en ce qui concerne nos régions de l'Est et du Centre, que jusqu'à ces derniers temps, les Parisiens me paraissent avoir conservé le monopole de son exploitation. Pour nous encore, le ver de vase est un *article de Paris.*

Je ne vous parle pas de l'asticot; vous le connaissez tous, et puis il constitue une médiocre amorce pour le goujon. Vous ferez bien de ne l'employer que lorsqu'il vous sera impossible de vous procurer des vers de vase ou des vers de terreau.

Quand on pêche le goujon, contrairement à ce qui se fait pour les autres pêches, on n'appâte pas la place. L'observation, en effet, a permis de remarquer que, si le goujon est d'humeur sociable et se plaît dans la compagnie de ses semblables, la présence des poissons d'autres espèces que la sienne lui est désagréable et qu'il la fuit. Appâter un coup, autrement dit, y attirer de nombreux poissons, a donc pour résultat d'en éloigner le goujon. Mais, rassurez-vous bien vite, on peut attirer le goujon sur un endroit déterminé et n'y attirer que lui. A cette fin, il suffit de remuer le sable, du fond de la rivière, et de troubler l'eau; le goujon se hâtera d'accourir pour saisir les vers qu'il espère trouver en abondance dans ce sable fraîchement retourné. Cela s'appelle *pilonner.* On pilonne avec n'importe quoi, généralement cependant l'opération se fait avec un râteau. Inutile de pilonner longtemps, deux ou trois coups de râteau sur le fond de la rivière suffisent pour obtenir le résultat désiré. Quand les attaques diminuent de fréquence, on renouvelle l'opération, puis quand ces attaques s'espacent par trop, on va pilonner ailleurs.

En été, dans un endroit peu profond, certains pêcheurs simplifient le pilonnage en entrant dans l'eau pour se placer sur le lieu de pêche lui-même; là, après avoir remué le fond avec les pieds, ils pêchent au-dessous d'eux dans l'eau qu'ils ont troublée. Les professionnels pratiquent généralement ainsi.

Un bateau vous rendra de réels services pour la pêche du goujon; il vous permettra de pêcher partout où vous voudrez, de pêcher en pleine eau, où sont souvent les gros goujons; il vous délivrera surtout du voisinage de certains gêneurs du bord qui viennent se coller à vous aussitôt que vous avez pris un ou deux goujons, et jettent leur ligne sur la vôtre, sans crier gare.

Et maintenant, un dernier conseil : souvenez-vous que le goujon est un poisson du fond, qu'il se nourrit à fond et que c'est uniquement *à fond* que vous devez le pêcher. Il faut que votre amorce soit aussi près que possible du fond, qu'elle le frôle. De là la nécessité absolue de sonder la rivière à l'endroit de pêche et de placer exactement votre flotte à la hauteur voulue.

Le goujon est un de nos meilleurs poissons d'eau douce. Une friture de goujons peut figurer sur un menu de choix et les plus fins gourmets lui feront honneur, si elle a été rigoureusement conduite suivant les grands principes de l'art culinaire.

Proscrivez impitoyablement de votre table des goujons pris de la veille — pour être bons, il est indispensable qu'ils passent, en quelque sorte, de la rivière dans la poële. Videz-les, essuyez-les, saupoudrez-les d'un peu de farine et plongez-les dans la *grande friture* bien chaude. (L'huile d'olives fine constitue une excellente friture). Quand ils sont dorés et craquants, servez-les avec quelques branches de persil passées également à la poële.

Avant de les saupoudrer de farine vous pouvez les

laisser tremper dans du lait: au dire de quelques amateurs, ce bain les améliore beaucoup. Il ne faut pas
discuter des goûts; mais, selon moi, l'essentiel, pour obtenir une friture parfaite, est d'avoir des goujons très
frais et de l'huile de première qualité. Vous ne sou-
mettez pas vos poissons au régime lacté, mon vieil ami,
Baldinetti, et, cependant parmi tous nos confrères de St-
Etienne, les plus fines fourchettes, sont là pour attester
que vos fritures sont sans rivales! Chez vous, le friteur
est à la hauteur du pêcheur, ce qui est tout dire.

XI.

LE GARDON.

I. SES CARACTÈRES. LES ENGINS.

On raconte que Gros-Jean voulait en remontrer à son curé. En vous parlant du *gardon*, j'ai grand peur d'imiter Gros-Jean, car nombre d'entre vous ont pratiqué plus que moi la pêche de ce poisson et y sont passés maîtres.

J'ai du moins conscience d'avoir fait le possible pour me documenter et, grâce aux communications obligeantes et instructives de plusieurs de nos confrères, *gardonniers*, de premier mérite, j'espère que ma causerie ne sera pas dénuée d'intérêt.

J'ai pour habitude d'emprunter à l'éminent Raveret-Watel la biologie des poissons dont je parle. On ne se trompe jamais avec lui. « Dans sa forme la plus ordinaire, dit-il, le gardon a le corps ovale, comprimé latéralement, le dos élevé et d'une courbe assez régulière. La nageoire dorsale commence seulement à peu près au-dessus du milieu de l'insertion des nageoires ventrales.

« Le dos du gardon est généralement d'un vert plus ou moins foncé, avec des reflets dorés ou irisés ; une teinte gris argenté, à reflets bleuâtres, s'étend sur les côtés, et le ventre est d'un superbe blanc d'argent, qui fait valoir la coloration rouge des nageoires ventrales et anale.

« Les allures du gardon sont assez vives; il nage avec aisance et fuit lestement quand un danger le menace. Pendant la mauvaise saison, il ne quitte guère les eaux profondes où, un peu engourdi, il attend le retour des beaux jours pour regagner la surface. Vers avril commence la fraie, qui se prolonge parfois jusqu'en juin, et s'effectue non loin des rives, de préférence dans les endroits herbeux. Les œufs, petits et très nombreux, mettent une quinzaine de jours à éclore ».

Les couleurs du gardon changent beaucoup sous l'influence des milieux et suivant une loi de nature qui veut, dans un but de défense et de conservation, que chaque animal prenne la teinte générale de son habitat; il n'est jamais le même dans des eaux différentes. Vous rencontrerez des gardons très pâles, des grisâtres, des jaunâtres — certains d'entre eux, tels que ceux du Léman, ont une belle couleur verte, d'autres sont argentés.

Les pêcheurs classent les gardons en deux espèces: le gardon blanc, et le gardon rouge *ou rousse*. Toutes deux ont les mêmes habitudes, se rencontrent dans les mêmes rivières et se prennent de la même façon. Aussi, quand nous parlerons de leur pêche, nous ne ferons pas de différences; ce que nous aurons dit pour l'un sera dit pour l'autre. Voilà qui est bien entendu. Je dois cependant vous signaler deux choses: la première c'est que le gardon rouge se tient principalement dans les eaux dormantes, tandis que le blanc recherche les eaux claires et courantes; la seconde, c'est que le prétendu *gardon rouge* n'est pas un gardon mais un *rotengle*, poisson qui diffère du gardon « non seulement, remarque Raveret-Watel, par une coloration générale plus foncée, mais aussi par son dos plus élevé, son corps plus comprimé sur les côtés, son œil plus grand et d'une teinte plus brillante; enfin par la position de sa nageoire dorsale, placée plus en arrière encore que chez le gardon commun et ne commençant qu'au-dessus de la moitié postérieure des ventrales. Un autre caractère extérieur, facile à saisir, est la direction de la bouche, fendue très obliquement, de sorte que la mâchoire inférieure est très ascendante. La belle couleur des yeux, parfois d'une teinte un peu dorée, mais plus généralement d'un rouge éclatant, est l'origine du nom de Rothange (œil rouge), sous lequel ce poisson est connu en Allemagne, et d'où paraît être dérivé le nom français de Rotengle. »

Le gardon n'est pas un poisson de grande taille, rarement il dépasse trente centimètres de longueur et son poids maximum est d'une livre et demie environ.

On rencontre le gardon dans presque toutes les rivières et tous les lacs d'Europe, c'est, sans contredit, le poisson blanc le plus répandu. Il aime les eaux claires et fraîches et les fonds sablonneux, où se trouvent, par places, des paquets d'herbes aquatiques, dont il mange avec avidité les jeunes pousses et sur lesquelles il dépose ses œufs. En hiver il se retire dans les grands fonds. Vous ne verrez pas de gardon dans les rivières de montagne aux eaux très froides — ne le cherchez donc pas dans la partie haute de la Loire ; sa pêche ne devient pratique qu'à partir de Roanne, où il commence à être assez abondant. Le gardon blanc s'appelle là-bas *guiadron* et le gardon rouge ou rousse *guiadron carpé;* du reste chaque pays paraît avoir un nom spécial pour désigner le gardon — je vous fais grâce de l'énumération de ces différents noms.

On peut pêcher le gardon toute l'année, mais chaque saison comporte des amorces différentes. Rassurez-vous bien vite, le choix de ces amorces n'a rien de compliqué.

Quelques amateurs qui n'ont, j'en suis persuadé, pêché le gardon qu'en étang où il est souvent affamé et presque toujours très facile à prendre, ont fait à ce poisson une réputation de *bon enfant* qu'il ne mérite guère ; on dirait, à les entendre, qu'il suffit de l'appeler : petit, petit ! pour le voir venir s'accrocher à la ligne. Profonde erreur. En rivière, là où il est complètement libre, le gardon est, au contraire, un madré fini, un compère auquel il n'est pas commode d'en conter. Très défiant, très craintif, il fuit à la première alerte et demeure fort longtemps sans revenir. Les pêcheurs de gardon ont pu remarquer que les attaques de ce poisson cessaient brusquement aussitôt que le moindre bruit se produisait sur le bord de la rivière. A cette pêche marchez donc aussi légèrement que possible et, si l'eau est claire, dis-

simulez-vous de votre mieux ; votre réussite serait plus
que compromise si vous ne preniez pas toutes ces précautions. Ajoutez à cela que, pour tromper la défiance du
gardon, il est nécessaire d'employer des lignes d'une
extrême finesse, que la défense de ce poisson est vigou-
reuse, que sa bouche très tendre se déchire facilement
et vous serez convaincus que sa pêche est loin d'être un
jeu d'enfant. Mais n'en exagérons pas, non plus, les
difficultés — elles n'ont rien qui soit de nature à vous
effrayer — avec un peu de patience, d'observation, de légèreté de main, je vous prédis une réussite complète.

Un mot sur votre équipement ; il différera peu de celui que je vous ai indiqué pour la pêche au goujon.

Ma première recommandation est que vous choisissiez
une canne extra légère, afin d'éviter, en pure perte, un
excès de fatigue. N'oubliez pas que vous tiendrez constamment cette canne en main pendant toute la durée de
la pêche et qu'il ne vous sera jamais loisible de la piquer sur la berge, ni de la fixer sur un support, parce que
le gardon mord d'une façon irrégulière et qu'il importe
de le ferrer, souvent, au moindre mouvement de la flotte.
Une longue canne en roseau (canne de six mètres environ pour les rivières larges) à jointures pourvues de
viroles de premier choix, convient on ne peut mieux. Ne
pas exagérer la souplesse du scion, pour assurer un ferrage instantané. Cette canne sera munie d'un moulinet
— je n'ai plus besoin d'insister sur ce point, — le moulinet est indispensable pour toutes les pêches ; vous ne
rencontrerez pas un seul vrai praticien qui soit d'un avis
contraire. Et puis, en pêchant le gardon, il vous arrivera
fréquemment de prendre de gros chevennes, voire même
me de belles carpes, qui vous obligeront à rendre du fil.

Votre bas de ligne, de deux mètres environ de longueur, doit être très fin, extrêmement fin, si les eaux
sont claires. Vous le monterez sur racine anglaise ; la
florence ordinaire ne peut être employée qu'en eau un
peu trouble et encore convient-il de lui enlever son bril-

lant, en le plongeant dans une infusion de thé assez chargée. Mais le bas de ligne par excellence est en crins de
cheval — deux crins tressés dans sa partie haute, un
seul crin à l'extrémité. Ce bas de ligne est sans rival dans
les eaux claires ; j'en ai fait l'expérience et de nombreuses lettres que j'ai reçues de pêcheurs de Paris et de
ses environs, d'Amiens, de Bar-le-Duc, de Tourcoing,
etc..., etc..., me prouvent que je dis vrai. Malheureusement, comme je vous l'ai fait remarquer à maintes reprises, il est fort difficile de se procurer du bon crin de
cheval, bien rond, bien élastique et très résistant. Avec
pareil crin, pour peu que vous ayez la main légère, vous
amènerez sans peine à l'épuisette les plus gros gardons.

Votre flotte sera aussi légère que possible et vous la
proportionnerez à la plombée de telle sorte qu'elle demeure très sensible et puisse vous indiquer les plus faibles touches du poisson.

Quant à la plombée, vous en augmenterez ou diminue-
rez le poids, suivant la profondeur de l'eau et la force
des courants — çà c'est le B. A. BA du métier de pêcheur ; il va également de soi que vos hameçons varieront suivant les amorces dont vous vous servirez ; ainsi
l'hameçon que vous amorcerez avec du blé ne sera plus
le même que celui que vous amorcerez avec une sauterelle.

II. LES MODES DE PÊCHE DU GARDON

A l'ouverture de la pêche, en juin, la meilleure amorce
pour le gardon, le gardon moyen surtout, est l'*épine-vinette*. Le père Kretz, dans son édition de 1830, l'indique
déjà comme appât de premier ordre et donne, avec sa
bonhomie habituelle, le moyen de la préparer. « Mettez,
dit-il, dans un sac de peau que vous fermez hermétiquement, un tiers de vers de viande et deux tiers de son, ou
plein une calotte de chapeau de ces vers et deux calottes
de son ; laissez le tout ensemble, dans le sac, pendant dix

à douze jours, suivant que la température est plus ou moins élevée, le ver éprouvera une métamorphose et se convertira en une nymphe rouge que les pêcheurs appellent épine-vinette. »

La recette est bonne, soyez-en sûrs ; en la mettant en pratique vous obtiendrez d'excellentes amorces et vous aurez, de plus, l'intime satisfaction d'utiliser les calottes de vos vieux chapeaux, transformées ainsi en mesures de précision pour l'approvisionnement des couveuses d'asticots. L'épine-vinette n'est point autre chose que la nymphe de la mouche de viande ; elle a, par sa forme et sa couleur quelque ressemblance avec le fruit de l'épine-vinette, petit arbuste sauvage très commun dans nos campagnes ; de là son nom.

Pour pêcher à l'épine-vinette il faut choisir une eau peu courante, profonde de deux mètres environ, coulant sur un fond uni : assurez-vous toujours que ces conditions sont remplies, en examinant attentivement le coup et en le sondant sur toute son étendue, puis appâtez-le en jetant, une heure avant le commencement des hostilités, des pelotes de terre mêlée de crottin de cheval, d'épines-vinettes et de son.

Je vous ai parlé des bas de ligne que vous deviez adopter pour le gardon, en insistant sur la nécessité de les composer aussi fins que possible, surtout quand vous pêchez dans des eaux claires ; je n'y reviens pas et me contente de vous recommander, une fois de plus, l'emploi du crin de cheval, quand vous aurez le choix entre ce crin et la florence.

La pêche commencée, il est bon de jeter à l'eau, de temps à autre, de nouvelles pelotes d'appat, pour maintenir le poisson sur le coup ; le jet de ces pelotes s'espace généralement d'heure en heure.

Votre amorce sera une seule épine-vinette enfilée sur un hameçon n° 16 ou 18 (hameçon irlandais, fin d'acier tel que ceux représentés sous le n° 1104 du catalogue de la Manufacture Française.)

L'épine-vinette est fort tendre, elle se détache de l'hameçon sous la moindre traction, il s'en suit qu'on doit ferrer aux premiers frémissements de la flotte, sous peine de voir l'amorce enlevée par un gardon, qui vous échappera bel et bien. Or, pour apercevoir les plus faibles plongées de la flotte, il est nécessaire, vous le comprendrez sans peine, qu'on choisisse, quand on pêche à l'épine-vinette, un temps calme ; un vent, même léger, vous empêcherait de saisir l'instant précis du ferrage.

Cette pêche peut se pratiquer dès le mois de mai, aussitôt, dit poëtiquement le papa Kretz, que cerises et groseilles commencent à rougir ; elle dure environ deux mois, soit presque jusqu'à la fin de juillet. Pendant cette période, vous pouvez pêcher aussi à l'asticot. M. Jordain, d'Amiens, un de nos éminents confrères dont vous avez été à même d'apprécier l'expérience par la communication que je vous ai faite de ses lettres, remarque, avec raison, qu'il est difficile de se procurer de bons asticots. Ceux qu'on achète sont souvent trop petits ou vides, ou crevés, dit-il, aussi les pêcheurs convaincus les fabriquent-ils eux-mêmes et obtiennent-ils, par leurs soins, des asticots gros et gras. Pour les raffermir et les blanchir on les place pendant trois ou quatre jours dans du son bien sec, après cela vous pourrez vous en servir en toute sécurité, le poisson ne les videra pas à la première touche.

La pêche à l'asticot se pratique identiquement de la même manière que la pêche à l'épine-vinette. Même bas de ligne. Pour ces deux pêches l'amorce doit être placée à 4 ou 5 centimètres du fond. Mais, lorsque vous aurez le choix, donnez toujours la préférence à l'épine-vinette.

A partir de fin juillet et jusqu'à fin septembre, on pêche principalement le gardon au blé cuit. Je vous recommande de prendre le plus gros froment que vous trouverez ; vous lui adjoindrez une certaine quantité de chènevis, un huitième environ, et vous ferez cuire le mélange jusqu'à ce que les grains de froment deviennent mous et s'effritent facilement sous le doigt — salez légèrement ce mélange pour l'empêcher d'aigrir trop vite. Une amorce aigrie ne vaut absolument rien, elle ne peut plus même vous servir à appâter.

On pêche avec un hameçon n° 15 ou 16 qu'on amorce avec un seul grain de blé. Comme à cette pêche on prend de gros gardons, qu'on y rencontre souvent des carpes, des chevennes, des brêmes et autres poissons de poids lourd, il est prudent de renoncer à l'emploi du crin de cheval pour monter son bas de ligne, une fine racine anglaise convient mieux.

En juillet et au commencement d'août le gardon se tient près des herbes aquatiques, qui sont encore tendres et dont il mange les dernières pousses, mais, avec la canicule, ces herbes se flétrissent, pourrissent et le gardon se hâte de les quitter pour se retirer dans des eaux saines ; vous devez donc, jusque vers le milieu d'août, l'appâter et le pêcher près des herbes et, passé cette époque et jusqu'à fin de septembre, le rechercher plutôt sur les fonds propres.

Dans une eau profonde, on appâte le coup avec des pelotes de terre, mêlée de grains de blé, de chènevis et de crottin de cheval — lorsqu'au contraire on pêche sur un fond d'un mètre, un mètre et demi seulement, il est préférable d'appâter en jetant dans l'eau, de temps à autre, une poignée de blé.

Quand la chaleur est forte, la pêche n'est réellement pratique que le matin et le soir, le soir surtout, parce que, dans le milieu du jour, sous le soleil brulant, le gardon, comme tous les autres poissons, demeure blotti à l'ombre, sans nul souci de rechercher la nourriture; le soir venu, après ce jeûne de plusieurs heures, rien d'étonnant à ce qu'il soit bien disposé à prendre l'amorce.

Ferrez dès les premières touches, moins promptement cependant que lorsque vous pêchez à l'épine-vinette. Les gros gardons, que l'on prend au blé, ne saisissent pas aussi gloutonnement l'amorce que les petits et les moyens pêchés à l'épine-vinette. La prudence est l'apanage de l'âge mûr. Mais il serait téméraire de formuler une théorie précise du ferrage, en ce qui concerne le gardon, et je ne me risquerai point à le faire, pour cette excellente raison que ce poisson mord d'une façon très irrégulière, tantôt brusquement, d'un coup sec, tantôt si légèrement que vous apercevrez à peine les frémissements de la flotte. Sa manière d'attaquer l'amorce varie du jour au lendemain, parfois d'une heure à l'autre. Le diable m'emporte si je sais pourquoi! je sais seulement que les observations que vous ferez en pêchant vous seront plus utiles que mes conseils en pareille matière.

Sur les larges rivières, de nombreux amateurs pêchent au blé en bateau. Pour ma part, je n'ai jamais fait cette pêche en bateau que sur des étangs ou des lacs. Ces deux pêches diffèrent sur quelques points et, n'ayant pas l'expérience de la première, je rentre prudemment dans la coulisse et cède la parole à un vieux maître, j'ai nommé Poitevin. « Si l'on pêche en bateau, dit-il, on choisit à peu de distance du bord, un fond de deux mètres cinquante à trois mètres, avec un léger courant. Avant de commencer on fait deux boules de terre mélangée de blé, du volume de deux grosses oranges, que l'on met à l'extrémité d'une rame, qu'on placera à fleur d'eau, afin de n'avoir qu'à l'incliner pour que les boules descendent sans bruit au fond de l'eau et n'effrayent pas le poisson. On recommence toutes les heures. Pendant le temps que dure la pêche, à cinq minutes d'intervalle, et au moment de lancer sa ligne, on jette une dizaine de grains de blé dans l'eau, afin qu'ils y descendent avec l'hameçon amorcé, lequel doit être fin de corps et toujours à 4 ou 5 centimètres du fond. N'oubliez pas le moulinet parce qu'à cette pêche on prend souvent de beaux chevennes, de belles brêmes, et assez souvent des carpes d'une demi livre à un kilogramme.

« Il ne faut jamais brusquer le gardon, car il a la bouche tendre et on peut le perdre. On ne doit pas non plus chercher à le faire monter à la surface avant qu'il soit fatigué, on risquerait de le perdre encore, et, pour peu qu'il soit gros, on ne le tirera de l'eau qu'avec l'épuisette. »

Dans les lacs et dans les étangs, cette pêche au blé, en bateau, ne m'a jamais donné, je dois l'avouer, que des résultats peu satisfaisants. Faut-il en attribuer la cause à ma maladresse ? Peut-être. Cependant, d'excellents praticiens m'ont déclaré n'avoir guère mieux réussi que moi. Aussi, si vous m'en croyez, dans des eaux pareilles, pêchez avec des pâtes qui sont cent fois préalables au blé. Je vous indiquerai quelques unes de ces pâtes et vous donnerai la recette de leur préparation.

A partir de septembre et pendant tout l'hiver, le gardon mord très bien au ver de terre. Pour le pêcher avec cette amorce, vous devez monter votre ligne sur florence car, outre les gros gardons que vous prendrez, il vous arrivera fréquemment de toucher de forts poissons tels que barbeaux, brêmes, chevennes, carpes.

Hameçon n° 9 ou 10. Flotte assez grosse qui vous permette d'augmenter la plombée de la ligne, pour pêcher dans les courants ou les grands fonds d'eau.

En automne, on pêche dans les courants d'une profondeur de deux mètres environ ; en hiver, on pêche dans les grands fonds.

L'amorce doit toujours être maintenue à quatre ou cinq centimètres du fond.

Le meilleur appât pour attirer le poisson sur le coup consiste en vers de terre hachés et mêlés à de la terre, dont on forme des boules, de la grosseur d'un œuf ; boules un peu molles qui puissent se désagréger facilement et qu'on fait descendre dans l'eau avec précaution, en produisant le moins de bruit possible pour ne pas effrayer le poisson. Il est entendu que les vers qui servent à amorcer vos hameçons doivent avoir jeûné un certain temps, en boîte, pour être fermes et demeurer vivaces et frétillant même après une assez longue immersion.

En été et au commencement de l'automne, les sauterelles sont partout très abondantes. Celles qui habitent les prairies du bord de l'eau ont l'insigne bonne fortune de pouvoir contempler, à leur aise, de nombreux pêcheurs à la ligne, spectacle plein de charme, je m'empresse de le reconnaître ; malheureusement ce voisinage de la rivière présente, par contre, quelques inconvénients dont le principal est la noyade. Est-ce bien noyade qu'il faut dire ? non, car les pauvres bestioles, avant d'être noyées, sont presque toujours happées par un poisson. Les gardons ne sont pas les derniers à profiter de pareilles aubaines. En amorçant avec une sauterelle vous en prendrez certainement. A la sauterelle, on pêche le gardon à fond ou à moitié eau. Quand on pêche à fond, c'est-à-dire à cinq ou dix centimètres du fond, le bas de la ligne est plombé en proportion de la profondeur à laquelle on pêche ; quand on pêche à moitié eau, ce bas de ligne est *à peine* plombé et sa flotte consiste en un canon de plume. L'hameçon est le même pour les deux pêches ; hameçon n°10 (irlandais) *excessivement* fin d'acier sur lequel vous enfilez une sauterelle en commençant par la tête que vous amenez jusqu'au-dessus de la palette qui, par sa saillie, la maintient un peu en place. La pointe de l'hameçon doit toujours être à découvert.

Les meilleures sauterelles sont les petites sauterelles vertes ; leur corps recouvre complètement l'hameçon depuis sa palette jusqu'à sa courbure à la hauteur de la pointe, ce qui est la perfection.

M. Vincent, de Rambervillers, m'a indiqué un nouveau mode de pêche du gardon.

D'après lui, les pêcheurs des Vosges amorcent avec de petites sangsues, que l'on trouve sous les pierres, dans les ruisseaux. Cette amorce leur réussit à merveille, si bien même, qu'ils n'en emploient plus d'autres. Je n'ai pas eu l'occasion d'en faire l'essai, mais étant recommandée par M. Vincent, je la tiens pour excellente.

Une autre amorce pour le gardon, assez peu vulgarisée jusqu'à ce jour, est la mouche artificielle. Celle-là, je peux en parler par expérience, parce que je l'ai employée dans l'Ain où nous avons quelques gardons, venus assez récemment je ne sais de quelle rivière. Ils ne sont pas toujours disposés à mordre mais quand vous les voyez monter à la surface de l'eau et y faire les jolis petits ronds que vous savez, allez-y gaîment, toute la bande sur laquelle vous êtes tombé passera dans votre panier, si vous ne faites pas de bruit et si vous ne vous montrez pas.

Quelles sont les mouches préférées ? La nuance des mouches m'a paru être assez indifférente aux gardons, qui n'ont pas de préjugés à cet égard ; ils ne veulent qu'une chose c'est qu'on leur serve des mouches très petites. Peut-être n'en va-t-il plus de même dans d'autres eaux que les nôtres, à vous d'en faire l'expérience ; elle est facile.

III. Autres modes de pêche du gardon

A part le brochet et les salmonidés, tous les poissons recherchent avec avidité le pain de chènevis — le gardon ne fait point exception, il se montre même on ne peut plus friand de cette amorce. Aussi la pêche du gardon au pain de chènevis est-elle partout très pratiquée. Nos confrères de la Meuse et de la Somme en paraissent particulièrement fanatiques, si j'en crois la correspondance que plusieurs d'entr'eux ont bien voulu échanger avec moi.

Cette pêche est facile aujourd'hui. Il n'en a pas toujours été de même et plus d'un, parmi nous, a dû pâlir de rage alors qu'il s'escrimait, en pure perte, à vouloir fixer du pain de chènevis sur son hameçon. Il y avait à cela une difficulté presque insurmontable ; ou l'hameçon brisait le pain de chènevis en y pénétrant, ou il s'arrêtait sur un corps dur, qui l'empêchait de s'engager suffisamment ; bref, pour une raison ou pour une autre, on n'arrivait jamais à l'amorcer comme il convient.

Comment sortir de cet embarras ? Il fallait créer la noquette, c'est ce qu'on fit. L'ingénieux confrère qui l'a inventée nous a rendu, convenez-en, un fier service. La noquette ! Mais c'est une petite chose merveilleuse, si merveilleuse même que les poissons les plus défiants l'acceptent sans hésitation, quoiqu'elle leur soit présentée grossièrement suspendue à un hameçon que rien ne dissimule. En face du pain de chènevis, le poisson, paraît-il, est comme affolé de gourmandise. Il perd toute prudence. Ce fait, pour être extraordinaire, est cependant certain, nous l'avons maintes fois constaté en pêchant à la noquette.

A mon avis, il faut employer, pour la pêche du gardon, de très petites noquettes. Ne dépassez pas le numéro 3.

Bien qu'on nous tienne, à juste raison, pour des gens prévoyants, il peut se faire que nous ne soyons pas toujours pourvus de noquettes ; vienne l'occasion d'une agréable partie de pêche, et nous voilà fort embarrassés si nous tenons absolument à pêcher au pain de chènevis. Ne vous laissez pas décourager par cette apparente mauvaise fortune ; il y a moyen de la conjurer et ce moyen, je vous l'ai déjà indiqué, grâce aux conseils pratiques de notre éminent confrère, M. Ponsard. Vous pouvez, le cas échéant, fabriquer vous-mêmes vos noquettes. Le moyen est des plus simples. Choisissant un morceau de pain de chènevis bien frais, ce qui se voit à sa teinte sombre, on le rompt en petits fragments et on l'effrite entre ses doigts jusqu'à ce qu'on rencontre une parcelle dure de la taille d'une grosse lentille. S'aidant alors d'un canif, on donne à cette parcelle une forme rectangulaire et on l'entoure d'un fil noir se croisant à angle droit, puis on passe ensuite purement et simplement son hameçon (n° 11 ou 12) entre le fil et le chènevis. M. Ponsard prend avec cette amorce des quantités *considérables* de gardons. Je souligne intentionnellement l'adjectif considérable parce qu'il n'a rien d'exagéré, je le sais de bonne source.

Il convient d'appâter le coup — pour cela vous n'avez qu'à y jeter, de temps à autre, quelques petites boulettes de terre, mêlées de son et de pain de chènevis. Jetez-les avec précaution en évitant, le plus possible, de faire du bruit.

Passons maintenant aux pâtes préparées. Elles constituent, elles aussi, d'excellentes amorces, seulement, je vous en préviens, vous serez très embarrassés quand il faudra choisir, parce qu'on vous en offrira de toutes sortes. Peut-être ai-je tort de dire qu'on vous en *offrira*. Généralement les heureux détenteurs d'une bonne pâte ne s'en montrent pas autrement prodigues et j'estime qu'on ne leur procure qu'un plaisir très relatif en faisant appel à leur générosité. Beaucoup d'entr'eux se contenteront de vous remettre une mince provision de leur amorce et se refuseront obstinément à vous en livrer la composition. D'autres vous emmèneront dans un endroit écarté, s'assureront qu'aucun indiscret ne peut surprendre votre conversation et ne se décideront à vous donner leur recette qu'en vous parlant tout bas à l'oreille et en roulant des yeux de conspirateurs ; les plus malins ne manqueront pas de vous faire solennellement jurer que vous la garderez pour vous seuls et ne la divulguerez jamais.

Soyons indulgents. Nous avons tous nos petites rengaînes. Ainsi je m'en connais plusieurs d'assez coquettes — pour n'en citer qu'une, je vous avoue que je suis littéralement navré, lorsqu'à mon départ pour la pêche ou pour la chasse, quelqu'un me souhaite bonne chance. Jamais vous ne me sortirez de l'idée que je suis condamné, ce jour là, à une guigne carabinée.

Voici différentes espèces de pâtes indiquées par d'habiles praticiens; je vous les recommande à mon tour en toute confiance.

M. Plateau, de Tourcoing, pêche avec une pâte composée de mie de pain, de pommes de terre cuites et de beurre.

M. Jourdain, d'Amiens, m'écrit: « La meilleure esche pour le gardon est, sans contredit, la pâte. On en fait de mille sortes, mais toutes ont la farine pour base. Certains font un mélange de farine, de pommes de terre cuites, de sucre et d'œufs — ce mélange donne d'excellents résultats; d'autres font simplement un mélange de farine et d'eau. Celle dont je me sers habituellement ne me revient qu'à vingt centimes, elle sera la préférée des pêcheurs dont le budget n'est pas très élevé. Achetez, deux ou trois jours avant votre pêche, pour dix centimes de safran, versez dessus un verre d'eau bouillante, couvrez et laissez infuser pendant 48 heures. La veille de votre pêche mélangez de la farine à votre infusion de safran et remuez le tout jusqu'à ce que vous obteniez une pâte un peu consistante, qui puisse bien tenir à l'hameçon. J'ai obtenu, avec cette pâte, de merveilleux résultats, alors que d'autres confrères, qui n'en étaient point pourvus, ne faisaient rien, absolument rien. Aussi je la recommande tout particulièrement. Ne faites pas de grosses boulettes et employez des hameçons 16 ou 18. Avec la pâte il faut ferrer à la première plongée de la flotte ».

Le papa Kretz, dans un langage un peu archaïque, qui fera sourire les jeunes, mais qui n'en sera pas moins écouté des bons praticiens, donne aussi des formules de pâtes: « Prenez, dit-il un morceau de mie de pain le jour d'après sa cuisson, à peu près de la grosseur d'une pomme, trempez-le légèrement dans l'eau, que vous ferez sur-le-champ sortir autant que possible, puis placez-le dans votre main gauche et pétrissez-le avec votre main droite jusqu'à ce qu'il soit assez dur au toucher et gluant. Pour donner à cette pâte la consistance voulue il faudra qu'elle soit pétrie au moins pendant un quart d'heure. Cette pâte est précieuse en ce qu'elle est facile à faire au moment de s'en servir; en effet, il vaut mieux la faire sur le lieu, surtout si vous pêchez à quelque distance de chez vous, car elle peut devenir aigre quand elle est faite depuis quelque temps; elle est encore précieuse en ce qu'elle facilite les moyens de piquer les poissons quand ils mordent, car elle reste, si elle est bien faite, jusqu'à ce que vous ayez piqué et puis tombe en morceaux et, par conséquent, votre hameçon ne trouve aucun empêchement à s'accrocher au poisson.

« Pour pêcher dans l s courants et les eaux rapides, les pêcheurs préfèrent généralement la pâte faite d'un morceau de mie de pain nouvellement cuit, mêlé à un peu de pain dur, le tout pétri ensemble pendant quelques minutes jusqu'à ce qu'elle ait la consistance désirée. Pour colorer, si on le veut, la pâte, il faut prendre un peu de vermillon ou d'ocre rouge; une bien petite quantité suffira pour lui donner une couleur œillet foncé; il en faut davantage pour lui donner la couleur carotte. La couleur œillet foncé est la meilleure ». Des goûts et des couleurs ne discutons pas... à vous de choisir.

En ce qui me concerne, je déclare que je n'ai jamais employé qu'une seule espèce de pâte et les résultats qu'elle m'a donnés, dans le lac des Hôpitaux et ailleurs, m'ont empêché d'en rechercher d'autres. Si vous voulez l'essayer, ce que je vous conseille, opérez de manière suivante : Mettez dans une petite casserole, placée sur un feu vif, quatre morceaux de sucre de taille ordinaire, humectez-les d'un peu d'eau pour les empêcher de *caraméler*, ajoutez-y une forte cuillerée de farine, un jaune d'œuf et gros comme une noix de beurre — remuez vigoureusement le mélange jusqu'à ce qu'il ait pris une certaine consistance, retirez-le du feu et broyez-le dans votre main pour l'agglomérer complètement et le raffermir de manière à ce qu'il tienne bien sur l'hameçon.

La recette de cette savante pâte m'a été livrée par dame Victoire, cordon bleu chevronné de mes excel-

lents amis D..., les propriétaires du lac des Hôpitaux.
Dans sa longue existence, cette fine cuisinière en a certainement préparé des quintaux, et tous ceux qui, comme moi, l'ont employée, en ont été satisfaits.

Cette pâte aigrit vite. N'en préparez jamais de grosses provisions; contentez-vous de la provision pour
jour de pêche.

J'appâtais mon coup en jetant simplement sur l'eau,
quelques minutes avant la pêche, une poignée de son;
cela fait, je plaçais sur mon hameçon 15, 16 ou 17 irlandais, une boulette de pâte grosse comme un noyau de cerise et je laissais, sans aucun bruit, descendre ma ligne
dans l'eau. Rarement elle s'y enfonçait jusqu'à la flotte, presque toujours un gardon l'avait saisie avant sa
descente complète. Quelles pêches, mes seigneurs!

Il est vrai que mon lac, le lac des Hôpitaux, propriété réservée, est très poissonneux, trop poissonneux pour
les raffinés. De gros brochets viennent assez souvent
mettre en fuite les gardons — ils attaquent même les
poissons que vous *amenez* et j'ai vu nombre de fois,
mes gardons dûment ferrés, emportés avec mes bas de
lignes par ces dévorants. Je n'en étais pas autrement con-
tristé. La brusque apparition des *requins d'eau douce*
donnait de l'imprévu à une pêche qui aurait pu devenir monotone par sa réussite trop soutenue.

Quoiqu'on puisse pêcher le gardon à la pâte pendant
toute l'année, je conseille de réserver plutôt cette amorce pour l'arrière-saison et l'hiver.

Recherchez de préférence les temps calmes, qui vous
permettront de suivre tous les mouvements de la flotte,
même les plus légers. Le vent est mauvais; avec lui vous
ferrerez rarement au moment voulu. Et surtout et toujours, pêchez fin et sans bruit.

Vous avez vu, comme M. Jourdain vous l'a fait judicieusement remarquer, que les pâtes à gardon ont généralement la farine pour base — l'expérience a démon-

tré la supériorité de ces pâtes et vous devez, sans hésitation, les préférer à toutes autres.

Doit-on les aromatiser? Les avis sont partagés. J'estime, pour ma part, que les substances qu'elles renferment ont suffisamment d'odeur par elles-mêmes pour attirer le poisson et je ne fais d'exception que pour la pâte au safran, dont j'ai parlé plus haut. Mais je me hâte d'ajouter que je sais trop combien les goûts des poissons diffèrent suivant les rivières pour ne pas vous recommander de faire des essais, de parfumer, au besoin, vos pâtes avec un brin d'anis, de musc, de safran ou de coriandre. Vos observations personnelles vous serviront plus, en l'état, que mes conseils.

XII.

LA BRÈME.

I. Ses régions et ses espèces.

> *Là-bas, là-bas, jusqu'au bout de la terre,*
> *Là-bas, là-bas, tout près du Luxembourg*

Eh bien! je suis encore plus loin que ça; me voilà au
Mont-Dore, où je respire à pleins poumons, les douces
senteurs qu'exhalent les sapins, les fleurs de la montagne
et les gilets de flanelle! Je bois de l'eau chaude; j'en
absorbe même à profusion sous des formes aussi variées
qu'agréables: douches, gargarismes, bains, inhalations...
Dieu, quel déluge! Gardez-vous cependant de vous api-
toyer sur mon sort! Si je vous parle de ma *saison*, ce
n'est point pour exciter votre commisération — mon but
est tout autre; je veux simplement donner aux nombreux confrères dont les bronches, comme les miennes,
ont été mises à mal par des imprudences de pêche, le
sage conseil de venir les fortifier ici. Malgré l'asthme, la
bronchite chronique, l'emphysème, malgré l'âge, les eaux
du Mont-Dore me permettent encore de tremper du fil
dans la rivière. En proclamant bien haut pareil résultat
de ces eaux réparatrices, j'acquitte envers elles, une det-
te de reconnaissance et j'ai, de plus, conscience de rendre
service aux pêcheurs qui souffrent des mêmes maux que
moi. Et puis, les lacs Guéry, Chambon, Pavin, les rivières, la Dordogne, la Sioule, la Clidane, où la truite est
assez abondante, fournissent aux fervents de gaule le
moyen de s'entretenir la main. La truite! ah! combien
ce sujet me tente! que j'aime à en parler. Je n'ai pas dit
la centième partie de ce que j'avais à en dire; ainsi mes

causeries sur la mouche artificielle n'ont été jusqu'à présent que des ébauches, qu'il me reste à compléter; mais, terminons l'étude des divers poissons de la Loire et occupons-nous aujourd'hui de la brême.

La pêche de la brême compte, parmi nos confrères, une véritable légion d'adeptes ardents et convaincus, à en juger par les lettres de nombreux correspondants tous fort empressés de voir mes causeries traiter un sujet qu'ils me reprochent d'avoir trop longtemps négligé. En vérité, leur impatience s'explique — ils veulent que leur sport soit classé comme il le mérite, parmi ceux qui nécessitent assez d'observation et d'habileté pour stimuler l'ardeur des pêcheurs dédaigneux des proies faciles. Notez que la gourmandise n'entre pas ici en ligne de compte, car la brême ne saurait passer pour un morceau de choix. On peut la farcir, garnir ses vastes flancs d'un tas de bonnes choses, je le sais; on peut, avec des sauces relevées, masquer le manque de saveur de sa chair; toujours est-il que les gourmets la proscriront généralement de leurs menus, parce que cette chair, bien juste passable chez les brêmes vivant sur des fonds marneux, est carrément mauvaise chez celles vivant sur des fonds vaseux. J'ai lu, dans un vieux grimoire latin de la Chartreuse de Porte, que les pères chartreux réservaient les brêmes de leurs lacs du Bugey pour les grands jours de pénitence.

La forme de la brême permet, à première vue, de la distinguer facilement des autres poissons. « On reconnaît immédiatement une brême, dit Raveret-Watel, à son corps ovale très comprimé latéralement, à son dos élevé, à sa nageoire anale très longue ; de plus, la nageoire dorsale, assez courte, est coupée en biseau d'avant en arrière; la nageoire caudale, profondément échancrée, a son extrémité inférieure sensiblement plus longue que l'extrémité supérieure.

« La brême, qui atteint parfois, un poids de trois kilogrammes et plus, a le dos brunâtre, ou d'un brun ver-

dâtre; les flancs gris bleuâtre ou jaunâtre, le tout finement pointillé de noir. Le ventre est argenté. Cette espèce se trouve dans la plupart des cours d'eau, lacs et
étangs d'Europe. Très répandue en France, elle se montre commune surtout dans nos régions du Centre, du
Nord et de l'Est; mais elle ne parait exister ni en Savoie
ni dans les Alpes-Maritimes. On ne la trouve pas non
plus dans le lac Léman. Elle recherche les eaux calmes
à fond glaiseux, garni de végétation, où elle trouve la
nourriture qui lui convient. Bien qu'elle fasse une assez
grande consommation de plantes aquatiques, elle recherche, en même temps, les vers, les petits mollusques,
les larves de différents insectes. Ce poisson vit généralement en bandes nombreuses, presque toujours précédées
dans leurs mouvements par un individu isolé, plus fort
que les autres qui sert de guide à toute la troupe.

La ponte a lieu le plus généralement en mai; toutefois, l'époque varie suivant les régions et la température. Les brêmes, qui se réunissent toujours en très
grand nombre pour frayer, s'agitent alors beaucoup,
vont, viennent, bondissent, font bruyamment clapoter
l'eau et ces folles évolutions qui commencent surtout
après la chute du jour pour se prolonger pendant de
longues heures s'entendent parfois de très loin dans le
calme de la nuit.

Les œufs petits, bleuâtres ou rosés sont déposés par
paquets sur les herbes voisines des rives. Ils sont nombreux; Bloch en a compté jusqu'à 137.000 sur une femelle de six livres. L'éclosion a lieu au bout d'une dizaine de jours. »

A côté de cette brême que nous appellerons avec le
plus grand nombre des pêcheurs, la brême *commune*,
il en existe une autre, la brême *bordelière*. Est-elle ainsi
dénommée, comme certains le soutiennent, à cause de
son habitude de vivre près des *bords?* « Non, il y aurait là, selon Raveret-Watel, une erreur d'observation,
car les habitudes de cette sepèce ne sont pas plus séden-

taires que celles des autres cyprinidés en général et de la brême commune en particulier, dont elle a les mœurs et les allures.

La brême bordelière ressemble beaucoup à une brême ordinaire, jeune et encore de petite taille. On peut néanmoins la distinguer assez aisément à première vue, car elle a la tête relativement plus petite, l'œil moins grand, par rapport à la longueur de la tête, et la nageoire caudale plus courte. Verdâtre sur le dos, argentée sur les flancs et sous le ventre, avec les nageoires inférieures rougeâtres surtout au printemps, la brême est un assez joli poisson, répandu dans les mêmes contrées que l'espèce ordinaire, recherchant les mêmes eaux et vivant de la même façon, mais ayant peut-être un goût plus prononcé pour la nourriture animale, car on lui reproche de s'attaquer assez volontiers au frai des autres poissons.

La brême bordelière vit, comme la brême commune, en troupes nombreuses; elle lui est très inférieure en taille, elle lui est aussi inférieure comme finesse de chair ce qui est beaucoup dire.

Dans les eaux où les brêmes, les gardons et les rotengles ou rousses se trouvent réunis, vous avez sans doute remarqué qu'on rencontre des poissons à formes étranges, tenant, tantôt de la brême, tantôt de la rousse, tantôt du rotengle, sans présenter toutefois les caractères distinctifs de chacune de ces espèces.

Je n'ai pas eu occasion de signaler le fait à des naturalistes pour m'éclairer aux lumières de la science. Qu'importe! Ma conviction est que ces singuliers poissons, ces brêmes ressemblant à des rousses, ces rotengles ressemblant à des brêmes, ne sont que des *mulets*, c'est-à-dire des produits hybrides provenant du croisement de sujets d'espèces différentes. Tous les pêcheurs que j'ai consultés à ce sujet sont de mon avis; si je me trompe, je suis donc en nombreuse et bonne compagnie.

Remarquez, en effet, que brêmes, rousses ou rotengles,

gardons, frayent à la même époque et généralement
dans les mêmes eaux, remarquez que la gent aquatique
ne saurait être plus vertueuse que la gent humaine; que
dès lors, certains de ses individus poussés par le petit
dieu malin, peuvent très bien, comme nous le faisons
nous-mêmes, braconner parfois chez le voisin. De ce braconnage naissent les êtres bizarres dont je parle. Ces
hybrides se reproduisent-ils? Je ne le crois pas. Dans
ma petite *jugeote* ils doivent être logés à la même enseigne que les mulets.

La brême est un poisson assez difficile à pêcher. Il
a du poids, de la surface, de l'énergie dans la défense;
il est, de plus, très défiant. Le bruit le plus léger le met
en fuite et, comme il voyage en bandes, la moindre im-
prudence de votre part peut l'éloigner *du coup* pendant
de longues heures.

Ecoutez ce qu'en dit Kretz:.

« Ce poisson redoute singulièrement le bruit, il se précipite au fond, dès qu'il entend la moindre chose. Block
assure qu'en Suède on a remarqué que le son d'une clo-
che suffisait pour faire déserter des bandes de brêmes;
aussi dans les villages situés sur le bord des lacs, et dont
les habitants sont en partie pêcheurs, on s'abstient de
sonner les cloches pendant le temps du frai, même les
jours de fête, et quand on les pêche à la senne on les fait
fuir en jouant du tambour ».

Pauvre papa Kretz! Vos observations paraissent quelquefois un peu enfantines, mais elles cachent toujours un
grand fond de vérité! Vous êtes un vieux maître, que je
salue avec déférence et j'ai plaisir à vous nommer, à
vous citer, tandis que d'autres démarquent votre lin-
ge sans vergogne, vous pillent à journée faite, parce
qu'ils savent que vous n'êtes plus là pour crier au voleur! Ce sont des geais qui se parent des plumes du
paon.

II. Les divers modes de pêche de la brême.

On pêche presque toujours la brême en pêchant d'autres espèces; je ne connais pas un seul pêcheur s'adonnant exclusivement à la pêche de ce poisson. La brême mord aux mêmes amorces que les gardons, les carpes, les tanches, les chevennes, et c'est en pêchant ces divers poissons qu'on la prend généralement.

De cela, il résulte que votre équipement n'a rien de spécial, quand il s'agit de la brême. Vous tiendrez simplement à ce qu'il soit assez solide pour résister aux vives défenses de poissons de grande taille, tels que carpes et chevennes. Veillez aussi à ce que vos bas de ligne soient très fins et se voient le moins possible, car chevennes, carpes et brêmes, passent à juste titre, pour prudents et rusés — tout ce monde-là vous faussera compagnie à la moindre alerte, s'il soupçonne le moindre danger, il disparaîtra et ne reviendra pas de sitôt sur votre coup. N'employez pas le crin de florence, montez vos bas de lignes ou tout au moins, leurs dernières *avancées*, sur racine anglaise. On met souvent deux hameçons — le deuxième est placé à 5 ou 7 centimètres au-dessus du premier. Avoir soin de proportionner sa plombée à la profondeur de l'eau, à son courant. Flotte très sensible.

En eau calme, on pêche souvent avec deux cannes posées sur la rive ou maintenues par des supports. Ces deux cannes doivent toujours être placées, l'une et l'autre, à portée de votre main, afin d'assurer le ferrage au moment voulu. Si vous êtes resté à une certaine distance de ces cannes, vous courez grand risque de faire quelque fausse manœuvre, pour vous rapprocher d'elles lorsque vous apercevrez une touche du poisson; en pareille circonstance, on agit presque toujours avec un peu de précipitation, les mouvements ne sont pas réfléchis: on ne fait guère que de la mauvaise besogne.

Bien entendu, l'épuisette est indispensable ; il faut la choisir large et profonde.

La brême, nous l'avons vu, recherche particulièrement les coins de rivière profonds, bordés de roseaux ou de plantes aquatiques, où le courant est presque nul; s'il se trouve des embouchures d'égoûts et des déversoirs d'eaux chargées de matières animales et végétales en décomposition à proximité de ces coins, votre réussite n'en sera que mieux assurée.

Sondez le coup, avant de monter vos lignes et prenez fort exactement le fond, car il importe de pêcher très près du fond (3 ou 4 centimètres à peine au-dessus) ou sur ce fond lui-même. Un excellent confrère de l'Indre, dont je regrette de vous taire le nom, mais que je peux vous donner comme un très habile pêcheur, recommande sur ce dernier mode de pêche, la pêche sur le fond; « Je laisse, m'écrit-il, traîner ma ligne sur le fond; ma florence, ainsi placée, est moins visible qu'entre deux eaux; puis la brême aime à chercher là sa nourriture, habituée qu'elle est à y glaner l'appât que j'ai jeté ».

Je vous conseille de pêcher un peu loin du bord ; la brême se tient de préférence en pleine eau.

D'une manière générale, on peut dire que cette pêche commence au printemps, en juin principalement, pour finir avec l'automne. Rien ou presque rien à faire en hiver. En été, quand la chaleur est forte, la brême mord mal dans le milieu du jour, à moins qu'un léger vent ne s'élève ou qu'il ne tombe quelques gouttes de pluie.

En juin, je considère le petit ver rouge comme une amorce de premier choix. Il faut prendre des vers de terreau ou de fumier, annelés rouge et jaune. On appâte le coup avec des vers coupés en fins morceaux, mêlés à de la terre un peu grasse, pour qu'elle ne se désagrège pas trop vite. Appâter quelques jours à l'avance est une sage précaution.

La queue du ver placé sur l'hameçon doit dépasser sa pointe ; ses mouvements éveillent l'attention du poisson et l'incitent à mordre. Les hameçons les meilleurs sont ceux des numéros 7 ou 8.

En juillet, août, septembre et octobre, on pêche généralement avec du blé cuit aromatisé de chènevis, qu'on fait bouillir en même temps. Pêchez avec des hameçons nᵒˢ 10, 11 ou 12. Les bons praticiens ne mettent qu'un seul grain de blé sur leur hameçon.

A la même époque, on pêche aussi la brème à l'asticot. Hameçons nᵒˢ 11 ou 12.

Vous appâtez, en jetant à l'eau des boulettes de terre, mêlées de grains de blé cuit ou d'asticots. Un autre très bon appât, préconisé par le maître dont je vous ai parlé plus haut, est le suivant : Faites bouillir des pommes de terre avec de l'avoine et un peu de blé, une fois le tout bien cuit et refroidi, pétrissez-le avec de la farine d'orge ou de seigle moulue peu fin, et composez avec ce mélange des boulettes de la grosseur d'un œuf de poule. On jette sept ou huit de ces boulettes sur son coup, avant la pêche. En jeter ainsi à l'avance, pendant deux ou trois jours, et le jour même de la pêche, pour habituer le poisson à venir chercher sa nourriture à une place déterminée, est le comble de la prévoyance. Jamais vous n'aurez à vous repentir d'avoir autant *semé*, la récolte vous dédommagera amplement.

Point de bruit de pied ; défiez-vous de parler haut ; défiez-vous de votre ombre elle-même, car elle suffira parfois à mettre en fuite un poisson aussi craintif et aussi prudent que la brème.

La brème mord d'une façon assez irrégulière, quoique j'aie entendu soutenir le contraire. Tantôt elle prend brusquement l'amorce, tantôt elle la saisit lentement, après plusieurs touches d'essai. Il est à remarquer que les grosses brêmes ont l'attaque plus légère que les petites et les moyennes. Ne vous pressez pas pour ferrer ; attendez que votre flotte vous indique nettement que l'amorce est engloutie et que le poisson s'enfuit en l'emportant dans sa gueule.

La brême se défend assez énergiquement, elle cherche
à se maintenir à fond, elle pique à droite, à gauche, de
tous côtés. Ne la brusquez jamais: si elle est grosse, lais-
sez-la se débattre et se fatiguer à fond et ne l'amenez,
doucement à l'épuisette, qu'après vous êtes assuré que
ses défenses sont finies. En l'amenant, tenez-vous toujours prêt à lui rendre du fil au cas où elle tenterait un
suprême effort.

Plusieurs pêcheurs de brêmes m'ont affirmé avoir pris
bon nombre de ces poissons à leurs cordées d'anguilles
tendues pendant la nuit. Je tiens la chose pour certaine,
ayant pleine et entière confiance dans les confrères dont
je parle.

XIII.

LA TANCHE

Caractères. Modes de pêche.

Elle est peu commune dans la Loire et encore ne l'y rencontre-t-on qu'à partir de Roanne et dans certains endroits seulement ; plus haut, les eaux du fleuve sont trop courantes et trop fraîches pour convenir à ce poisson, qui recherche les fonds vaseux et tranquilles, semblables à ceux de nos étangs, où il se développe à merveille.

La tanche a, dans son ensemble, quelque ressemblance avec la carpe ,mais elle en diffère complètement par la forme de ses écailles et par la coloration de sa livrée. Cette coloration est plus ou moins foncée, suivant les eaux, elle varie du vert assez clair au vert sombre, presque noir ; des reflets métalliques lui donnent beaucoup d'éclat ; on la dirait saupoudrée d'or. L'écaille est minuscule et couverte d'une sorte de mucosité très transparente. Bien que je sois un vieux dur-à-cuire, aux nerfs peu délicats, surtout quand je me trouve en action de pêche, j'avoue que le contact de cette mucosité m'est souverainement désagréable; je serais presque tenté de prendre des gants et de jouer au petit-maître chaque fois qu'il s'agit de décrocher une tanche de mon hameçon. La tanche a la tête grosse, la bouche largement fendue et munie, de chaque côté de la commissure des lèvres, d'un court barbillon. L'œil est petit, la prunelle est noire et l'iris d'un jaune d'or. Les nageoires sont fortes, à teinte un peu violacée.

« La tanche, dit Raveret-Wattel, recherche les eaux tranquilles et même stagnantes. Les étangs lui conviennent mieux que les rivières, où elle se cantonne dans les endroits les plus calmes, sur les fonds de vase, très garnis d'herbes et de joncs. Elle se contente des eaux les plus vaseuses, impropres à tous les autres poissons, mais elle n'en prospère pas moins très bien dans les eaux claires, où elle est toujours de bien meilleure qualité. C'est au fond de l'eau qu'elle se tient presque toujours, sauf pendant l'été et particulièrement à l'époque de la reproduction, où elle vient à la surface, chercher, pour déposer son frai, les endroits les plus ensoleillés. Quoique couverte d'une peau épaisse et d'un mucus abondant, elle paraît assez sensible au froid, car en hiver, elle s'enfonce dans la vase et y reste engourdie jusqu'au printemps. Elle a la vie extrêmement tenace et ne paraît guère le céder à l'anguille sous ce rapport. On en voit souvent passer une journée entière hors de l'eau sans périr.

La tanche se nourrit de débris végétaux, d'insectes, de vers qu'elle trouve en fouillant dans la vase, dont elle rejette toutes les parties terreuses pour n'avaler que les matières organiques.

Elle effectue sa ponte quelquefois dès la fin de Mai, quand la température est chaude, mais plus généralement en Juin ou au commencement de Juillet, et elle fixe aux herbes qui croissent près des rives ses œufs verdâtres, très petits et forts nombreux. » Block en aurait compté, dans une femelle de près de quatre livres, environ 297.000 — mais-Block voit souvent avec des lunettes grossissantes. N'importe, nous savons que la tanche est très prolifique et cela nous suffit.

Le poids maximum de la tanche est de trois kilos; les sujets qui le dépassent sont infiniment rares.

Sa chair est, à mon humble avis, meilleure que celle de la brême, elle est plus compacte, plus savoureuse, surtout quand on a eu la précaution de faire dégorger ce poisson dans une eau pure, où il perd assez rapidement son goût de limon et de vase. Mais je n'insiste pas sur ce point, car il ne faut pas discuter en matière de goût ; une aimable lettre que j'ai reçue de la Savoie me fait tenir prudemment en garde contre mes appréciations personnelles sur ce sujet délicat. Mon spirituel correspondant proteste; à son dire, un filet de brême, bien accomodé, serait un mets fort appréciable. Je ne demande qu'à m'instruire.

Poitevin observe, avec raison, qu'à moins que ce ne soit dans un étang où il n'y a que de la tanche, on fait peu la pêche exclusive de ce poisson, qu'on ne prend, pour ainsi dire, qu'accidentellement en pêchant d'autres espèces. J'ai déjà fait pareille remarque en parlant de la brême. Brême et tanche sont deux poissons *d'occasion* ; aussi pour leur pêche, sans indiquer un outillage spécial, je recommanderai simplement de veiller à la solidité de vos cannes, de vos bannières et à la finesse de vos bas de ligne ; la tanche est, ne l'oubliez pas, très défiante ; souvent ses défenses sont fort vives. L'épuisette est de rigueur.

La tanche se pêche depuis le mois d'Avril jusqu'à la fin d'octobre. Il faut la chercher, nous le savons, sur les fonds vaseux, garnis d'herbes aquatiques. Ces sortes de fonds lui plaisent parce qu'elle y trouve la nourriture de son choix, qu'elle peut facilement s'y enfouir à l'approche d'un danger, d'un ennemi quelconque et, enfin, parce qu'elle s'y blottit pour se préserver des froids de l'hiver. Très sédentaire, la tanche ne s'éloigne jamais des lieux qu'elle habite.

La tanche paraît mieux mordre le matin et le soir qu'au milieu du jour ; en été, cependant, au moment des très fortes chaleurs, on peut la prendre toute la journée, si le temps est pluvieux.

La tanche est essentiellement un poisson de fond ; c'est sur le fond lui-même qu'on devra la pêcher ou très près du fond, jamais votre amorce n'en sera distante de plus de quatre à cinq centimètres. Exception est faite à cette règle pendant les journées orageuses de l'été, parce que les tanches quittent alors le fond pour monter à moitié eau et même à la surface.

La tanche mord à toutes les amorces qu'on emploie pour la carpe; vous pouvez donc la pêcher aux farineux et à la pâte préparée. Kretz donne la recette d'une de ces pâtes, très facile à confectionner. On prend de la mie de pain frais, on la trempe dans un peu de miel et on la pétrit dans la main jusqu'à ce qu'on obtienne assez de consistance du mélange pour qu'il adhère bien à l'hameçon. L'emploi d'un hameçon triple me paraît indiqué pour pareille pêche, qu'on devra principalement pratiquer au cours des mois de Juillet et d'Août. Mais, ne vous y trompez pas, de l'avis unanime des pêcheurs, la meilleure amorce pour la tanche sera *toujours le ver de terreau*, qu'on aura fait jeûner suffisamment en boîte, pour qu'il demeure ferme et frétillant. Montez votre bas de ligne en fine florence, plombez-le légèrement, juste assez pour qu'il se maintienne bien à fond, proportionnez votre flotte à la plombée et pêchez avec un hameçon n° 7 ou 8.

On peut amorcer aussi avec des asticots, *à défaut* de ver de terreau, je dis: à défaut parce que, je vous le répète, rien ne vaut le ver de terreau, dont la tanche est tout particulièrement friande.

Avant la pêche, jetez sur votre coup quelques boulettes de terre, mêlée de vers coupés en morceaux — cet appât attirera le poisson et le retiendra à l'endroit que vous aurez choisi.

L'attaque de la tanche est toute spéciale, c'est pourquoi, à de rares exceptions près, vous saurez de suite, aux premiers mouvements de votre flotte, si c'est à une tanche que vous avez affaire. Quand vous verrez votre flotte, après de légers tremblements, aller et venir doucement à la surface de l'eau, soyez sûrs que c'est une tanche qui mord. Ne vous pressez pas pour ferrer, l'amorce ne risque pas d'être lâchée, la tanche ne l'abandonnera point ; attendez que la flotte ait cessé *d'hésiter*, qu'elle ait pris une direction régulière et soutenue — vite alors le coup de poignet réglementaire et la tanche est à vous si vous savez maîtriser vos nerfs, si vous ne la brusquez pas et si vous ne l'amenez doucement à l'épuisette qu'après vous être bien assurés que ses défenses sont finies. Peu de poissons vous donnent aussi peu de mécomptes que les tanches, j'affirme que je n'en ai, pour ainsi dire, jamais raté.

Quand vous pêchez au milieu des herbes, dans des endroits où votre ligne a tout juste l'espace nécessaire pour descendre à fond, il va sans dire que vous ne devez pas attendre d'autant avant de ferrer, car la tanche pourrait vous engager dans ces herbes — ferrez donc plus rapidement — vous manquerez, de la sorte, quelques poissons, mais vous n'avez pas le choix, c'est à prendre ou à laisser et en agissant autrement vous avez neuf chances sur dix de laisser votre bas de ligne dans les herbes et les racines. Il est bien entendu, n'est-ce pas, que vous pêchez toujours à fond, sur ce fond même ou à une distance de lui qui ne dépassera pas quatre ou cinq centimètres au plus. Pendant les journées orageuses d'été seulement, vous pourrez changer de manière de faire, parce que la tanche quitte alors le fond pour monter à moitié eau et quelquefois à la surface.

Dans les endroits assez découverts et libres pour qu'on n'ait pas à craindre de voir les bas de ligne s'engager dans les herbes, on peut, sans inconvénient, pêcher la tanche avec deux cannes.

La tanche se prend aux cordées tendues pendant la nuit. Ceux qui tendent des cordées à anguilles, en les amorçant avec des vers, le savent mieux que moi, car il leur arrive fréquemment de voir des tanches accrochées à leurs hameçons.

La tanche, vous ai-je dit, recherche les fonds vaseux pour s'y mettre à l'abri du froid en hiver, mais surtout pour s'y cacher à la moindre alerte, en s'enfouissant dans

la boue. J'en ai fait moi-même l'expérience, voici comment.

Un de mes plus proches parents, chez lequel je vais,
chaque année, passer quinze à vingt jours, a, dans sa
propriété, une pièce d'eau de vingt mètres de long environ sur quinze de large, dont la profondeur atteint au
maximum, un mètre et demi. Fond couvert d'une épaisse
couche de limon et de vase, eau constamment trouble.
Sachant qu'on y avait mis des tanches, j'eus, un beau
jour, la fantaisie d'en prendre quelques unes, pour voir
ce qu'elles étaient devenues, si elles avaient beaucoup
grossi et j'allais commencer ma pêche, quand le jardi-
nier vint à passer. Il ouvrit de grands yeux à la vue de
mon attirail et me demanda si je voulais pêcher des grenouilles, car le brave homme ignorait complètement la
présence de tanches dans la pièce d'eau ; mais, à peine
eut-il connu le but de mon expédition, qu'il s'esquiva
aussitôt pour revenir, quelques instant après, portant
triomphalement une trouble sur son épaule. Le gaillard,
un peu braconnier à ses moments perdus, maniait aussi
bien un filet qu'un fusil, voire même qu'un lacet.

— Que voulez-vous faire de cet outil, mon pauvre
Jean?

— Vous aider à prendre des tanches, Monsieur.

— C'est inutile, d'autant plus inutile que vous n'en
prendriez pas et que vous me feriez rater ma pêche.

— Sauf votre respect, Monsieur, je crois que j'*abon-
derai* plus que vous.

— Eh bien je parie que non. Commencez. Je vous fais
la partie belle ; mon tour viendra plus tard.

Et mon Jean d'entrer dans l'eau et d'en râcler cons-
ciencieusement le fond avec sa trouble qui ramène, à
chaque coup, des paquets de limon. Il fouille ici, il fouille
là — point de tanches. Ce manège dura plus d'une de-
mi-heure, après quoi le pêcheur jeta le filet sur la berge,
en jurant ses grands dieux qu'il n'y avait pas un poisson
dans la pièce d'eau

Je riais dans ma barbe. Je savais qu'au premier bruit

du filet, les tanches avaient dû se *terrer* et s'enfoncer plus profondément à mesure que le danger grandissait ; je savais, par contre, qu'en les appâtant sur un point déterminé, quand elles seraient remises de leurs émotions, il me serait facile de les ramener à de meilleurs sentiments. Je pris les précautions voulues. Dans la soirée, en tapinois, j'allai lancer sur mon coup quelques boulettes de terre mêlée de morceaux de vers hâchés, puis, le lendemain, après avoir jeté un ver ou deux à la même place pour éveiller l'attention et l'appétit du poisson, j'appelai Jean, l'invitant à venir assister à ma pêche. Réussite complète ; le pauvre Jean était littéralement épaté, sa mine étonnée et déconfite était du dernier comique. J'ai beaucoup grandi dans son estime depuis ce jour-là.

XIV.

L'ANGUILLE

I. Est-ce un poisson ? Sa résistance.

Si je n'écoutais que mes préférences, jamais, au grand jamais, l'anguille ne ferait le sujet d'une de mes causeries. Je ne l'aime que sur la table. Il faut bien cependant que je m'en occupe, puisqu'elle se rencontre dans la Loire et que, d'après le plan que je me suis tracé, je dois étudier tous les poissons de ce fleuve.

L'anguille, un poisson ? En est-elle vraiment un ? Oui. La science l'a décidé, pour plusieurs raisons, dont la principale est que l'anguille a des nageoires et des écailles. Nageoires rudimentaires, il est vrai, et écailles minuscules, si petites qu'il faut avoir recours au microscope pour en constater l'existence, mais nageoires et écailles, quand même. Malgré tout, d'instinct, je m'obstine à la ranger parmi les serpents, et comme j'ai contre ces derniers une forte répulsion, vous comprendrez, sans peine, mon peu d'emballement à son égard. Elle a, toutefois, de rares qualités de courage et de résistance à la douleur ; pour s'en convaincre il suffit de voir les affreuses blessures qu'elle se fait lorsque, prise à une cordée, elle cherche à s'en dégager. La lutte pour la vie ! avec quelle rage elle la soutient !

L'anguille est vivace en diable. La prendre est chose relativement facile, la tuer est, comme nous le disons dans notre langage imagé de pêcheur, *une autre paire de manches.* Pour paralyser ses mouvements désordonnés, ses continuels enroulements, le mieux est de la frapper vigoureusement sur la queue, elle vous glisse sans cesse entre les mains, grâce à l'épaisse mucosité qui la recouvre. Quand elle n'est pas trop grosse on arrive assez bien à la maintenir en la pressant avec le dessous du médius sur le dessus de l'index et de l'annulaire ; le plus sûr est encore de la saisir avec un morceau d'étoffe ou, ce qui est un perfectionnement, avec un gant, semblable aux gants de friction dont les aspérités permettent de tenir, pendant qu'on dégorge l'hameçon, les poissons armés de piquants et ceux couverts de mucus.

L'anguille a une bouche petite, garnie de fines dents. Je ne crois pas que sa morsure soit à redouter, comme certains pêcheurs le prétendent ; par contre, j'ai remarqué que son sang cause une cuisson assez douloureuse, quand il pénètre dans la moindre écorchure des mains.

L'anguille peut vivre très longtemps hors de l'eau, dans un lieu frais et à l'ombre. Nous savons de longue date qu'elle quitte souvent sa rivière ou son étang pour parcourir, pendant la nuit, les prairies humides, à la recherche, soit des vers et des insectes, soit d'une eau plus à sa convenance. Exposée au soleil, elle meurt promptement. A noter cet instinct de l'anguille qui la guide dans ses pérégrinations nocturnes au milieu des prairies. Ainsi, dit Poitevin, si on introduit des anguilles dans un étang, même assez éloigné d'une rivière, elles abandonnent l'étang pour aller à la rivière quoique, en apparence, rien ne puisse leur en faire soupçonner l'existence.

Pendant le jour, l'anguille ne chasse que dans les grands fonds ou dans les eaux troubles ; en eaux claires elle demeure généralement enfoncée, jusqu'à la nuit, dans la vase. Elle s'y creuse des trous qui ont toujours deux ouvertures afin de mieux assurer sa retraite et sa fuite et elle y entre aussi bien à reculons que la tête la première, car elle nage indistinctement en avant et en arrière avec une extrême rapidité.

Quel poids peut-elle atteindre ? Les plus grosses que

j'ai vues ne dépassaient guère quatre ou cinq livres, mais je ne doute pas qu'elles ne puissent arriver à peser davantage. Sonini, au dire de Kretz, affirme, qu'en 1786, un pêcheur de l'Elbe en prit une de trente kilogrammes ; elle avait sept pieds deux pouces de long et vingt-cinq pouces d'épaisseur. C'est beaucoup. M'est avis que pareil monstre avait quelque parenté avec le fameux serpent de mer du Constitutionnel. N'importe ! Un peu de merveilleux fait toujours bien dans les histoires, même dans les histoires de pêche. Le merveilleux ! Il a surtout joué un grand rôle, autrefois, quand il s'agissait de déterminer le mode de reproduction de l'anguille. Pour les uns (j'en passe et des meilleurs) l'anguille naissait de la fange, pour d'autres de la rosée du mois de mai, ceux-ci la proclamaient vivipare, ceux-là la disaient ovipare, personne ne s'entendait. La question paraît tranchée aujourd'hui et bien tranchée; elle en demeure néanmoins très curieuse, ainsi que vous le verrez plus loin.

« L'anguille, dit Raveret-Wattel, se rencontre dans presque tous les pays. Elle varie de couleur selon les localités qu'elle habite ; les individus qui vivent dans les eaux limpides ont le dos d'un beau vert foncé et le ventre argenté ; ceux qui séjournent dans la vase sont d'un brun noirâtre en dessus et jaunâtre en dessous. Pendant le jour, l'anguille se tient le plus souvent cachée dans la vase ou dans quelque trou des berges. Extrêmement vorace, elle se nourrit de vers, de mollusques, de petits poissons et détruit beaucoup le frai et l'alevin des autres espèces. M. Vander Inick, rapporte avoir trouvé, dans une anguille de cinquante centimètres, quarante-deux petites perches qui, mises à bout, représentaient une longueur de plus de deux mètres.

« Chaque année, au printemps, on voit, à l'embouchure des fleuves, des myriades de jeunes anguilles à peine plus grosses que des fils et longues de 50 à 60 millimètres, qui remontent le courant en masses compactes, près des rives, et qui se dispersent bientôt dans tous les cours d'eau secondaires; c'est ce qu'on appelle la *montée* d'anguilles. Ces anguillettes, dont la récolte est facile, peuvent s'expédier au loin dans des paniers garnis d'herbes humides, et servir à empoissonner les rivières qui en sont dépourvues. A l'automne les anguilles abandonnent les rivières et se dirigent en grand nombre vers la mer pour frayer.

« On a beaucoup discuté sur le mode de reproduction de l'anguille et la question était restée obscure jusque dans ces tout derniers temps. Les observations récentes de MM. Grassi et Calandruccio, ont établi: 1° que l'anguille ne peut se reproduire qu'à la mer; 2° qu'elle est la forme définitive, métamorphosée, d'un très petit poisson marin, d'un *Leptocéphale*. On savait déjà qu'un petit poisson de mer, au corps très aplati et transparent comme du verre, qui a été très longtemps regardé comme une espèce distincte, désignée sous le nom de *Leptocéphale de Morris*, n'est que la forme larvaire du congre ou anguille de mer. Un fait analogue en ce qui concerne l'anguille d'eau douce, a été découvert par MM. Grassi et Calantruccio, qui ont vu des *Leptocéphales brévirostris*, recueillis par eux, dans le détroit de Messine, et conservés en aquarium, se transformer en anguilles d'eau douce. Un autre savant italien, le professeur Ficalbi, a récemment confirmé ce fait. »

Les confrères qui s'occupent de pisciculture feront bien de relire ces observations de M. Raveret-Watel pour se convaincre que s'il est facile et peu coûteux de jeter à profusion des anguillettes de la *montée* dans un cours d'eau, on n'arrive guère, pour autant, au résultat voulu, le repeuplement de ce cours d'eau. C'est même un résultat contraire qu'on obtient, car les anguilles contribuent à l'œuvre dévastatrice des braconniers pour une large part, en dévorant le frai et l'alevin des autres espèces de poissons. Peuplez d'anguilles des eaux closes, des étangs, si bon vous semble, mais, de grâce, n'en jetez pas dans nos rivières, ne mettez pas ces loups dans nos bergeries.

Si l'anguille a de nombreux et graves défauts, elle a aussi de rares qualités — je vous en ai déjà cité deux; le courage et la résistance à la douleur; je dois, pour être juste, en citer une troisième: elle peut constituer un plat délicieux. Quand elle est prise dans une eau fraîche et courante, sa chair est, en effet, quoique légèrement huileuse, ferme et d'une saveur délicate. Mangez-la, à la *poulette;* mangez-la aussi en matelote, mêlée à des tronçons de carpe et de barbeau et vous m'en direz des nouvelles si vous n'avez pas lésiné sur la qualité du vin employé à confectionner le court-bouillon. Quelques pattes et quelques queues d'écrevisse disposées, *en belle vue,* sur ce plat, réjouiront votre œil d'abord, votre palais ensuite.

Traitez autrement les grosses anguilles. Il faut les couper en tronçons et les faire rôtir (à la broche s'il se peut) ou griller. Ces tronçons se servent sur une sauce *rémoulade ou tartare.*

Vous me pardonnerez ces détails de cuisine. En toute sincérité, j'estime qu'ils ont leur importance. Comme je vous l'ai cent fois répété, la gourmandise n'est point un défaut. Libre à ceux qui ont l'estomac mal fichu et détraqué d'en médire ; quant à nous, tenons-la en haute estime et cultivons-la de notre mieux, parce qu'elle nous réserve un des rares plaisirs que nous pourrons goûter quand il aura beaucoup neigé sur nos cheveux et que le gentil Cupidon nous fera la nique.

II. Différents modes de pêche de l'anguille.

Les différents modes de pêche de l'anguille ne sont ni très nombreux, ni bien compliqués. La voracité de ce poisson rend sa capture facile et s'il n'avait pas la sage précaution de ne guère chasser que pendant la nuit, on en prendrait vraiment par trop.

Je n'ai jamais été un grand pêcheur d'anguilles. Peut-
être cela tient-il à ce que la rencontre d'un serpent m'a
toujours fait éprouver une pénible impression — serpents
de buissons et serpents d'eau m'inspirent une égale répulsion ; je mets tout ce monde là dans le même sac. Or,
pour moi, l'anguille, malgré les données de la science,
demeure un serpent d'eau et je suis le plus malheureux
des hommes, quand les nécessités de la pêche m'obligent
à la toucher.

Voici bientôt trente ans, qu'il m'arriva une aventure,
dont le souvenir me cause un certain malaise, encore à
l'heure présente. Je pêchais l'ombre dans l'Ain. Je pêchais en plein milieu de rivière et le garde d'un de mes
amis m'avait prêté son bateau.Ce bateau, semblable à la
plupart de nos bateaux de pêche, renfermait, à l'arrière,
ce qu'en termes du pays, nous appelons un *bachut*, autrement dit, une espèce de caisson percé de trous par lesquels l'eau pénètre jusqu'à la ligne de flotaison et se
renouvelle sans cesse, ce qui permet aux poissons qu'on
place dans ces bachuts de s'y conserver vivants pendant
un temps assez long.

La chance m'avait favorisé ce jour-là et de nombreuses ombres étaient allées se tenir compagnie dans
mon vivier improvisé. La pêche finie, j'avais gaillardement retroussé mes manches de chemise et , fouillant le
bachut d'ici, de là, pour reprendre mon poisson, j'en
avais presque fait passer tout le contenu dans mon panier quand, tout-à-coup, brusquement, je sentis un corps
visqueux et froid s'enrouler autour de mon poignet. Vous
voyez la tête que je fis, n'est-ce pas? Pâle de saisissement,
je devais avoir une fichue mine. Et c'était une anguille
qui me jouait ce vilain tour. Aussitôt remis un peu de
mes émotions, je sautai à terre et courus chez le garde
lui conter mes malheurs. Le brave homme s'excusa, à
maintes reprises, de ne pas m'avoir prévenu de la présence de l'anguille dans le bachut et alla me chercher les
ombres que j'y avais laissées. Il leur adjoignit la terrible

bête, cause de toutes mes tribulations. Je n'avais plus à la craindre, elle était décapitée. Et remarquez combien mon caractère est bon ! j'ai mangé la susdite anguille sans lui conserver l'ombre de rancune. On n'est pas plus généreux.

Votre outillage est des plus sommaires pour la pêche de l'anguille. Vous n'avez à vous munir d'aucune canne, d'aucun moulinet, d'aucune flotte, tout votre attirail tiendra facilement dans une poche de votre vareuse. Mais ayez grand soin d'emporter un couteau qui vous servira, comme vous le verrez, à chaque instant, soit pour achever vos victimes, soit pour les ouvrir afin de dégager votre hameçon logé parfois à des profondeurs invraisemblables.

L'épuisette n'est pas de rigueur, j'en conviens ; je vous conseille cependant de la prendre, car elle vous permettra d'amener plus facilement au panier les autres poissons que les anguilles qui auront mordu à vos amorces ; il n'est pas rare, en effet, en pêchant les anguilles, de capturer d'autres espèces : des chevennes, des brêmes, des barbeaux.

L'anguille ne chasse guère que la nuit; pendant le jour, si l'eau est tant soit peu claire, elle demeure, nous le savons, enfouie dans la vase, ou cachée dans les trous et les anfractuosités des berges et du fond; c'est donc, pendant la nuit qu'il faut la pêcher. La nuit ? Eh ! oui, la nuit. N'allez point pour autant, redouter par trop d'être privés des douceurs du sommeil, et ne craignez pas davantage de vous exposer aux rigueurs de la loi qui nous ordonne de plier bagage, aussitôt le soleil couché. Il y a un moyen d'arranger tout cela, et ce moyen consiste à tendre, le soir, des lignes de fond, qu'on relève le matin. La seule difficulté est, quand on pêche dans un cours d'eau dépendant du domaine de l'Etat, d'obtenir du fermier, sur le lot duquel on pêche, l'autorisation de poser des lignes de fond. Aujourd'hui, de nombreuses sociétés de pêche sont devenues fermières de l'Etat et les pêcheurs qui en font partie, ont tous, d'ordinaire, pareille autorisation; c'est du moins ce qui existe pour nos sociétaires de l'Ain et de la Loire.

La ligne de fond, dont je parle, porte aussi les noms de *cordée, cordeau, traînée;* on l'emploie dans toutes nos rivières et il n'en est pas un seul parmi nos confrères qui ne sache en quoi elle consiste.

Je monte mes lignes de fond (ce qui n'exige pas de ma part une grande habileté). Telles qu'elles sortent de mes mains, elles ne sont, vous le concevez, des merveilles de fabrication, mais j'affirme qu'elles réussissent fort bien, si bien même que je me crois autorisé à vous donner quelques conseils.

Le corps de la ligne de fond doit être composé de petite ficelle, de qualité supérieure, qu'on *dévrille* avec le plus grand soin afin de l'empêcher, une fois, mouillée de s'enrouler sur elle-même ce qui en rendrait l'emploi presqu'impossible; puis, pour éviter qu'elle pourrisse trop vite, comme aussi pour qu'elle soit moins apparente sur le fond de la rivière, on la *tanne.* Cette dernière opération est simple et facile, elle consiste à faire bouillir dans de l'eau, pendant deux heures environ une certaine quantité de tan de chêne moulu ou de cachou, à plonger la ficelle dans cette infusion encore bouillante et à l'y laisser deux jours en la remuant de temps à autre.

Vous faites subir les mêmes opérations à de plus petites ficelles qui vous serviront à empiler vos hameçons. Toutes ces ficelles, de première qualité, portent, je crois, dans le commerce, le nom de *fouet.*

Les hameçons qui conviennent le mieux sont les hameçons à œillets n°s 5 et 6. L'anguille a la gueule étroite, de là la nécessité d'employer des petits hameçons. L'œillet permet de les attacher et de les détacher rapidement, ce qui a bien son importance, car c'est une manœuvre qu'il faut renouveler presque chaque fois qu'on pose une cordée.

Quand une cordée est sortie de l'eau, après la pêche,

on l'enroule aussitôt sur un plioir, puis, de retour à la maison, on la déroule et on l'étend pour la faire sécher dans un endroit sec et à l'abri du soleil. Une fois sèche, on l'enroule à nouveau sur le plioir.

Les meilleures empiles des hameçons sont mobiles, c'est-à-dire qu'il faut, ainsi que nous l'avons conseillé, les attacher au corps de ligne chaque fois qu'on s'en sert et les en détacher après. Elles s'adaptent à l'œillet de l'hameçon par le nœud traditionnel, que nous connaissons tous, et au corps de ligne par une simple boucle, qu'on défait en tirant sur l'extrémité de la cordelette. Ces empiles sont peu longues ; ne leur donnez pas plus de vingt centimètres au maximum, sans quoi elles pourraient s'enrouler sur le corps de ligne au moment du lancer.

Suivant que vous tendrez vos lignes de fond en bateau ou que vous les tendrez du bord, ces lignes devront être plus ou moins longues. Une ligne tendue en bateau pourra mesurer cent mètres, voire même le double, tandis que celle qu'on jettera du bord aura, au plus, vingt mètres si on veut qu'elle soit convenablement posée, et que les hameçons ne puissent s'accrocher entre eux sous l'action du jet, du lancer.

Toutes ces cordées sont entraînées à fond par des pierres ou des plombs fixés à leurs deux extrémités ; sur le corps de ligne des longues cordées qu'on immerge en bateau, il convient de placer quelques olives à trois ou quatre mètres les unes des autres.

Je ne crois pas devoir entrer dans de plus longs détails sur la manière de monter pratiquement les cordées.

De nombreux confrères n'ont pas, heureusement pour eux, les tristes loisirs que me donne la retraite, et force leur est de renoncer à confectionner eux-mêmes des ustensiles de pêche. Le mal n'est pas grand, ils trouveront à s'approvisionner de cordées ne laissant rien à désirer. J'en ai vu de très bien comprises aux mains de la plupart des pêcheurs faisant partie de la Société de l'Ain.

Inutile de vous dire comment on pose une cordée en bateau, c'est l'enfance de l'art. Nous avons, maintes fois, vu les professionnels se livrer à ce genre d'exercice et une seule de ces *leçons de chose* a dû nous instruire complètement ; la seule difficulté est de rencontrer un bon batelier qui conduise le bateau en ligne droite, sans dévier, et à une allure soutenue, régulière, ni trop vive, ni trop lente, nous permettant d'immerger la cordée de manière à ce qu'elle soit bien *tendue*, sans aucun repli sur elle-même.

Pour la pose de la cordée sans bateau, la meilleure manière de l'assurer est, après avoir attaché une extrémité du corps de ligne à un piquet fiché dans la berge, d'étendre complètement ce corps de ligne sur la rive, soit en amont, soit en aval du piquet, d'empiler les hameçons, de les amorcer, de charger l'autre extrémité d'une pierre ou d'un plomb. Quand tout est ainsi prêt, saisissant la plombée, on la jette, sans à-coup et d'un mouvement bien soutenu en face même du piquet, perpendiculairement à lui et à une distance de ce piquet correspondant à la longueur de la cordée, pour qu'elle s'étende sans retour sur elle-même et sans repli, comme cela ne manquerait pas d'arriver si on jetait la plombée trop loin ou trop près. Il y a là un tour de main à prendre· qui nécessite un petit apprentissage ; avec de l'observation et tant soit peu d'adresse, on parvient très vite à la complète sûreté du lancer.

Sur quelque cordée que ce soit, vous devez éviter de trop rapprocher vos hameçons ; un rapprochement exagéré aurait pour résultat de faire accrocher ces hameçons entr'eux; de plus, des poissons, pris les uns à côté des autres et se touchant, mettraient vos empiles à plus rude épreuve que s'ils étaient éloignés. L'union fait la force.

Vous avez un assez grand choix d'amorces pour les cordées. Les plus communes et les meilleures sont des petits poissons tels que les vairons, les loches, les gou-

jons, des vers de terre, des limaçons (les gris sont préférables aux rouges), des chatouilles ou petites lamproies, des boyaux de volailles. Un petit poisson vivant,
comme pour la pêche du brochet, attirera mieux l'anguille qu'un petit poisson mort, cela est certain, mais
l'anguille est si vorace qu'elle s'accommodera fort bien du
dernier. Quelques pêcheurs emploient pour tous les hameçons de leurs cordées une seule amorce ; ainsi tantôt
ils se servent uniquement de vers de terre, tantôt uniquement de petits poissons. Je procède autrement et je crois
avoir raison de procéder de la sorte : j'alterne mes amorces, ici un ver de terre, là un poisson, plus loin un lima-
çon ou une chatouille ; en un mot, je varie le menu, pour
que l'anguille n'ait qu'à choisir selon sa fantaisie du moment.

On pose les cordées le soir et on les relève le matin,
aux premières lueurs du jour, parcequ'aussitôt que le
jour est levé, les poissons pris aux hameçons redoublent
d'efforts pour se dégager. Plus que tous les autres poissons, l'anguille se débat alors comme une véritable pos-
sédée, et, pour peu qu'elle réussisse à trouver un point
d'appui, il y a quatre-vingt-dix-neuf chances sur cent
qu'elle vous faussera compagnie, en brisant l'hameçon
ou son empile, soit en se déchirant les chairs.

J'ai oublié de dire que vous deviez surtout pratiquer
la pêche aux cordées en plein été. En hiver, les anguilles
adultes sont à la mer, où elles se reproduisent et vous
n'avez chance d'en rencontrer que dans les eaux entièrement closes et sans aucune communication possible
avec une rivière quelconque.

L'anguille se prend très facilement dans les nasses
ou verveux.

En eaux claires et peu profondes, l'anguille demeure
enfouie dans la vase, ou cachée sous des pierres ou des
herbes aquatiques jusqu'à la nuit; mais, survienne une
crue, que la rivière trouble, et aussitôt elle sortira de

son refuge et chassera, même en plein jour. Qui de nous,
en pêchant au ver et à fond, par eaux troubles, n'a pas
pris quelques anguilles, tout en pêchant d'autres poissons? Cela m'est arrivé plusieurs fois et toujours à mon
grand déplaisir — les pauvres bas de ligne ont trop à
souffrir de pareilles rencontres. Puis, que de temps perdu! L'anguille ferrée s'attache à n'importe quelle aspérité du fond et vous voilà immobilisé, obligé d'attendre
qu'elle veuille bien consentir à se dérouler. Ah ! ne tirez pas par saccades, maintenez au contraire, à votre
ligne une tension soutenue, toujours la même, et pour
cela appuyez la canne sur votre genou et faites levier
avec la main, de manière à ce que le fil soit tendu et
résiste ; peu à peu l'anguille cèdera, abandonnant progressivement son point d'appui et montera tout-coup, à
la surface avec votre ligne; hâtez-vous alors de la mettre
à terre et de lui casser les reins, si vous ne voulez pas
qu'elle recommence le petit jeu de tout à l'heure.

III. La pêche a épinocher (1).

Par eaux claires, une seule pêche d'anguilles est possible pendant le jour: c'est la pêche à *épinocher*. Epino-
cher... épinocher... d'où vient cette appellation ? Nous

---

(1) M. Noë, de Nantes, a bien voulu me communiquer cette note, au
sujet de la pêche *à épinocher* :

« D'où vient cette appellation ? Elle vient, à mon avis, de ce que les
anciens se servaient, non pas d'aiguilles ni d'épingles, comme s'en servent encore de nos jours certains pêcheurs d'anguilles, mais d'épines
noires de l'aubépine.

« Cette pêche à épinocher se pratiquait autrefois, par un bon vieux de
notre pays, dans le lac de Grandlieu, à quelques kilomètres de Nantes.
Une pelotte de fil écru, quelques vers de terre pris dans du bon terreau, une branche d'arbre quelconque, assez longue cependant, une
balle de plomb et de nombreuses épines formaient tout le bagage de
pêche du bonhomme et lui suffisaient pour faire des pêches très abondantes ».

« A cette époque, les hameçons étaient, pour ainsi dire, inconnus
dans les villages ; il fallait aller les chercher au chef-lieu, et beaucoup
de villageois ne se déplaçaient jamais. Les anciens employaient donc
les épines en guise d'hameçons et, comme cette manière de pêcher
dans notre région devait assurément se pratiquer dans toutes les autres
contrées de notre pays, il y a lieu d'en conclure que le mot épinocher
vient de ce que la pêche à l'anguille se faisait autrefois avec des épines. Les anciens, du reste, disaient : je vais *épinocher*, et non pas : je
vais pêcher ».

le saurons peut-être quand nous connaîtrons en quoi consiste cette pêche.

Que je vous confesse d'abord que je ne l'ai jamais pratiquée et que je ne l'ai jamais vu pratiquer dans nos rivières du Sud-Est; la cause en est, sans doute, à ce que ces rivières coulent sur des fonds qui lui sont peu propices, fonds de gravier et de cailloux, où l'anguille ne se creuse pas des trous comme dans les rivières à fonds de terre, de sable ou de vase. En revanche, la pêche à épinocher est très en vogue dans d'autres contrées notamment dans le Nord et le Sud-Ouest. Quoiqu'elle soit des plus simples il m'est assez difficile de vous la décrire; pour le faire clairement, je devrais appuyer mes démonstrations d'un ou deux dessins, mais cette ressource me manque et vous agirez sagement, si vous tenez à compléter votre éducation sur ce point, en allant rendre visite à quelque vieux confrère, qui se fera, je n'en doute pas, un plaisir de vous montrer ses appareils et vous donnera en deux mots le moyen de vous en servir.

Dans les rivières claires et peu profondes on aperçoit souvent les trous que font les anguilles pour se *terrer;* ces trous ressemblent, à s'y méprendre, à ceux que creusent les rats d'eau. Les anguilles y sont blotties en tenant leur tête à proximité de l'ouverture, pour suivre les moindres mouvements d'une proie ou ceux d'un ennemi. Rechercher ces trous, approcher de leur orifice une amorce qui se voie bien et qui puisse facilement être saisie. Dites-moi maintenant si le parrain de cette pêche ne s'est pas souvenu, en lui donnant un nom, des trous qu'il avait remarqués dans les *nids* des épinoches? L'idée serait pour le moins cocasse.

Pour épinocher on emploie ordinairement une canne en bambou ou en noisetier, de trois mètres de long. Le scion est un fil de fer, assez mince, de cinquante à soixante centimètres environ, dont l'extrémité porte une légère encoche; il est courbé en demi-cercle, de telle façon, qu'on puisse présenter cette extrémité à l'ouverture des trous et même l'y introduire. Aucune bannière, aucun bas de ligne n'est fixé à la canne. La ligne, proprement dite, consiste en un fouet ou un cordonnet de quatre à cinq mètres qu'on dispose sur un *moulinet de pouce* (moulinet monté sur un anneau qu'on passe sur son pouce) ou qu'on enroule simplement autour de sa main. Point d'hameçon. L'hameçon est ici remplacé par une grosse aiguille à coudre, aiguille dont on a cassé la tête et qu'on a ensuite *appointie* pour avoir une aiguille à deux pointes. A son milieu, pratiquez une légère entaille, sur laquelle vous attachez la ligne avec un fil de soie poissée, puis enfilez cette aiguille dans un gros ver de terre qui la couvrira entièrement mais dont une extrémité demeurera libre, de manière à ce que ses mouvements attirent l'attention du poisson. Vous voilà prêt. Vous n'aurez plus qu'à placer l'aiguille sur l'encoche du scion où elle sera maintenue par la moindre traction, sur le fil, et vous pourrez le plus facilement du monde, présenter votre amorce à l'orifice de tous les trous que vous voudrez explorer. La moindre attaque suffit pour détacher l'aiguille du scion. Sur cette attaque, rendez immédiatement du fil et ferrez, peu après, d'un coup sec qui fera placer l'aiguille en travers du gosier de l'anguille puis amenez-la vivement, le plus rapidement que vous pourrez. Souvent la lutte sera longue, difficile, pleine d'émouvantes péripéties.

La pêche à épinocher est, je le répète, la seule qui permette de prendre de grosses anguilles *en plein jour par eau claire*. On la pratique au temps chaud, de préférence quand les eaux sont basses et laissent bien voir les trous des anguilles sur le fond ou dans les berges. Les meilleurs vers à épinocher sont des gros vers de terre ayant jeûné en boîte, durs et frétillants.

Dans le Lez, petite rivière qui passe près de Montpellier et qui va ,quelques kilomètres plus bas, se jeter à la mer, se trouvent des quantités prodigieuses d'anguilles. Le fond de cette rivière est vaseux, ses eaux sont assez claires, la pêche à épinocher y réussirait à merveille, dans de nombreux endroits, c'est du moins mon opinion. Pourquoi cette pêche n'est-elle pas du tout pratiquée là-bas? Boyaux de poulet et mie de pain, mie de pain et boyaux de poulet, on ne sort guère de ces amorces; si vous en proposez une nouvelle, on vous regardera d'une manière très significative, qui voudra dire: *Tu sais... il ne faut pas me la faire.*

Pendant quatre années, je suis allé, presque chaque jour, fumer ma pipe au bord du Lez. J'y ai rencontré de nombreuxpêcheurs et jamais je n'en ai vu un seul épinocher. Ils pêchaient les carpes, les chevennes, les anguilles peut-être: que prenaient-ils? Rien ou presque rien. Je me souviens tout particulièrement de l'un deux. Vrai type s'il en fut. Maigre, sec, bronzé par le soleil, d'une mise de citadin en rupture de boutique, roulant cigarettes sur cigarettes, agité de tics nerveux, qui l'empêchaient de demeurer deux minutes en place; vous le trouviez toujours au même endroit, surveillant fiévreusement ses deux cannes, dont les talons étaient piqués dans la berge. Chaque fois que je le rencontrais, il me disait invariablement que la veille il avait fait une pêche miraculeuse, une carpe, une anguille, grosse comme ça, énorme, gigantesque... *Oh! quelle une, moussu quelle une!* Et le bonhomme s'agitait en roulant des yeux furibonds. Ce qu'il y a de plus fort, c'est que, je n'en doute pas un instant, il finissait par se duper lui-même et croire que *c'était arrivé.* Le resplendissant soleil du Midi opère de ces miracles-là; sa lumière crue avive les couleurs, grandit les dimensions de chaque objet, exagère tout, vous fait prendre, au besoin, des vessies pour des lanternes. Notre brave confrère montpelliérain était une de ses victimes. Ne le plaignez pas, il est plus à envier qu'à plaindre. C'est un de ces privilégiés qui, au bord de l'eau, oublient les ennuis de la vie; en face de la grande et belle nature leur imagination s'exalte et

les transporte dans un milieu de rêves enchanteurs. Lui,
se grisait des bouffées d'air imprégné des fortes senteurs
de la *garrigue;* il écoutait la rivière, cette vieille amie,
qui lui parlait un langage connu... c'était alors plus
qu'un vulgaire pêcheur à la ligne, c'était presque un
poète.

En terminant cette étude sur l'anguille, permettez-moi
de vous dire quelques mots d'un poisson qui lui ressemble beaucoup. C'est de la lamproie qu'il s'agit. « On
doit considérer les lamproies, dit M. Raveret-Watel,
comme des vertébrés très dégradés. Leur squelette, non
ossifié, reste à l'état cartilagineux. Non seulement ont
disparu les nageoires ventrales, comme chez l'anguille,
mais aussi les pectorales; il ne reste plus que les nageoires impaires. La bouche entourée d'une lèvre circulaire
et armée d'un appareil dentaire tout particulier, forme
une puissante ventouse, au fond de laquelle se trouve si-
tuée la langue qui sert d'organe de succion. Les bran-
chies, ou appareils respiratoires, au nombre de sept de
chaque côté du corps, communiquent avec l'extérieur
par des orifices en forme de boutonnières situées à la
suite les unes des autres, en arrière de la tête; particularité qui vaut aux lamproies les appellations de sept-
œils, bête à sept trous, qu'on leur donne en certaines
régions.

«Notre faune ichtyologique en comprend trois espèces: la lamproie marine ou grande lamproie, la lamproie
fluviatile et la lamproie de Planer. » La lamproie marine
est la plus grande, elle fraye en eau douce et remonte
parfois très haut dans nos fleuves, puisqu'on en prend
au-dessus d'Orléans et même au barrage de Roanne.
C'est la meilleure comme chair.

Les deux autres espèces de lamproie frayent aussi en
eau douce. Toutes, pour *remonter,* avancent par des
mouvements latéraux de reptation et, dans les courants
rapides, progressent par bonds, leurs nageoires rudi-

mentaires ne leur étant presque d'aucun secours. La conscience qu'elles ont de leur infériorité de nage les rend malignes et on en voit souvent, au moment de la montée, se fixer par leurs ventouses à des aloses ou à d'autres poissons migrateurs et se faire remorquer. Très ingénieux, n'est-il pas vrai, ce truc de la lamproie pour voyager en lapin, comme disent les cochers.

La ponte de la lamproie est terminée fin juin ou dans les premiers jours de juillet et les lamproies retournent à la mer.

La lamproie ne se pêche pas à la ligne; on ne la prend qu'au filet, au verveux, à la foine ou à la main. Pour cette dernière pêche il est essentiel de se munir de gants spéciaux, assez semblables aux gants de friction; les aspérités dont ils sont garnis empêchent la lamproie, qui est couverte d'un épais mucus, de vous glisser entre les doigts. J'en ai déjà parlé, à propos des anguilles.

La pêche de la lamproie à la main se pratique beaucoup au barrage de Roanne, à certains moments, et cela malgré la surveillance des gardes-pêche et des gendarmes. Il faut qu'elle soit bien captivante ou bien rémunératrice pour qu'elle fasse braver ainsi à tant de gens les amendes et la prison. J'ai rencontré un jour, près de ce fameux barrage et se disposant à se livrer à sa petite industrie, un écumeur de rivière, qu'à peine un quart d'heure avant, je venais de voir sortir de prison. Cette vieille pratique, que je connaissais de longue date, m'honora d'ailleurs d'un grand coup de chapeau et d'un « bonjour mon juge », des plus respectueux.

La lamproie est-elle bonne? Des gourmands m'ont affirmé qu'à son passage à Roanne, elle était à son apogée de finesse et constituait alors un morceau délicat. Je veux bien le croire, n'en ayant jamais mangé, parce qu'elle me répugne

XV.

LE HOTU

I. Un poisson envahissant et médiocre.

Pour un beau monsieur, c'est un beau monsieur; sa
mise affecte même une certaine recherche. De larges
écailles, finement striées, de couleur gris foncé sur le dos
jaunâtre ou rougeâtre sur les flancs, un ventre argenté,
donnent à l'ensemble de ce poisson un grand éclat que
vient rehausser encore le rouge des nageoires inférieures.
Tel est, du moins, le hotu que je connais. Il est loin d'ê-
tre, partout, semblable. Sa coloration et, jusqu'à quelques détails de forme, changent suivant la nature des
eaux qu'il habite; ainsi, le rouge des nageoires de celui
de l'Ain et du Rhône est d'une vivacité que je n'ai jamais
retrouvée chez ses congénères d'autres rivières. En somme, il existe plusieurs espèces de hotus.

Le hotu a le corps allongé et élégant de la vandoise
et du chevenne, auxquels il ressemble à première vue.
C'est vraiment le beau monsieur dont je vous ai parlé,
mais ne le regardez pas de trop près si vous tenez à conserver vos illusions à son égard ; il perdrait tout prestige
avec sa tête affligée d'un gros museau charnu, cartilagineux, vrai groin de porc que recouvre une bouche disgracieuse, ouverte en fer à cheval. Ce museau, ce nez est
tellement extraordinaire qu'il a valu au hotu le nom de
nase au nez, qui est son appellation la plus commune.
On le nomme encore *mulet, souffle grise, chiffe, ombre,*

siège, puis *âme noire* et *écrivain*, à cause de la couleur noir foncé de la membrane qui recouvre les parois de sa cavité abdmoninale.

Le hotu n'est pas un poisson de grande taille. Dans nos eaux de l'Est, son poids maximum ne dépasse pas, que je sache, deux kilos. Une livre, une livre et demie, voilà ce que pèsent la plupart des hotus que nous prenons.

Le hotu vit en bandes nombreuses. Il recherche les coins de rivière garnis de cailloux et de graviers, qu'il fouille avec son museau en se retournant, tantôt sur le côté, tantôt sur le dos — son ventre argenté est alors à découvert et quand, dans une eau claire et peu profonde, ces bandes passent devant vous, il est fort curieux de voir le fond de la rivière s'éclairer en quelque sorte de mille scintillements. Petit feu d'artifice qui réjouit toujours l'œil du pêcheur.

Suivant la température, le hotu fraye en mai ou en juin. Ses œufs verdâtres, de la grosseur d'un grain de mil, pas très nombreux, mettent une quinzaine de jours à éclore. C'est un nouveau venu. Son apparition dans les eaux françaises remonte à quarante ans environ ; il nous arrivait d'Allemagne par les canaux de l'Est. Les Allemands nous ont fait là un piètre cadeau, car la chair du hotu, molle, flasque, sans saveur aucune, est remplie d'arêtes.

Toutefois, ainsi que nous avons pu le constater dans l'Ain, cette chair est susceptible de s'améliorer un peu quand le hotu a séjourné pendant longtemps dans une eau pure ; elle devient alors mangeable pour les malheureux qui sont affligés de fringale ou de boulimie. A la rigueur, on peut en faire des quenelles passables et tel de nos pâtissiers, en renom pour ses fameuses quenelles de brochet, n'emploie, je le sais, que des hotus pour leur confection. Et dire que certains fermiers ont osé baptiser le hotu du nom pompeux d'*ombre de Scandinavie* et le vendre un franc et un franc cinquante la livre sur les marchés de diverses localités de mon pays, notamment à Bourg, où le nouveau poisson n'était pas encore connu. Le coup fait, les fermiers en question, soucieux de conserver intactes leurs deux oreilles, ont évité pendant longtemps de se montrer dans les rues de notre chef-lieu de département. Sage prudence.

A tous les défauts que nous venons de signaler, le hotu en joint-il un dernier, bien autrement grave, détruit-il les frais ? M. Raveret-Wattel affirme que oui, et pareille affirmation est digne de faire autorité ; cependant, j'ai entendu soutenir le contraire par d'éminents confrères qui m'ont déclaré n'avoir jamais trouvé un seul œuf dans l'estomac de nombreux hotus, pêchés à proximité de frayères de truites et d'ombres. Aussi ces confrères sont-ils persuadés que des fermiers avaient, intentionnellement, créé au hotu cette réputation de dévastateur, afin d'obtenir de l'administration l'autorisation de le pêcher en temps de fermeture. On donne un coup de filet, on prend quelques rares hotus et beaucoup d'autres poissons qu'on se garde bien de remettre à l'eau, et le tour est joué.

Qui faut-il croire ? Au moment du frai des ombres, en mars et avril prochain, je me propose de faire moi-même une expérience à ce sujet — jusque là je demeure perplexe.

Quoi qu'il en soit, et en admettant même que le hotu ne détruise pas les frais, il n'en est pas moins un véritable épouvantail pour les autres espèces, qu'il dérange sans cesse. C'est un envahisseur avide, remuant, un gêneur auquel on se hâte de céder la place. Il est nuisible à ce compte-là, parce qu'il peut éloigner de nos eaux les meilleurs poissons.

Les bandes de hotus renferment des milliers et des milliers d'individus — il faut avoir vu quelques-unes de ces bandes voyageant en rangs serrés et interminables pour se convaincre qu'après leur passage il ne reste plus grand'chose à glaner derrière elles. Mon collègue, le président de la Société des pêcheurs à la ligne de Roanne,

m'écrivait qu'au barrage, il n'est pas rare de prendre,
certains jours, de quatre à cinq cents kilos de hotus ; en
mars et avril, quand la température se relève, sous quelques chauds rayons de soleil, il s'en prend parfois trois
et quatre mille kilos en peu de temps. Une partie de cette
pêche est remise à l'hospice et à l'établissement des Petites Sœurs des Pauvres et le restant est expédié dans les
environs et jusqu'à Saint-Etienne et Saint-Chamond, là
où manquent les rivières et où l'habitant est moins difficile pour le choix des poissons. Mais, ajoute finement
mon excellent collègue, les Roannais se montrent peu
friands des hotus, ils préfèrent attendre la bonne saison
pour faire les honneurs de leurs poëles à frire à de meilleures espèces.

Dans l'Ain, j'ai assisté à des hécatombes invraisemblables de hotus ; d'autre part, on m'en a cité de tellement phénoménales que je renonce à vous en parler
par crainte d'être taxé d'exagération ; j'ai cependant l'absolue certitude qu'on m'a dit vrai. Quand les hotus ont
élu domicile dans une rivière, ils y grouillent littéralement, on en rencontre partout ; n'allez pas croire, pour
autant, qu'il soit facile de les prendre au filet, vous vous
tromperiez, car les roués compères possèdent à merveille l'art de se défiler à l'anglaise lorsqu'ils sont cernés
dans un coup de senne — qu'un seul d'entre eux trouve
une pierre ou toute autre aspérité du fond qui lui permette de franchir l'enceinte et la bande entière, le suivant
aussitôt, disparaîtra comme par enchantement.

Pêcher le hotu à la ligne ne constituera jamais un sport
capable d'emballer de nombreux confrères, mais cette
pêche peut nous offrir, en maintes occasions, un agréable passe-temps.

II. Comment on pêche le hotu.

Au début de l'apparition du hotu, l'on fut assez embarrassé pour savoir comment on le pêcherait — c'était

un inconnu, dont on ignorait les habitudes et les goûts ;
il fallut procéder par essais successifs, par tâtonnements
et plusieurs années s'écoulèrent avant qu'on ne fût complètement renseigné.

Aujourd'hui, cette pêche n'a plus de secrets. Elle présente quelques difficultés, qui ne sont pas sans charme :
elle plaît assez par elle-même sans que la pensée d'un
plaisir accessoire ait besoin de venir vous stimuler. A
coup sûr, ce ne sera point la gourmandise qui vous incitera à partir en guerre contre le hotu — je compren-
drais plutôt, si vous deviez manger votre pêche, que vous
vous mettiez en campagne par esprit de pénitence et de
mortification — beaucoup de gros péchés vous seraient
remis pour cette œuvre méritoire.

Dans les eaux claires, le mode de pêche qui me paraît
le meilleur est celui que nous employons dans l'Ain ; je
vous conseille donc d'opérer de la façon suivante : Choisissez une eau peu courante, de quatre mètres de profondeur au moins, et coulant sur un fond de gravier.
J'ai dit : quatre mètres de profondeur au moins et tenez
pour certain que c'est là une profondeur minimum ; l'expérience m'a prouvé qu'on réussit rarement dans une eau
moins profonde en employant le mode de pêche dont il
s'agit. Après avoir exactement pris le fond, appâtez le
coup en y jetant quelques bribes de mie de pain ou quelques fragments de pain de chènevis. Ne jetez pas de gros
morceaux, que le poisson apercevrait de suite, sans avoir
à les rechercher, et dont il se gaverait, quitte à bouder
plus tard contre vos amorces. Canne résistante, solide,
très légère. Bannière en soie, bas de ligne composé de
deux mètres de crins japonais ou d'assez fine florence et
d'un mètre de racine anglaise. Deux ou trois grains de
plomb de chasse n° 2, placés à vingt centimètres environ
de l'hameçon, comme plombée. Hameçon de la grosseur
et de la forme des 7 irlandais droits. Flotte sensible, telle
que le flotteur transparent en celluloïd qui m'a toujours
donné à cette pêche d'excellents résultats. Ainsi outillé,

placez sur la pointe de l'hameçon, et simplement de manière à la couvrir, une boulette de mie de pain roulée entre les doigts, de la grosseur d'un noyau de cerise et pêchez à quatre ou cinq centimètres du fond.

Les attaques des hotus sont variées; tantôt lentes, à
peine perceptibles à un léger frémissement de la flotte,
tantôt vives et brusques entraînant complètement la flotte
sous l'eau. Ces attaques se répètent, pour ainsi dire,
sans interruption lorsque vous pêchez sur un coup bien
choisi et bien appâté. Mais, ne vous y trompez pas, que
cette attaque soit ce qu'elle voudra, vous n'en manquerez
pas moins les trois quarts des poissons qui auront *donné*. Ferrez tôt, ferrez tard, ferrez dur, ferrez doucement,
vous raterez toujours les coups dans les proportions
que je viens de dire. A quoi cela tient-il? Uniquement,
ce me semble, à ce que le hotu ne prend pas l'amorce
gloutonnement, qu'il joue au contraire avec elle, se retournant sur le dos et sur le côté pour la saisir et qu'il la
garde souvent longtemps dans sa bouche entr'ouverte
avant de l'avaler. En l'état il est donc impossible de fournir des indications précises pour le ferrage; faites un peu
au gré de votre fantaisie, invoquez les lumières de notre
Saint Patron pour connaître le vrai moment, le moment
psychologique où vous devez donner le coup de poignet
et... bonne chance!

Je vous ai recommandé une canne légère parce que
les touches du hotu, toujours différentes, exigent qu'on
ait sans cesse cette canne en mains, qu'on soit constamment prêt à faire telle manœuvre que les circonstances
comporteront. Avec la canne posée sur la berge ou
maintenue par un support, vous ne ferez que de la fort
mauvaise besogne. N'oubliez pas de vous munir d'une
épuisette; si les défenses du hotu ne sont ni longues ni
vives, son poids peut souvent vous empêcher de l'enlever d'autorité. D'autre part, en ménageant par trop un
hotu, en le laissant longtemps se débattre pour l'épuiser,
on risque d'épouvanter les poissons qui sont sur le coup
et de les faire fuir.

Les mois d'été me paraissent être les meilleurs pour cette pêche. Le vent d'ouest n'est pas favorable; on peut même dire que tous les vents sont mauvais, parce que les moindres rides produites à la surface de l'eau empêchent de suivre, comme il convient, les faibles oscillations du flotteur, oscillations qui ne sont souvent, en réalité, que d'imperceptibles frémissements.

Pour la même raison, il importe de pêcher dans une eau calme ou dans une eau à courant faible et bien soutenu.

Pendant la pêche, jetez de temps à autre, sur le coup quelques boulettes de mie de pain, semblables à celles qui vous servent d'amorce. Vous ferez, soit comme appât soit comme amorce, une énorme consommation de ces boulettes qui ne sont, fort heureusement, ni chères ni difficiles à confectionner. N'employez pas du pain trop frais; préférez le pain rassis. Vérifiez souvent vos amorces, car elles sont à chaque instant enlevées, sans qu'on ait pu s'en apercevoir.

Le choix de l'heure importe peu; il est bon, cependant, au moment des très fortes chaleurs, de ne pas pêcher dans un endroit entièrement exposé au soleil.

Quelques pêcheurs mêlent à la mie de pain du pain de chènevis pulvérisé — j'avoue que l'avantage de procéder ainsi ne m'a jamais été démontré.

Cette pêche du hotu à la mie de pain m'a permis de constater un fait bien extraordinaire. J'en ai déjà touché deux mots et j'y reviens. La chose en vaut la peine.

Je vous ai dit qu'on pêchait le hotu avec une boulette de mie de pain placée sur la pointe d'un fort hameçon. Que ce poisson accepte pareille amorce, même présentée aussi grossièrement, n'est point chose étonnante, car il ne saurait passer pour un type accompli de prudence et de ruse, mais qu'une truite, cette noble dame, dont la finesse est légendaire, soit assez sotte pour s'y laisser prendre, voilà ce qu'on aurait eu naguère une peine inouïe à me faire croire. Et, cependant, c'est la vérité pure.

Oui, j'ai vu, ce qui s'appelle de mes yeux vu, prendre plusieurs truites à la mie de pain; mon fils lui-même, en ma présence, en a capturé six, de cette façon là. Avouez que la chose est extraordinaire. Elle m'a positivement stupéfié.

Comment et pourquoi la truite peut-elle déroger tant que cela à ses habitudes? La question était de nature à intriguer le vieux pêcheur que je suis; aussi n'ai-je rien négligé pour l'étudier avec soin et en avoir la solution.

Dans mon petit pays de Poncin les pêcheurs de hotu pêchent ce poisson un peu partout, tantôt ici, tantôt là; ils ont, cependant un coup choisi entre tous les autres, où ils pêchent de préférence. Sur ce coup vous trouverez toujours plusieurs amateurs — j'en ai compté jusqu'à dix — la place est connue et recherchée. Or, c'est sur ce coup *uniquement* qu'on a pris des truites à la mie de pain; pas une seule n'a été touchée ailleurs, là où on ne pêchait qu'accidentellement, d'une façon non suivie.

Voilà une première remarque. En voici une seconde : on n'a point pris de truites au début sur ce coup, les premières n'y ont été capturées qu'après qu'il était exploité depuis un certain temps déjà; et, surtout, abondamment appâté de boulettes de mie de pain.

De ces deux remarques, dont j'ai soigneusement contrôlé la parfaite exactitude, on doit conclure, me semblet-il, que la truite, poisson-chasseur par excellence, qui ne recherche que les proies vivantes, peut, après avoir subi un certain *entraînement*, finir par accepter, à l'occasion, un appât qu'elle a vu constamment passer devant elle et avec lequel elle s'est familiarisée. Les circonstances modifient nos goûts, il nous arrive un beau jour de goûter à des mets auxquels nous n'avions jamais voulu toucher jusque là. Pourquoi en serait-il autrement des animaux ? Sans doute vous ne ferez pas que la truite se prenne d'un fol engoûment pour les boulettes de mie de pain, mais vous pouvez l'amener insensiblement, en lui prodiguant ces boulettes, à en accepter quelques-unes, le cas échéant.

Pour arriver à ce résultat, il faut, je le répète, soumettre le poisson à un long entraînement, modifier ses habitudes petit à petit. Souvent, apercevant des truites, je leur ai, sans que rien trahît ma présence, jeté des boulettes de mie de pain ; quelques rares *montaient* comme pour flairer l'appât et s'enfuyaient aussitôt, sans y toucher ; les autres, les plus nombreuses, n'y apportaient aucune attention et le laissaient passer sans l'honorer même d'un regard. Maintes fois, j'ai renouvelé l'expérience sur des points différents, et le résultat n'a jamais changé, pas une boulette de pain n'a été saisie. Donc cette boulette n'est acceptée par la truite qu'après qu'elle en a vu passer des quantités à côté d'elle ; poussée par la faim, la curiosité, ou je ne sais quelle fantaisie, elle se décide alors, de temps à autre, à en happer quelques-unes au passage.

Telles sont les remarques que j'avais faites, quand j'ai eu l'insigne bonne fortune d'entrer en relations de correspondance avec un des plus fins pêcheurs des Pyrénées. Ses observations sont venues confirmer les miennes. Ce vieux praticien m'écrivait à peu près ceci :

Nous sommes ici plusieurs pêcheurs, connaissant a fond la pêche de la truite ; le ver, l'hélice, la mouche artificielle n'ont plus de secrets pour nous : or, malgré notre grande habitude de la pêche, nous ne prenons presque rien cette année. Les pêcheurs sont philosophes, et peut-être, nous résignerions-nous à notre triste sort, si nous n'avions pas la guigne de voir un confrère réussir à côté de nous — et quel confrère ! — un maladroit, un novice, un bleu, qui tient sa canne comme il tiendrait un cierge et qu'on voit embarrassé pour les moindres difficultés, difficultés dont nous nous jouons. Détail important, il pêche avec une pâte jaunâtre, dont il place une boulette sur son hameçon. Connaissez-vous **cette** pâte ? Pouvez-vous nous indiquer une composition quelconque pour la pêche de la truite ?

Comme vous le pensez, je répondis, ce qui est d'ailleurs l'exacte vérité, qu'il n'existe point de pâte pour la pêche de la truite, qu'il faut uniquement la pêcher avec des appâts vivants ou ayant, tout au moins, l'apparence de la vie, mais qu'on pouvait arriver à accoutumer ce poisson à d'autres appâts en en jetant longtemps et abondamment, devant lui, que c'était une éducation à faire; puis, je donnai deux compositions de pâtes jaunâtres, l'une aux œufs, l'autre au safran, certain que la pâte dont il était question se rapprochait de l'une d'elles. La déveine devait être passagère. Les truites étaient aussi capricieuses que les jolies femmes et c'était un caprice qui faisait le succès du nouveau venu.

Eh bien! j'avais deviné juste. Une lettre très documentée de notre habile confrère vint bientôt me donner complètement raison.

L'homme à la pâte pêchait invariablement au même endroit, il y était vissé, il y pêchait des journées entières et y jetait des quantités de boulettes .Bien mieux, son coup était à proximité d'un profond de la rivière où aboutissait un canal amenant des égouts des cuisines d'un grand hôtel du voisinage. Des truites qui mordaient mal aux amorces ordinaires trouvaient peut-être là un stimulant pour leur appétit; ces débris variés qui passaient à leur portée, étaient des mets nouveaux; un beau jour, elles cédaient au désir d'y mordre. Fantaisie passagère, toute d'occasion. Quoi qu'il en soit, convenons maintenant que nous serions fous de délaisser nos vieux modes de pêche de la truite pour en innover d'autres tels que la pêche à la mie de pain ou la pêche à la pâte préparée. J'affirme, sans crainte d'être démenti que les adeptes de ces innovations si jamais il s'en trouve, rentreront neuf fois sur dix le panier vide à la maison. Ici je ferme la large parenthèse que j'ai ouverte à propos de la pêche du hotu à la mie de pain, et je continue en vous parlant des autres modes de pêche de ce poisson.

On pêche le hotu au ver rouge. Cette pêche se pratique toute l'année, en été aussi bien qu'en hiver, mais elle ne donne de bons résultats que par eaux troubles. Choisissez, autant que possible, des courants (courants d'un mètre, un mètre et demi au plus de profondeur, qui aboutissent à de grands fonds et pêchez à peu de distance de ces grands fonds. Même bas de ligne que pour la pêche aux boulettes de pain; seule la plombée diffère; ici il faut la proportionner à la force du courant, car il est important que l'amorce soit très rapprochée du fond, qu'elle le frôle constamment, Ne craignez pas d'employer de gros vers, vers qui aient jeûné deux ou trois jours en boîte et qui soient vivaces.

La question du ferrage est assez difficile à préciser pour cette excellente raison que le hotu attaque toutes les amorces, quelles qu'elles soient, de mille façons différentes; ses touches varient à l'infini. Force vous est donc de ferrer un peu à l'aventure, au petit bonheur. Vous manquerez, je vous le prédis, beaucoup de hotus, mais vous en manquerez moins au ver qu'en pêchant à la boulette de pain.

Par eaux claires, on pêche avec succès le hotu au blé cuit et à l'asticot. La première ressemble à la pêche au ver rouge, que nous venons de décrire; une amorce changée, un asticot, un grain de blé à la place d'un ver, voilà la seule différence comme outillage. Comme mode de procéder, il en va autrement: 1° cette pêche se fait par eau claire; 2° point n'est besoin de pêcher dans les courants; le meilleur est même de pêcher dans les profonds un peu calmes. Pêcher *tout près* du fond. Avoir une flotte sensible. N'employer que de petits hameçons, qu'un seul grain de blé ou qu'un seul asticot puisse couvrir. Appâter abondamment, avant et pendant la pêche.

Quant à la seconde manière de pêcher au blé et à l'asticot, elle n'est autre que celle qui est généralement connue sous le nom de « pêche à fouetter ».

On la pratique beaucoup dans la partie basse de l'Ain et dans le Rhône. Vous savez en quoi elle consiste et je vous en ai déjà parlé. Prenez une canne à une main légère et flexible, bannière en soie fine, bas de ligne de 2 à 3 mètres en racine anglaise sur laquelle vous empilez trois ou quatre hameçons placés à 40 centimètres de distance les uns des autres. Ces hameçons doivent être choisis assez petits pour qu'un seul asticot puisse presque les couvrir entièrement. Plombez ce bas de ligne sur toute sa longueur de manière à ce que l'amorce demeure toujours fort rapprochée du fond. On peut, à la rigueur, se passer de flotte ; en tous cas, une simple plume suffit.

La plus grande difficulté est de trouver un endroit qui lui convienne, où elle puisse donner son plein résultat. Vous devez rechercher les coins de rivière où l'eau, légèrement courante et de profondeur moyenne, aboutit à un grand fond. Appâtez le plus longtemps que vous le pourrez à l'avance et appâtez souvent en jetant sur le coup une certaine quantité d'asticots ou de grains de blé, suivant que vous devez pêcher à l'asticot ou au blé. Appâts et amorces doivent être les mêmes invariablement, au dire des malins.

On lance en face de soi, et, quand l'amorce a pris le fil de l'eau, on la retire en arrière de 20 à 30 centimètres par un léger coup de poignet, puis on la laisse aller encore sur la même longueur pour la retirer ensuite, la laisser aller à nouveau, etc... On continue ainsi sans interruption. Souvent, très souvent, pour ne pas dire presqu'à chaque coup de ligne, jetez une pincée d'asticots ou de blé dans la direction du scion ; cette manière d'appâter est parfaite ; ayez grand soin de l'employer surtout au début de la pêche.

Les meilleurs mois pour la pêche au blé et à l'asticot sont les mois d'été, dans nos pays de l'Est. Il est pro-

bable qu'il en va de même ailleurs, mais je ne veux rien
affirmer — point de règles absolues en matière de pêche,
nous savons tous que les habitudes des poissons varient
suivant les rivières qu'ils habitent, et les règles absolues
se trouveraient sujettes à trop d'exceptions.

Le hotu mord au pain de chènevis. On peut composer
une bonne pâte pour le pêcher, en mêlant du pain de
chènevis pulvérisé à de la farine mouillée d'eau chaude. Il
mord au fromage de gruyère. Ce qui vous étonnera peut-
être, c'est qu'il morde à la mouche artificielle ; le fait est
cependant exact, mais, pour dire vrai, je me hâte d'ajouter qu'il est d'une rareté excessive ; la preuve en est que,
pêchant presque tous les jours à la mouche artificielle
(quand la loi me le permet, bien entendu), il m'est arrivé
deux fois seulement depuis plus de trente ans, que les
hotus ont envahi nos eaux, d'en prendre à la mouche.
En revanche, quand ces gaillards-là donnent, ils donnent comme de vrais fous ; vous en avez d'accrochés à
chaque mouche et ils vous brisent tout. Que saint Pierre
vous préserve de pareilles aubaines ! Si jamais elles vous
arrivent, hâtez-vous de plier bagage et de fausser compagnie aux hotus.

Poitevin soutient que ce poisson n'est pas défiant, qu'il
paraît n'avoir aucun instinct de conservation. Je ne suis
pas de son avis... Non ! le hotu n'est point aussi bête
qu'on se plaît à le dire — pêchez-le un peu, voyez comme
il se comporte devant un filet et vous m'en direz des nouvelles.

Chose bizarre, on ne prend pas de petits hotus — c'est
là une remarque que j'ai faite et que j'ai vu faire par *tous*
les pêcheurs de nos contrées.

XVI

L'ALOSE.

SA PÊCHE. L'OUTILLAGE.

J'ai éprouvé quelque hésitation. Pourquoi, me disais-je, parler de l'alose à des pêcheurs ? puisque ce poisson passe généralement pour ne pas se laisser prendre à la ligne ; ne vais-je pas m'exposer aux railleries ? J'avoue que cette crainte du ridicule m'aurait décidé à garder le silence sur l'alose, si je n'avais pas eu la certitude que la légende de l'alose condamnée à un jeûne perpétuel depuis son entrée en eau douce est radicalement fausse. J'ai pris des aloses à la ligne dans la Loire et dans l'Ain, et j'en ai vu prendre par d'autres pêcheurs, qui peuvent, au besoin, confirmer mon assertion. — C'était plus qu'il n'en fallait pour lever mes hésitations. Et puis, l'alose est un trop beau poisson, sa biologie est trop intéressante pour que les pêcheurs puissent n'y apporter aucune attention.

J'emprunte mes renseignements scientifiques à M. Raveret-Watel. Voici ce qu'il dit :

« Les aloses sont des poissons migrateurs, qui passent la plus grande partie de leur existence dans la mer, mais qui viennent au commencement du printemps frayer en eau douce ; elles remontent en bandes nombreuses les fleuves et leurs affluents, souvent à une distance considérable de la mer, car on en pêche jusque dans l'Yonne, la Côte d'Or, la Haute-Saône, le Jura, la Savoie, l'Isère, la Haute-Loire ; or, pour arriver dans ce dernier département, par exemple, elles n'ont pas moins de 800 kilomètres de fleuve à parcourir. Ces poissons cheminent rapidement ; on évalue à 3 ou 4 kilomètres à l'heure la vitesse de leur course à la remonte.

Deux espèces d'aloses visitent nos rivières : l'alose commune, la plus estimée des deux, et l'alose feinte, un peu plus petite et à chair plus sèche.

L'alose commune peut atteindre le poids de 2 ou 3 kilos. Elle a le corps en ellipse et très allongé vers la queue, le ventre comprimé, tranchant, dentelé en scie. Les écailles sont minces, larges, peu adhérentes. Cette espèce est d'une teinte générale argentée, avec le dos verdâtre et une ou deux taches noires en arrière des ouïes. Ele est meilleure quand elle a séjourné quelque temps en eau douce, et celles qu'on prend accidentellement en mer sont de très médiocre qualité.

A la mer, on trouve rarement les aloses groupées en bandes ; elles ne se réunissent qu'au moment de la *remonte*. Elles nagent près de la surface et assez bruyamment. Pour frayer, elles recherchent les eaux un peu tièdes, car une température basse ne permettrait pas le développement des œufs. La ponte a lieu pendant la nuit. Tant qu'il fait jour, les aloses se tiennent à peu près immobiles sur les grands fonds ; mais, dès que le soleil est couché, elles gagnent les endroits à fond caillouteux, ne présentant pas plus d'un demi-mètre à un mètre d'eau, et, quand la nuit est tout à fait venue, elles se mettent à frayer en faisant, par leurs continuelles évolutions, un bruit qui s'entend de fort loin. Vers dix ou onze heures du soir, la ponte est dans son plein, mais rarement elle se prolonge au-delà de minuit.

Après le frai, les aloses amaigries, exténuées, n'ayant presque plus la force de nager, redescendent vers la mer, entraînées par le courant : beaucoup d'entre elles meurent même sans pouvoir regagner les eaux salées.

L'alose feinte, qui a les mêmes mœurs que la précédente, lui ressemble extrêmement. La forme du corps est simplement un peu plus allongée. La taille est plus petite et sur les flancs se voient cinq ou six taches noires qui n'existent pas chez l'alose commune.

L'alose feinte remonte en rivière pour frayer quelques semaines plus tard que l'alose ordinaire.

L'époque de la remonte de l'alose ordinaire va de fin mars au commencement de juin.

On prend des aloses à la ligne, vous ai-je dit; mais il ne faut rien exagérer et, pour rester vrai, je me hâte d'ajouter que, si ce poisson accepte parfois l'amorce, il ne le fait que très rarement, alors qu'il est stimulé par une fantaisie passagère, qui se renouvelle peu. Ne vous outillez donc pas pour le pêcher, même au moment où il est très abondant, ce serait dépenser en pure perte votre temps et votre argent.

Mes confrères de l'Ain et de la Loire, qui ont pris des aloses à la ligne, m'ont toujours déclaré les avoir prises, comme moi, à l'hélice, et à la mouche artificielle. Acceptent-elles aussi le ver rouge, cette amorce par excellence si recherchée par tous les poissons, à l'exception du brochet? Je le suppose — je dois cependant reconnaître que c'est là une simple supposition de ma part et qu'il m'est impossible de citer des faits de nature à la justifier.

L'alose attaque franchement l'amorce, ses défenses sont vives, prolongées, elles sont même à redouter quand on la pêche à la mouche artificielle, à cause de son poids relativement fort et de sa forme plate qui offre une grande résistance à l'eau lorsque le poisson présente le flanc. Quelles sont ses mouches préférées? Il m'est difficile de vous le dire; mes prises d'aloses ont été trop peu nombreuses pour me permettre de sérieuses observations et les confrères que j'ai interrogés à ce sujet m'ont déclaré n'avoir pas fait non plus des remarques utiles: les occasions d'en faire sont si rares! Un point sur lequel nous sommes tous d'accord c'est que l'alose donne mieux sur l'hélice que sur la mouche.

Dernièrement un habile pêcheur de l'Ain, M. L... des

environs de Meximieux, me racontait une intéressante histoire de pêche à l'alose à l'hélice. Il était accompagné un de son père. Chaque coup de ligne amenait. disait-il, un poisson aux paniers et. quand les paniers furent pleins, on jeta les aloses sur la berge. où elles s'amoncelèrent en un énorme tas. Nos pêcheurs durent cesser les hostilités faute d'amorces: des gaillards de la trempe de mes braves compatriotes ne se lassent ni ne se blasent jamais; il faut la nuit pour les chasser du bord de l'eau et encore n'y réussit-elle pas toujours.

L'alose est un poisson migrateur; en cours de route, au moment de sa montée, elle paraît ne songer qu'à une chose, tout comme bon nombre de chauffeurs. faire de la vitesse, *bouffer* des kilomètres, pour employer l'expression consacrée; elle ne s'arrête et ne prend quelque nourriture que lorsqu'elle est à bout de force ou qu'un obstacle quelconque. une digue, un barrage s'oppose à sa marche en avant et l'oblige à stopper. Pareille remarque a été faite pour le saumon, autre poisson migrateur; lui aussi est capricieux, boudeur en face de l'amorce, qu'il n'accepte qu'à ses *relais*.

La conclusion à tirer de tout ce que nous venons de dire, est que la seule pêche pratique de l'alose est la pêche au filet. Cette pêche au filet a dû singulièrement se perfectionner depuis quelques années, car le nombre des aloses qui remonte dans nos eaux diminue de plus en plus, à en juger par les rivières que je connais. Ainsi, je me souviens d'en avoir vu de prodigieuses quantités dans la partie supérieure de la Loire, bien en amont de Roanne; aujourd'hui elles y sont fort rares, vous n'en trouverez plus d'échouées sur les grèves à chaque pas comme autrefois; il en est de même dans l'Ain.

Les aloses sont capturées maintenant aussitôt qu'elles s'engagent en eau douce : sur le parcours qu'elles ont à suivre pour leur montée. s'échelonnent des filets de toute sorte, qui les déciment nuit et jour. Filets fixes, trainants, barrages artificiels, etc.., etc.., rien n'y manque. Les pauvres lamproies doivent être dans le marasme. Vous savez qu'elles se fixent souvent par leurs ventouses à des aloses au moment de la montée et se font remorquer ; or, voilà qu'il faut renoncer à cette ingénieuse façon de voyager; elles ne trouveront plus de complaisantes aloses et, à supposer qu'elles rencontrent encore ces remorqueurs improvisés, ils les conduiront sans tarder au beau milieu des mailles des grandes *tendues.*

J'ai vu de ces grandes tendues; elles étaient admirablement comprises. C'étaient d'immenses *carrelets*, de plus de quarante mètres de côtés, qu'on immergeait et qu'on relevait à l'aide de cabestans fort ingénieux. Un carrelet n'était jamais installé seul, il avait toujours des voisins et des voisins nombreux qui se touchaient tous si bien que, sur une étendue à perte de vue de la rivière, aucun poisson ne pouvait monter sans passer sur un filet. Et ces filets étaient souvent levés, je vous prie de le croire. A Agde, sur les bords de l'Hérault, j'ai assisté à des pêches de cette sorte, et deux ou trois fois, j'ai pu voir les filets menacés de se rompre sous le poids des aloses. Je ne vous cache pas qu'en bon pêcheur à la ligne que je suis, j'ai été pris d'un mouvement d'indignation, en présence de pareilles hétacombes. C'était la mort bête, la mort fatale, sans lutte possible, pour ces pauvres poissons, qu'on voyait se tordre, s'épuiser en vains efforts, cherchant inutilement à échapper aux mailles qui les étreignaient; les nageoires, les brillantes écailles scintillaient sous l'éclat du soleil de là-bas, et si l'œil pouvait être charmé, il ne l'était pas longtemps... Couïc... tout disparaissait dans un vaste panier — panier qui doit ressembler un peu, j'imagine, à celui qui sert à M. Deibler à expédier ses clients.

Pour que l'alose soit ainsi pourchassée et traquée, il faut qu'elle constitue un mets de choix et que sa vente procure de gros bénéfices. On m'assure qu'elle est, en effet, hautement appréciée par de fins connaisseurs.

En ce qui me concerne, je déclare n'en avoir mangé qu'une fois. J'avais fait préparer à la maison une alose prise le matin même, et, malgré sa fraîcheur, force m'est de reconnaître qu'elle fut affreusement mauvaise ; c'était mou, flasque, plein d'arêtes, mais je m'empresse d'ajouter que ma cuisinière n'ayant jamais accommodé semblable poisson, l'avait servie frite, ce qui est, parait-il, une hérésie culinaire. L'alose se prépare autrement et je regrette de n'avoir pu mettre à profit, alors que j'en avais l'occasion, les bonnes recettes qu'on m'a données depuis. Souvenez-vous que l'alose se mange grillée et farcie d'oseille ou grillée et mouillée d'une sauce maître d'hôtel, d'une sauce aux câpres ou d'une sauce hollandaise. Les raffinés la font cuire à la broche et arroser de beurre frais, qu'on lie, au moment de servir, avec un peu de glace de viande aromatisée d'un jus de citron. M'est avis qu'un bon pêcheur doit savoir, au besoin, accommoder ses poissons et réussir une friture et un court-bouillon aussi bien que le meilleur cordon-bleu. Cette opinion fera sourire des confrères, mais les personnes qui sont appelées souvent chez des pêcheurs ne la trouveront pas si bête qu'elle en a l'air.

L'alose n'a pas toujours la même valeur comestible ; pour être entièrement *à point*, pour arriver à son apogée de finesse, il faut qu'elle ait séjourné pendant un certain temps en eau douce ; ainsi les aloses qu'on prend dans le Rhône, aux environs de Pont-Saint-Esprit, sont, parait-il, infiniment supérieures à celles qu'on rencontre soit en amont soit en aval. Dans chaque rivière où se trouve l'alose, il en va de même ; la chair de ce poisson s'améliore à mesure qu'il remonte, puis, après avoir atteint, à un endroit donné du parcours, son maximum de finesse, elle commence à perdre ses qualités, à dégénérer insensiblement et finit par devenir complètement molle et sans aucune saveur.

XVII.

L'ABLETTE

I. Une pêche qu'on n'ose avouer.

Les pêcheurs d'ablettes sont très nombreux et beaucoup d'entre eux, n'en doutez pas, aiment cette pêche avec passion ; mais c'est une passion timide, discrète, qu'ils n'affichent point et qu'ils cherchent même à dissimuler. Interrogez-les : ils vous répondront que leurs prises d'ablettes sont fortuites, qu'ils ne les font qu'en pêchant d'autres espèces de poissons, et patati et patata... Pourquoi ces innocents mensonges ? Tout simplement parce que nos confrères craignent d'être tournés en ridicule en avouant qu'ils trouvent du charme à une pêche qui n'est pas encore classée au rang des sports de haute distinction. Pêcher des ablettes, cette menue *blanchaille*, ah ! fi donc ! Patience. Le jour viendra peut-être, où un imbécile de marque, un de ceux qui donnent le ton et consacrent la mode, *lancera l'ablette ;* vous verrez alors une armée de gaules se lever sous sa bannière et tous les snobs se proclamer pêcheurs d'ablettes.

Avec l'ablette, j'en conviens, vous n'éprouvez pas les angoissantes émotions des grandes pêches; point de défenses sérieuses, point de longues luttes, et nos revues auront bien rarement occasion de parler de vos exploits. Il n'en est pas moins vrai, si vous êtes un fin pêcheur, que la modeste ablette vous procurera des plaisirs qui ne sont point à dédaigner. Et puis ne vaut-il pas cent fois mieux, je vous le demande, être un bon pêcheur d'ablettes, connaissant à fond toutes les finesses et toutes les ressources de cette pêche, qu'un méchant pêcheur en chambre de n'importe quel gros poisson, qu'on ne prend que rarement ou même pas du tout?

L'ablette est un de nos plus jolis poissons. Corps élégant, allongé, très comprimé, sur les côtés; tête fine, à laquelle un grand œil noir donne une vie intense. Et quelle livrée! d'une riche teinte bleue ou verte sur le dos et les flancs et d'un blanc argenté du plus vif éclat sur le ventre.

On rencontre des ablettes dans la plupart de nos rivières et de nos lacs de France. Elles se groupent généralement en bandes nombreuses, qu'on voit frétiller à la surface de l'eau: toutes leurs petites têtes paraissent se toucher, mais à la moindre alerte, les bandes disparaissent, — un léger bruit de pieds, un mouvement brusque que vous faites, suffit pour les effrayer. Heureusement pour les pêcheurs, elles sont aussi curieuses qu'elles sont craintives. Jetez quelque chose dans l'eau, vous les voyez fuir d'abord et revenir presqu'aussitôt pour examiner ce que vous avez jeté. Quelle aubaine. si c'est une pincée de vers ou d'asticots dont vous les avez gratifiées; chacune veut en avoir sa part, elles se pressent, se bousculent à qui mieux mieux. Un pêcheur, sachant mettre à profit cette double observation que l'ablette est craintive et curieuse, est assuré du succès. Appâter souvent, marcher avec une extrème précaution, ne pas se laisser voir et pêcher finement, tel est donc le secret de cette pêche.

M. Raveret-Watel dit que les ablettes frayent « depuis le commencement d'avril jusqu'en juillet. Remontant les rivières en rangs serrés, elles recherchent, pour effectuer leur ponte, des fonds garnis de pierres et de mousse. Elles sont alors très vives, très surexcitées. Sautant, frétillant sans cesse, elles produisent par leur agitation continuelle, un bruit comparable à celui d'une forte averse qui tomberait sur l'eau. Les œufs, petits et très nombreux, sont déposés généralement pendant la nuit, tantôt sur des plantes aquatiques, tantôt directement sur le gravier. »

L'ablette parait affectionner tout particulièrement les grandes masses d'eau, aussi, la rencontre-t-on assez rarement dans les petites rivières et les ruisseaux. Elle nage continuellement entre deux eaux et monte souvent à la surface pour y chercher sa nourriture.

L'ablette est-elle un bon morceau ? Je sais trop combien il est imprudent de se prononcer en matière de goûts pour répondre catégoriquement à cette insidieuse question; je dois cependant vous déclarer que, s'il m'était donné d'avoir à choisir entre une friture de goujons et une friture d'ablettes, mon choix serait vite fait, je prendrais les goujons.

Les poissons chasseurs sont plus friands des ablettes que nous ne le sommes ; elles constituent des amorces de premier ordre pour certains vifs. Je monte très volontiers une petite ablette sur mes hélices à truites.

Notons que les écailles des ablettes sont recouvertes d'une matière nacrée, très abondante sur leur face interne, dont l'industrie se sert. Ces écailles, délicatement enlevées, son lavées à plusieurs eaux, pilées et pressées dans une toile à trame largé, qui laisse échapper un liquide argenté qu'on lave aussi et qu'on additionne de diverses drogues pour empêcher toute fermentation. Ce liquide ainsi obtenu est ce qu'on appelle *l'essence d'Orient*, dont on se sert pour la fabrication des fausses perles, — c'est une industrie assez prospère et d'invention française.

En voilà plus qu'il n'en faut, n'est-il pas vrai, pour réhabiliter l'ablette. Chacun de nous peut donc crier bien haut, sans peur de se compromettre, qu'il aime à la pêcher à la ligne.

On pêche l'ablette avec de très petits vers rouges de terreau ou avec des asticots. Quand vous le pouvez, donnez toujours la préférence aux asticots, — l'ablette les engloutit complètement, tandis qu'elle s'amuse souvent à *suçoter* les vers sans les saisir entièrement, ce qui la fait manquer quelquefois.

Pêchez avec une canne flexible et légère ; il m'importe peu qu'elle soit à une ou à deux mains, l'essentiel est qu'elle vous obéisse bien et qu'elle assure un bon ferrage. Montez votre bas de ligne de deux mètres au plus sur crin de cheval ; ce crin se voit à peine dans l'eau et il est suffisamment résistant pour vous permettre d'enlever d'autorité ces petits poissons que sont les ablettes. J'ai tort de vous dire que vous pouvez les enlever d'autorité, parce que si ce mouvement rapide et légèrement brusque ne menace pas de rompre votre crin, il menace beaucoup de déchirer la bouche délicate du poisson. Placez un hameçon d'extrémité et deux hameçons latéraux à 20 ou 25 centimètres les uns des autres, hameçons très petits, n° 18 au plus, qu'un seul asticot recouvre entièrement. Plombez avec un plomb de chasse n°. 5 ou 6, posé à 20 ou 30 centimètres de l'extrémité du bas de ligne ; un simple canon de plume suffit comme flotteur.

On choisit généralement des endroits où l'eau a un léger courant et une profondeur moyenne. Une profondeur d'un mètre à deux mètres convient admirablement. Jetez quelques asticots, examinez s'ils sont enlevés par les ablettes et, quand vous êtes assuré qu'elles sont sur votre coup, amorcez votre ligne et lancez-la à l'endroit voulu ; l'attente ne sera pas longue : vous verrez bien vite votre flotteur plonger, ferrez aussitôt sans brusquerie, l'ablette est à vous. Vous prendrez très souvent deux ou même trois poissons du même coup. Mais, je vous le répète, pas l'ombre de bruit et dissimulez-vous de votre mieux, toute ablette qui vous entendra ou vous verra s'empressera de fuir.

L'ablette nage presque toujours entre deux eaux, — c'est là une chose dont vous devez vous souvenir quand vous placez votre flotteur ; disposez le donc de manière à pêcher à *moitié eau*.

Je vous conseille de jeter assez souvent sur votre coup des pincées de vers ou d'asticots, mêlés à du crottin de cheval, pour y attirer le poisson et l'y maintenir. En parlant de cette pêche, le bonhomme Kretz nous dit : « Elle est des plus faciles et tout le monde peut s'y amuser ; on y prend quantité d'ablettes, qui abondent partout ; il ne faut, pour réussir, que la patience et du silence et surtout beaucoup de vers, car il faut amorcer souvent, si l'on veut obtenir quelque succès ».

Ces pêches ne sont réellement pratiques que par eaux claires.

A de rares exceptions près, l'ablette mord toute la journée, depuis le printemps jusqu'à l'hiver.

L'expérience m'a prouvé que la mouche de cuisine est, de tous les insectes, celui dont l'ablette se montre le plus friande. Cette mouche n'est malheureusement que trop commune en été et en automne, aussi est-il facile d'en faire d'amples cueillettes, qui permettent d'appâter un coup et d'amorcer abondamment. Même canne, même bas de ligne que pour la pêche à l'asticot, — ces deux pêches se ressemblent entièrement, il n'y a de changement que dans l'amorce. Cette amorce consiste en une seule mouche, piquée sur l'hameçon.

Ferrez à la première oscillation du flotteur. Pêchez par eau claire. La saison des mouches vous indique d'elle-même l'époque de cette pêche, à laquelle j'estime qu'aucune autre pêche ne saurait être comparée, pour l'ablette. Un très léger vent du midi ou du nord ne nuit pas au succès ; c'est, du moins, ce que j'ai constaté sur nos rivières de l'Est.

On fait de fort belles pêches d'ablettes à la mouche artificielle, à la condition, toutefois, de n'employer que des mouches minuscules, que ces poissons puissent facilement happer avec leurs petites bouches. Mais je vous préviens charitablement que cette pêche *éreinte* les mouches artificielles, — les fines barbes des plumes sont sans cesse tirées de droite et de gauche et finissent par être complètement arrachées en très peu de temps. La couleur des mouches importe peu, les ablettes ne me paraissant pas avoir de préférences marquées à cet égard.

Cette pêche doit se pratiquer surtout pendant les mois chauds, juin, juillet, août et une partie de septembre. L'ablette se tient alors beaucoup en tête et en queue des courants.

L'ablette dont je viens de vous parler est l'ablette ordinaire. Il en existe une seconde espèce, *l'ablette spirlin,* que je puis vous faire connaître en quelques mots. Cette ablette se distingue de l'autre par sa taille moins grande, par sa forme moins allongée, par sa livrée beaucoup moins éclatante. Elle porte, tout le long de la ligne médiane, une double rangée de petites taches noirâtres.

La spirlin aime les eaux courantes ; on la rencontre dans les plus petites rivières, dans les simples ruisseaux. Comme l'ablette ordinaire, elle se groupe en bandes nombreuses, nageant entre deux eaux.

On pêche cette ablette identiquement de la même façon que l'ablette ordinaire ; employez les mêmes cannes, les mêmes amorces et les mêmes manières de procéder, c'est-à-dire pêchez avec un bas de ligne composé de crin de cheval et armé de trois petits hameçons ; plombée et flotte ultra-légères. Ne tressez pas deux crins ensemble pour monter vos bas de ligne ; ajoutez un crin à un autre jusqu'à ce que vous ayez une longueur suffisante, un mètre cinquante, deux mètres au plus.

XVIII

LE VÉRON. — LA LOCHE.

LE POISSON DES PETITS PÊCHEURS.

Le véron ? Le choix d'un tel sujet étonnera peut-être quelques-uns de mes jeunes lecteurs. Pourquoi nous parler du véron, diront-ils, ce poisson n'intéresse personne. Qui sait? Je crois, au contraire, que les plus habiles parmi nous, voire nos meilleurs preneurs de saumons et de truites, m'approuveront de ne point avoir négligé cet infiniment petit, surtout si ces confrères ont la barbe et les cheveux fleuris d'un nombre respectable de blanches marguerites, parce que rien de ce qui touche à la pêche ne saurait trouver un vrai pêcheur indifférent, et aussi parce qu'en leur parlant du véron, j'évoquerai chez eux une foule de souvenirs de jeunesse qui, je le sais par expérience, nous sont d'autant plus chers qu'ils nous reportent à une époque plus éloignée de notre existence. Renseignez-vous et vous verrez que sur vingt d'entre nous, quinze au moins comptent un véron comme première prise. Etaient-ils assez ravis en le voyant se débattre au bout du fil ! Leurs petites mains tremblaient d'émotion pour le décrocher ! Il est doux de revivre par la pensée ces moments-là; conservons donc de la reconnaissance à l'humble bestiole qui nous les a procurés. Premier poisson, premier gibier, ou ne vous oublie jamais.

Véron, écrivent les uns; Vairon, écrivent les autres. Grave question d'orthographe, sur laquelle j'ai voulu me renseigner. J'ai consulté trois dictionnaires. Hélas !

en pure perte, et je ne sais rien de plus, pour cette excellente raison que mes trois compères procèdent de la même façon. Au mot véron, il vous disent: voyez vairon, et au mot vairon, vous renvoient à véron. Ce n'est pas plus malin que ça. Le plus gros de ces bouquins, un Bescherelle en deux énormes volumes, s'il vous plait, est cependant moins laconique. On y lit: « Vairon. Ichtyologie. Nom que quelques pêcheurs donnent au goujon à cause de la variété de ses couleurs ». Le véron pris pour un goujon et le goujon remarquable par la variété de ses couleurs!... Quelle trouvaille!... Guignol dirait qu'elle vaut son pesant de mélasse. Conclusion: véron, ou vairon, écrivez à votre guise.

Le véron est abondant dans tous les lacs, toutes les rivières grandes ou petites, et même dans les simples ruisseaux, dont les eaux sont pures et fraîches; il y vit généralement en bandes nombreuses. Son corps allongé et comprimé légèrement sur les côtés, vers la partie inférieure, est de forme élégante. Ses écailles, extrèmement petites et couvertes de mucus, se voient à peine ; leur coloration varie beaucoup: tantôt d'un gris bronzé, tantôt d'une teinte olivâtre sur le dos, elles portent, sur les flancs, des taches et des bandes noirâtres. A l'époque du frai, les mâles ont une riche livrée... du rouge vermillon, du noir, du jaune, quelquefois du bleu, lui donnent un éclat extraordinaire.

« C'est en mai et en juin, dit M. Raveret-Watel, que les vérons effectuent leur ponte. Réunis en troupe, ils choisissent, pour frayer, les endroits peu profonds, où le courant est très accentué, le fond découvert, sablonneux ou graveleux. Chaque femelle donne de sept cents à un millier d'œufs assez gros, qui se collent aux pierres et aux cailloux du fond et paraissent mettre une quinzaine de jours à éclore.

« A l'entrée de l'hiver, les vérons se retirent dans les anfractuosités du fond ; ils se cachent sous les racines des arbres qui bordent les rives, sous les grosses pierres

ou sous quelque amas de détritus et ils y passent toute
la mauvaise saison, en compagnie d'autres petites espèces, telles que les goujons, les loches, etc. »

Dans tout le Sud-Est, le véron n'est connu, je crois,
que sous ce nom-là, mais il en porte d'autres ailleurs; on
l'appelle Verdon, Erling, Verdelet, Arlequin et, pour
vous donner un léger aperçu de ma haute science ichtyologique, permettez-moi d'ajouter qu'il est de la famille
des Cyprinidés. Ouf !

Vous rencontrez généralement la truite dans les eaux
qu'habite le véron. Elle est très friande de ce petit poisson; on dirait qu'elle aime à s'en gaver. Souvent, j'ai
vu des grosses truites dégorger un nombre invraisemblable de vérons, au moment où je les assommais; elles
en avaient la gueule remplie à tel point qu'on pouvait
difficilement comprendre comment le vif y avait trouvé
place. C'est vous dire que le véron est une excellente
amorce pour la pêche de la truite au vif ou à l'hélice.
Il est également employé par les pisciculteurs pour peu-
pler des bassins où sont parqués des salmonidés d'une
certaine grosseur. Malheureusement sa voracité fait qu'il
détruit beaucoup d'œufs d'autres poissons, et notamment beaucoup d'œufs de truites; il s'attaque même aux
jeunes alevins. Plusieurs pêcheurs du Mont-Dore m'ont
affirmé que le frai des truites du lac de Guéry était complètement détruit par les vérons. Pour frayer, les truites
quittent le lac et vont déposer leurs œufs dans de petits
ruisseaux, ses affluents, où les vérons abondent tellement
qu'on pourrait en prendre avec la main comme on en
prendrait dans un étroit vivier ou un bocal. Il faut porter remède à cet état de choses; ce serait vraiment un
crime de ne pas protéger le frai des délicieuses truites de
ce joli lac, lac perché à quinze cents mètres d'altitude,
dans un site enchanteur; les touristes qui le visitent en
reviennent ravis et les pêcheurs qui ont eu la bonne fortune d'y tremper du fil en rêvent pendant des mois.

Bien que la chair du véron ait une légère amertume,

elle n'en est pas moins acceptable si elle est préparée avec soin. On doit nettoyer complètement le poisson, l'égoutter, le saupoudrer d'un peu de fleur de farine et le plonger vivement dans une friture bouillante, d'où on le sort quand il est doré et croustillant. On le croque entièrement. Pas d'arêtes à redouter. Et puis, il n'y a que la foi qui sauve — j'ai vu souvent servir des fritures de vérons sous le nom pompeux de fritures de goujons; les malins en riaient sous cape, les autres convives s'en léchaient les doigts. — Pas mauvais non plus le véron en beignets; c'est là un plat qui *abonde*, disent les ménagères économes.

Le véron se nourrit principalement de menus insectes, de vers, de débris végétaux, mais il est si vorace que tout lui est bon. Il vous gênera souvent en pêche. Pâtes préparées, fromage, pain de chènevis, sang farineux, quelle que soit votre amorce (le vif et ses imitations excepté bien entendu), il cherchera toujours à la désagréger pour en prendre sa petite part, et vous le verrez la tirailler de droite et de gauche votre flotteur, par d'imperceptibles frémissements, vous indiquera la présence du voleur.

Ces attaques incessantes du véron sont surtout nuisibles quand on pêche au ver, même au très gros ver, parce qu'il le suçote et le vide en quelques minutes, ce qui vous oblige à le changer à chaque instant. En pareille circonstance, il m'est arrivé souvent, de guerre lasse, d'abandonner un excellent coup; aussi je vous laisse à penser quelles formidables imprécations j'ai entendu proférer contre le véron par des confrères victimes, comme moi, de ses vilains tours! Bien mieux, quand pour me procurer des amorces je pêche à la très fine mouche artificielle de petites soëfs brillantes qui se tiennent sur les bords de l'Ain, mes mouches sont continuellement tiraillées par des vérons, qui ont tôt fait de les déplumer — un brin par ci, un brin par là — ce n'est pas long.

Si on ne pêchait que le véron, les fabricants d'articles de pêche pourraient *mettre la clef sous la porte;* à coup sûr leur imagination n'aurait point à se fatiguer pour créer des perfectionnements à l'outillage du pêcheur. Cet outillage est rudimentaire; une épingle mise en crochet, un bout de fil, une branche coupée dans n'importe quel buisson, pourraient, au besoin, le constituer, et bon nombre d'entre nous n'en ont pas eu d'autre à leurs débuts.

Munissez-vous d'une légère canne en roseau, de deux à trois mètres; prenez du crin de cheval pour monter votre bas de ligne, qui sera armé de deux et même de trois hameçons, de la grosseur des hameçons *invincibles* nº 17 et 18; plombez d'un seul grain et contentez-vous comme flotteur d'une simple plume.

Pêchez en plaçant votre premier hameçon à quatre ou cinq centimètres du fond. Amorcez de préférence avec de petits vers rouges, les vérons les saisissent mieux que les asticots. Ferrez aux premières touches.

Pêchez près des bords, autour des arches des ponts, à proximité des vannes de moulins, dans les gués, dans les remous à fonds rocailleux ou de sable, près des embouchures de ruisseaux, de petits canaux.

On peut pêcher le véron depuis le mois de mars jusqu'à l'entrée de l'hiver, mais les meilleurs mois de pêche sont les mois chauds. Les vérons mordent mal par les temps orageux. Un peu de son mêlé à du sable et jeté à l'eau les attire bien sur un coup.

Quand on veut prendre beaucoup de vérons et surtout quand on veut les conserver, soit pour en nourrir des poissons, soit pour les employer comme amorces de vif, il faut abandonner la ligne et se servir de ces grosses bouteilles en verre blanc appelées *carafes à goujons.* On jette une poignée de son dans la bouteille et on la coule avec précaution au fond de l'eau, en ayant soin d'en tourner le goulot contre le courant; si l'endroit est bien choisi, cette bouteille se remplira en moins d'une heure. Une fois qu'un véron est entré dans le piège, les autres s'y précipitent à l'envi; aussi est-il bon d'y déposer toujours un ou deux vérons, comme appelants ou entraîneurs.

Puisque je vous parle du véron, j'estime que je dois vous parler aussi de la *Loche*, qui se trouve dans la plupart des cours d'eau où il se rencontre.

Il existe deux espèces de loches: la loche franche et la loche de rivière. On les confond presque toujours sous les mêmes noms, et ces noms varient beaucoup: les plus communs sont ceux de Dormille, Ratouille, Motelle, Barbotte, Lanceron, Chateille.

La loche franche a le corps cylindrique et allongé, couvert d'un mucus abondant, qui rend les écailles presque invisibles. Sa livrée est tachetée de gris. Cette loche porte six barbillons, tous placés à la lèvre supérieure. Sa longueur ne dépasse guère sept à huit centimètres.

Elle recherche les rivières et les ruisseaux dont les eaux sont pures et courantes. Elle fraye au printemps. Sa chair est des plus délicates. Une bonne friture de loches peut figurer sur la table d'un diplomate.

La loche de rivière se distingue de la précédente, par sa taille, qui peut atteindre douze et même quatorze centimètres, par sa livrée tachetée de brun, et surtout par la place de ses barbillons — deux seulement sont attachés à la lèvre supérieure, les quatre autres le sont à la lèvre inférieure.

Cette loche se plaît dans toutes les rivières. Sa chair a beaucoup moins de finesse et de saveur que celle de la loche franche.

On pêche peu à la ligne ces deux espèces de loches. Elles mordent au ver rouge et prennent mieux l'amorce en eau troublée qu'en eau claire. Il faut pêcher de manière à ce que l'amorce traîne sur le fond. Même bas de ligne que pour le véron, à cela près que ce bas de ligne ne porte qu'un seul hameçon et que sa plombée doit être plus forte. Mieux vaut prendre les loches à la petite nasse ou à la trouble.

Pour terminer l'étude générale de nos poissons de rivière, je devrais vous parler encore de la *Lotte* et de la *Plie ou Flet commun*, mais j'y renonce. La lotte est assez rare dans nos eaux et ne se prend que la nuit, aux cordées. Quant à la plie, c'est un poisson de mer, qu'on ne rencontre que dans certains de nos fleuves et qu'on ne pêche à la ligne que très exceptionnellement. Et puis je n'ai jamais pêché ces deux poissons; or, je déteste de parler des choses que je ne connais pas personnellement.

En terminant, je tiens à revenir sur un sujet que j'ai traité : il s'agissait de la truite, qu'on prend avec des boulettes de mie de pain. La truite!.... Ah! j'en apprends de belles sur son compte ! Faut-il donc que toutes mes illusions sur elle s'envolent comme les feuilles mortes sous le vent d'automne?... Celle que j'appelais la *noble dame*, celle à laquelle je prêtais tous les fiers instincts de la bête de proie, gobait des boulettes de mie de pain comme un vulgaire hotu. Voilà une première désillusion. En voici une seconde, plus corsée. La noble dame mange du fromage de gruyère. Çà, c'est le comble, c'est une dégringolade complète à mes yeux, du moins, car je vous avoue que j'ai une sainte horreur du fromage. Encore s'il m'était permis d'avoir quelques doutes! Mais non, la chose m'est affirmée par des confrères sérieux autant qu'obligeants, et je suis forcé de me rendre à l'évidence. Voici une des lettres que j'ai reçues:

« Vous avouez votre stupéfaction, en voyant des truites prises à la mie de pain. Après avoir expliqué ce fait de la manière qui me paraît la plus plausible, vous ajoutez que « sans doute on ne fera pas que la truite se prenne d'un fol engoûment pour les boulettes de pain. » Qui sait? Plus bas, vous dites que les pêcheurs de truites à la pâte « rentreront, neuf fois sur dix, le panier vide à la maison ». Que nenni!

« Les hasards de ma vie de fonctionnaire m'ont fait résider pendant près de quatre années dans la Seine-Inférieure, près de la... rivière assez vive en truites.....

« Je dois vous confesser qu'à mon arrivée j'ignorais tout de la truite, sauf sa saveur cependant, et ne connaissais pas les joies de la pêche à la mouche artificielle, que j'ai souvent goûtées depuis. J'ai pêché pendant les années 1905, 1906, 1907, et voici mon tableau par ordre chronologiques : 117 — 211 — 240. Eh bien ! un bon quart de ces truites ont été prises *au fromage !*

« Au fromage ! direz-vous ? Parfaitement. Tout le monde, là-bas, pêche la truite au fromage. Cet appât était mon ultime ressource, quand la truite dédaignait la mouche, quand le devon demeurait sans succès, une boulette de fromage, grosse comme le bout du médius, sur un hameçon de taille *ad hoc*, me sauvait de la bredouille. Un de mes amis, M. J..., qui pêchait dans le même rivière que moi, n'a jamais employé d'autre appât que le fromage, et il faisait de jolies pêches.

« J'ai vu la truite dédaigner les autres appâts et se jeter goulûment sur le fromage, être manquée plusieurs fois et avaler toutes les boulettes qu'elle dégorgeait lorsque, enfin, elle était prise... »

Aucun doute n'est permis. Ma *noble dame* a des goûts bien vulgaires.

CAUSERIES

Sous les arbres de la rive.

CAUSERIES

———

Sous les arbres de la rive

———

Nos rivières poissonneuses.

MA RIVIÈRE D'AIN. — LE FIER, LE RHÔNE ET SES DÉLAISSÉS.
LA DRANSE. — LA LOIRE, L'ARDÈCHE ET L'ALLIER.

Nous sommes à une époque de l'année où beaucoup
d'entre nous, retenus depuis longtemps à la ville par
leurs occupations, éprouvent le besoin d'oublier le souci des affaires, de renouveler leur provision d'air pur,
et, faut-il ajouter, de s'offrir le plaisir de la pêche, leur
sport favori. C'est le moment où le pêcheur citadin se
demande s'il finira par découvrir le petit coin ravissant
qu'il entrevoit dans ses rêves. Et il rêve d'un pays pittoresque, plein de poésie, d'une rivière poissonneuse
où le poisson est bon enfant et ne fait pas trop de façons
pour se laisser prendre, d'un hôtel où il est gracieusement accueilli et bien traité, sans qu'il ait à redouter
de fâcheuses surprises au moment de régler la douloureuse.

Indiquez-moi donc un endroit où je pourrai prendre
beaucoup, beaucoup de poisson, ne cesse-t-on de m'é-
crire.

Hélas ! mes chers confrères, je suis presque exclusivement un pêcheur de truites et d'ombres, et je n'ai
battu qu'un nombre restreint de rivières; aussi ma ré-

ponse, s'appuyant sur mes seules données personnelles, ne vous serait guère utile, quelle que soit ma bonne volonté. Mais, comme je possède des renseignements fournis par d'excellents pêcheurs, en la parole desquels on peut avoir pleine confiance, je n'hésite pas à vider mon sac. Qui sait? au fond, peut-être, contient-il quelque chose à glaner.

Permettez-moi de vous présenter l'Ain. J'y ai trempé du fil dès l'âge de sept à huit ans et, comme j'en ai soixante-quatorze à cette heure et que j'y ai beaucoup pêché chaque année, c'est plus qu'il n'en faut, convenez-en, pour la connaître.

L'Ain est une de nos belles rivières. Elle traverse un pays accidenté, varié à l'infini, si pittoresque, qu'on l'assimile avec raison à une *Suisse en miniature*. Ses eaux sont rapides, bouillonnent souvent; d'une rare limpidité, elles coulent sur un fond de roches et de graviers. Ajoutons : bien que livrée au pire des braconnages à l'aide du filet traînant dit *perchu*, elle demeure encore assez abondamment pourvues de truites et d'ombres, d'ombres, surtout.

Dois-je vous le dire enfin ? Les hôtels de nos contrées méritent, à tous égards, l'excellente réputation dont ils jouissent; ils vous offrent, à des prix modérés, une bonne table et un bon lit, deux choses dont on comprend la grande importance quand, après une rude journée de pêche. on rentre fourbu et l'estomac dans les talons.

Ne vous hâtez pas, toutefois, de jeter votre dévolu sur l'Ain. Cette rivière enchanteresse, je vous en préviens, se montre peu aimable pour ceux qui commencent à flirter avec elle ; elle les boude, leur fait encaisser bredouilles sur bredouilles; ce n'est qu'à la longue qu'elle se laisse fléchir, quand on a fini, à force de patience et d'observation, par lui arracher son secret.

Rien d'étonnant à cela. L'Ain est sans cesse battue par une véritable nuée de pêcheurs du pays, presque tous passés maîtres comme pêcheurs au ver, à l'hélice et à la mouche artificielle, et de plus admirablement outillés. Du matin au soir, nos poissons voient défiler devant leurs yeux des amorces de choix dont l'extrême limpidité des eaux leur permet d'examiner les détails, et tous ou presque tous ayant été déjà plusieurs fois piqués, leur défiance est excessive. Quand vous aurez pêché dans l'Ain, et que vous y aurez réussi, vous pourrez pêcher partout, vous êtes assuré du succès. D'ailleurs, la difficulté ne doit jamais décourager un bon pêcheur, elle le stimule plutôt.

Dans sa partie haute, l'Ain est très vive en truites, un peu moins en ombres. Plusieurs confrères, qui sont allés à Champagnole (Jura), sont revenus enchantés de leur déplacement. Il y a là-haut une Société de pêche modèle, veillant au repeuplement et réprimant si bien le braconnage que, malgré les nombreuses prises des pêcheurs à la ligne, la rivière ne paraît rien avoir perdu de son ancienne richesse. Bons et nombreux hôtels. Cercle pour les pêcheurs à la ligne. Le président de la Société de pêche est accueillant pour les confrères arrivant à Champagnole; il leur donne toutes les indications dont ils peuvent avoir besoin. Et quel beau pays, parsemé de petits lacs et couvert de grandes et splendides forêts. Je l'ai parcouru l'an dernier, j'étais émerveillé.

Cherchons ailleurs, maintenant. En s'arrêtant pendant un jour ou deux à Culoz, sur la ligne de Lyon à Genève, on peut rapidement visiter les environs de cette station et s'assurer des grandes ressources qu'ils offrent au point de vue de la pêche. Le Fier, le Rhône et ses délaissés, le lac du Bourget, le canal d'Ethon qui fait communiquer le lac avec le Rhône et quantité de petites rivières sont à proximité ; et la plus grande variété de poissons. Vous pourrez prendre truites, ombres, perches, brochets, barbeaux, etc..., etc... et même ombres-chevaliers, selon que vous choisirez avec discernement votre lieu de déplacement définitif.

Je m'en voudrais de ne pas vous parler de la Loire.

Depuis Retournac jusqu'à Roanne, je l'ai battue sur tous
les points et je vous prie de croire qu'en maints endroits
la chose n'est pas toujours facile. Que de fois, arrêté par
un à-pic sur un profond, j'ai dû grimper très haut dans
la montagne, au milieu des broussailles, des épines et
des rochers, pour trouver un passage qui me permît de
tourner l'obstacle et de rejoindre le fleuve. On est largement récompensé de ses peines, et, si on n'a pas la guigne de tomber sur un jour où le poisson *ne veut rien savoir*, pour employer l'expression consacrée, ou de passer après un malandrin qui a criblé la Loire de cartouches de dynamite, on peut prendre là-bas beaucoup de
truites, d'ombres, de chevennes et de vandoises. Retournac, Pont-du-Lignon, Bas-Monistrol, Bas-en-Basset,
Aurec ont de bons petits hôtels. Ah ! que les morilles que
je mangeais à Bas-Monistrol étaient parfumées et comme
on y préparait savamment la truite meunière !

En aval, depuis Andrézieux jusqu'à Roanne, vous rencontrez moins de truites dans la Loire, et beaucoup
moins d'ombres, mais les carpes, les chevennes, les vandoises, les perches, les barbeaux sont abondants. Sans
doute, la Loire est braconnée là-bas comme partout ailleurs, et si on y rencontre encore du poisson, cela tient
uniquement à ce que les lots de pêche y sont pris à ferme
par de riches propriétaires riverains, qui ne pêchent aux
filets que pour leur plaisir et assez rarement, et non par
des fermiers, qui font du métier, de la spéculation, qui
drainent leurs lots du matin, au soir, souvent même
pendant la nuit. Rien à faire après ces gaillards-là — le
peu de poisson qui leur échappe est tellement traqué,
pourchassé de toutes façons qu'il est toujours défiant et
mord très mal.

Montrond est un coin de pêche excellent. Une longue
espérience me permet de vous assurer que vous en trouverez rarement de meilleurs. Il n'est pas très éloigné du
Lignon, ce beau Lignon du Forez, renommé pour ses
truites et aussi, *depuis quelques années*, pour ses om-

bres. Les ombres y réussissent admirablement, paraît-il.
Je regrette que ce repeuplement en ombres n'ait pas été
fait plutôt ; j'ai pris des masses de truites dans le Lignon, sans jamais y toucher une ombre, pour l'excellente
raison que la rivière n'en contenait pas une seule alors.

Un affluent de la Loire, l'Allier, mérite aussi d'attirer
votre attention. C'est une rivière bien peuplée de poissons et de poissons variés ; les pêcheurs de saumons s'y
donnent maintenant rendez-vous. Deux de mes amis y
ont fait, l'an passé et cette année, de belles prises.

On peut se fixer à Brioude. Là, en plus de l'Allier,
vous avez quantité de petites rivières peu éloignées, où
la pêche est bonne. Un obligeant confrère, M. Silvain,
bien connu à Brioude, se met toujours à la disposition
des pêcheurs, pour leur donner les renseignements qu'ils
peuvent désirer.

Mention spéciale pour l'Ardèche, où la truite abonde.
Vous êtes sûr d'y faire de beaux paniers, même au gros
de l'été, si vous avez un peu de pratique. L'an dernier,
le lieutenant Dubois m'écrivait, le 8 juillet : « J'ai pris,
en peu de temps et malgré un *soleil brûlant*, une vingtaine de truites — mais il y en a tant ! »

C'est bien tentant, avouez-le.

De sérieux correspondants me disent que dans la Lo-
zère, le Tarn, le Cantal, l'Aveyron, se rencontrent d'excellents endroits de pêche. — J'ajoute à cette liste la
Haute-Savoie, où la Dranse fera le bonheur des pêcheurs
de truites qui s'installeront au Biot, à Morgine ou à
Abondance. C'est la petite truite qu'on prend dans cette
Dranse supérieure. — Pour pêcher la grande truite, la
truite des lacs, il faut s'arrêter à Thonon et pêcher dans
la Dranse depuis son embouchure jusqu'à deux ou trois
kilomètres au-dessus du Pont-de-la-Douceur. La grande
truite ne se rencontre guère plus haut. A remarquer
qu'on ne la trouve dans la Dranse qu'au moment où elle
remonte du lac pour frayer en eaux rapides — cette montée *commence* dans la seconde quinzaine d'août. Avant

cette époque, on prend cependant parfois quelques grosses truites, quand les étés sont très chauds ; il arrive alors qu'elles quittent le lac surchauffé, pour s'engager dans les eaux glaciales de la Dranse.

J'arrête là ma liste de déplacements. Sans doute, je pourrais la faire plus longue — il y a tant de charmants coins de pêche, dans notre belle France ! Mais j'ai tenu à parler uniquement de ce que je connais ou de ce qui m'a été indiqué par de fins pêcheurs avec lesquels je suis en relations depuis longtemps.

Je vous conseille de choisir le plus possible, pour y faire vos déplacements de pêche, les grandes rivières, les rivières navigables et flottables qui appartiennent à l'Etat. Vous pourrez les battre sans vous exposer à des ennuis de toute sorte. Sur les petites rivières, il n'en est plus ainsi. Vous savez qu'elles appartiennent aux propriétaires riverains ; or, ces propriétaires font souvent bonne garde au moment où la récolte est sur pied — ils vous défendent de suivre le cours d'eau. Estimez-vous heureux quand vous n'en rencontrez pas de mal élevés qui vous injurient grossièrement et menacent de vous frapper. Parfois, on vous demandera la forte somme pour de prétendus dommages que vous auriez causés. Enfin, n'oubliez pas que tout propriétaire riverain peut vous faire dresser procès-verbal *pour pêche* sur la partie de rivière qui lui appartient. — Pêche sur les eaux d'autrui, comme chasse sur le terrain d'autrui, sans autorisation, risque de vous amener sur les bancs de la police correctionnelle.

Quelle belle et rapide fortune ferait l'intelligent hôtelier qui élèverait un hôtel bien aménagé sur les bords d'une rivière très poissonneuse, dont il louerait une grande étendue, qu'il repeuplerait et surveillerait avec soin pour la mettre à la disposition de ses clients pêcheurs à la ligne, tout filet y étant rigoureusement prohibé !

Personne, que je sache, n'a encore eu, en France,

l'idée de pareille spéculation. Il n'en est pas de même à l'étranger. Ainsi, dans le grand duché de Luxembourg, se trouve l'hôtel des Ardennes, qui loue à l'Etat et à des particuliers environ cinquante kilomètres de rivière sur la Sûre, l'Ereux blanche et la Blees. Les pêcheurs à la ligne qui habitent l'hôtel ont seuls le droit de pêcher sur ces lots bien gardés ; des prix fort raisonnables leur sont faits, s'ils demeurent plus de dix jours. Aussi cet hôtel est-il toujours plein ; on y vient de tous les pays, surtout d'Angleterre.

Trois pêcheurs de ma connaissance y sont descendus — l'un d'eux s'y trouvait encore au mois de mai dernier. C'est un fin pêcheur qui a fortement travaillé la truite et l'ombre dans la Loire supérieure et dans le Lignon du Forez — rien d'étonnant à ce qu'il ait admirablement réussi là-bas avec les mouches araignées noyées, les eaux étant claires, rapides, coulant sur un fond de gravier. Trois camarades de pêche qui l'accompagnaient et qui étaient férus de la mouche sèche au point qu'ils n'admettaient pas l'emploi d'une autre, finirent, paraît-il, à en rabattre de leur intransigeance après avoir, *pendant quatre jours*, comparé leurs paniers au sien ; tous, à tour de rôle, vinrent solliciter une leçon de mouche noyée. A eux trois, les pêcheurs à la mouche sèche n'avaient pas le quart du poisson que prenait le pêcheur à la mouche noyée.

I.

L'hygiène du pêcheur.

LE VÊTEMENT. — LA CHAUSSURE. — L'ALIMENTATION.

Vous avez fait choix d'une rivière, d'un lieu de pêche. Reprenons maintenant nos entretiens.

Dans la première partie, j'ai eu le plaisir d'étudier avec vous nos poissons d'eau douce et leurs différents modes de pêche. Cette étude était forcément un peu superficielle ; il me reste à la compléter sur certains points importants.

Outillage du pêcheur, appâts, amorces, observations sur les saisons, le temps, quelques pêches spéciales, tels seront les sujets de mes nouvelles causeries.

Peut-être, une fois monté sur mon dada favori, la pêche à la mouche artificielle, serai-je capable de m'emballer. Si cela m'arrive, n'hésitez pas à m'avertir que je rabâche ; pareil avis ne saurait me formaliser, car j'ai la prétention de conserver toujours entre nous cette familiarité qui fait le principal charme des relations qui s'établissent, au bord de l'eau, entre confrères.

Par quel sujet commencer ? J'hésitais, j'hésite même depuis longtemps, quand une quinte de toux est venue mettre fin à mes perplexités.

Je vais vous donner quelques conseils d'hygiène, d'hygiène du pêcheur, que je connais trop tard malheureusement ou, ce qui est plus vrai, que j'ai trop négligée, ce qui m'a valu nombre de maux, tous plus tenaces les uns que les autres. Je paye cher aujourd'hui quelques beaux paniers de poissons, pris autrefois dans des circonstances telles que les spectateurs de mes prétendus exploits ne pouvaient s'empêcher de me taxer de folie. Oui, j'étais fou, fou à lier, et c'est contre les stupides emballements qui me faisaient perdre toute prudence que je tiens à vous mettre en garde. Pénétrez-vous de cette idée que la pêche, plus encore que la chasse, *plus que tous les autres sports*, exige de ceux qui la pratiquent des précautions minutieuses, des soins incessants, s'ils veulent conserver leur santé.

A la pêche, le choix des vêtements est d'une importance capitale.

En toutes saisons, au fort de l'été aussi bien qu'en hiver, le pêcheur doit être entièrement couvert de laine, depuis la tête jusqu'aux pieds ; il faut que son épiderme soit en contact avec la laine *seule*. Chaussettes, caleçons et chemises de laine sont absolument obligatoires. Il va de soi que vous pouvez couvrir *ces dessous* avec le vêtement que vous voudrez ; je suis cependant partisan des vêtements complètement en laine, car on trouve aujourd'hui des tissus de laine si souples et si légers que les plus sybarites d'entre nous peuvent fort bien s'en accommoder, même en été ; baigneurs et touristes les ont adoptés depuis longtemps. Détail qui intéressera les pêcheurs à la mouche artificielle : l'hameçon se décroche plus facilement d'une étoffe de laine que de la toile.

D'habitude, nous ne nous livrons guère à la pêche qu'à la conquête du poisson. Veillez donc uniquement à ce que vos vêtements soient bien ajustés, qu'ils ne gênent aucun de vos mouvements ; l'élégance de leur coupe importe peu. Il n'en est pas de même de leur couleur ; toutes les couleurs claires et voyantes doivent être rigoureusement prohibées. Du bleu légèrement foncé, du gris, du brun, en teintes indécises, effacées et rappelant celles du fameux manteau *couleur de murailles*, dont s'affublent les héros de drame, paraissent convenir à merveille. Il ne faut pas que le poisson vous voie; s'il vous voit, il mordra mal ou ne mordra pas du tout.

Suivant la saison, les vêtements seront plus ou moins épais et chauds, c'est entendu. On devra tenir compte encore du genre de pêche auquel on va se livrer.

Pour pêcher en bateau ou sur place, par exemple, il faudra se vêtir plus chaudement que pour pêcher à l'hélice ou à la mouche artificielle en battant la rivière, parce que la marche et les mouvements violents que l'on fait avec les bras vous réchauffent beaucoup, parfois même beaucoup trop ; aussi, pour ces derniers genres de pêche, est-il prudent d'avoir en réserve une blouse ou une pèlerine, qu'on revêt aussitôt qu'on cesse de pêcher, afin d'éviter les refroidissements.

Depuis plus de trente ans, j'ai adopté, pour cet usage, une ample blouse en toile bleue, avec capuchon. C'est un vêtement parfait. Placé sur n'importe quel dessous, il vous donne autant de chaleur qu'un bon pardessus de drap, et rien n'est plus frais que lui, si on l'endosse seul et qu'on le laisse légèrement entr'ouvert. Il m'est devenu indispensable ; je le fixe par deux courroies sur mon panier, qu'il ne quitte jamais Cette toile se resserre et se feutre au contact de l'eau; pendant *quelque temps,* elle vous garantira de la pluie comme un caoutchouc ; mais, croyez-m'en, adjoignez-lui une véritable pèlerine en caoutchouc qui puisse couvrir vos bras, vos épaules et votre poitrine ; on en fabrique actuellement de si légères et de si faciles à plier qu'elles n'ont pas plus de poids ni de volume qu'un simple étui à cigares. Les temps incertains, couverts, sont excellents pour la pêche à la mouche artificielle et quelquefois pour la pêche à l'hélice, nous partons avec une menace de pluie et c'est le déluge qui arrive. Voilà ce que nous devons prévoir.

Pour les pêches en bateau, au coup, en un mot, pour toutes les pêches où le pêcheur reste à la même place, la pèlerine de caoutchouc sera remplacée par le manteau de caoutchouc. Vous n'avez pas à porter ce vêtement, il ne peut ni vous gêner ni vous fatiguer; vous le placez à côté de vous, au besoin, vous vous asseyez dessus pour éviter tout contact avec l'humidité du sol; vous seriez donc impardonnables de ne pas vous en munir; survienne une bourrasque, que le temps se rafraîchisse tout-à-coup, votre manteau de caoutchouc vous préservera du froid aussi bien que de la pluie.

En ce qui concerne la chaussure, votre choix dépendra encore du genre de pêche auquel vous vous livrez.

Quand on bat une rivière et qu'on est sans cesse en mouvement, la meilleure chaussure est une chaussure légère qui permette de marcher sans bruit. Il m'est indifférent que les poissons entendent par la *ligne médiane* ou par un autre organe; ce que je sais et, ce que nous savons tous, pour peu que nous ayons trempé du fil, c'est qu'ils entendent et qu'ils entendent surtout les bruits provenant d'un heurt quelconque sur le sol, le bruit du pied se posant sur le sol, par exemple, et qu'aussitôt ce bruit perçu, ils s'empressent de fuir ou boudent contre nos amorces si affriolantes qu'elles soient. Un seul poisson, à ma connaissance, fait exception à cette règle générale, c'est l'ombre. Mes compatriotes ne craignent nullement de se chausser d'énormes sabots pour la pêcher ; ils font, en marchant sur les galets, un tapage infernal et leur panier se garnit quand même.

Lorsque vous aurez à suivre des grèves, des bords de rivières très secs, prenez des espadrilles ; remplacez ces espadrilles par des chaussures à semelles en caoutchouc, si les terrains que vous traversez sont humides, et complètez votre équipement par des jambières ou des molletières, si l'herbe de la rive est mouillée de pluie ou de rosée.

Ça, c'est pour les sages. Pour les emballés, autrement dit pour ceux qui entrent dans l'eau, il en va autrement; ils doivent chausser la botte en cuir ou en caoutchouc. Je préfère la première à la seconde, quand on a de longs parcours à faire, parce que la transpiration de la jambe vient se condenser sur les parois de caoutchouc et les mouille très vite. Durant de longues années, j'ai fait l'expérience de ces deux genres de bottes en chassant au marais — j'avoue que je ne m'en suis très peu servi pour la pêche. Demandez aux pêcheurs de Montrond (Loire) comment je procédais, et ils vous diront que, chaussé d'espadrilles, le pantalon retroussé jusqu'à mi-cuisse, je passais des journées entières à battre l'eau dans tous les sens. Quand je sentais par trop de fraîcheur aux jambes, j'allais faire une petite promenade au milieu des orties du bord. C'était un moyen énergique et sûr d'obtenir une prompte réaction et de se réchauffer ; mais on ne se transforme pas impunément en canard, et, malgré les orties, la maladie m'a bientôt atteint. Deux de mes élèves, un capitaine de gendarmerie de Montbrison et un confrère lyonnais, qui avaient eu quelques velléités de m'imiter, ont pincé de tels coups de soleil et de tels rhumes de cerveau qu'ils ont, sans tarder, lâché leur professeur.

Entretenez avec le plus grand soin vos bottes de cuir. Mettez-les sur embouchoirs, à votre retour de la pêche, pour qu'elles ne prennent aucun pli, et graissez-les complètement chaque fois que vous devez les chausser ; veillez à ce que la graisse pénètre bien entre l'empeigne et la semelle. Jamais, au grand jamais, de clous sous les bottes ou sous les souliers de pêche — les clous font du bruit sur les pierres du bord ; de plus, par l'effet de la capillarité, l'eau se glisse le long de ces clous, entre le fer et le cuir, et mouille assez rapidement la semelle.

Pour la pêche au coup, la pêche en bateau, principalement par les temps humides et froids, l'essentiel est d'avoir des chaussures imperméables et chaudes. Les sabots et les galoches en constituent d'excellentes, à condition qu'on ait la précaution de fixer en dessous des lamelles de cuir, de liège ou de feutre, qui amortissent le bruit du bois sur le fond du bateau ou sur le sol.

Passons à la coiffure. En été, quand le soleil darde ses rayons brûlants, la seule coiffure de pêche réellement pratique me paraît être le casque colonial. Avec lui, pas d'insolation à redouter, et il a, de plus, l'avantage d'offrir peu de prise au vent, par sa rigidité et ses formes arrondies. A Saint-Etienne, j'ai été l'un des premiers à m'en servir. La vue de ce nouveau *couvre-chef* excitait la curiosité des passants, qui ne se faisaient point faute de s'en moquer et de me rappeler que les mascarades n'étaient admises qu'en carnaval. Certain jour, à la gare de la Terrasse, alors que j'attendais mon train, un convoi bondé de voyageurs stationna sur le quai et un bon loustic, passant sa tête à la portière, me cria: « Bon voyage pour Cayenne, l'ami! » Le triomphe de mon loustic fut de courte durée. « Tu te trompes, lui répondis-je, je ne vais pas à Cayenne, j'en reviens et ton père que j'ai vu m'a chargé de mille tendresses pour toi; cet estimable vieillard a fixé là-bas sa résidence à perpétuité. »

Aujourd'hui, vous n'avez plus à craindre ces railleries; partout le casque colonial est en vogue.

Choisissez-le gris. Jamais de coiffures blanches à la pêche. Le blanc est, de toutes les couleurs, celle qui se voit le mieux.

Après les chaleurs, prenez le feutre mou. En hiver, remplacez-le par la casquette à oreillettes — c'est si bon d'avoir les oreilles au chaud quand souffle la froide bise — les médecins et les dentistes ne me contrediront pas.

En n'importe quelle saison, l'on ne doit partir à jeun pour la pêche. Lestez votre estomac d'une soupe, d'un morceau de viande, d'un verre de vin généreux et d'une tasse de café. Pas d'alcool. Réservez votre cognac pour fêter vos exploits à la fin du repas que vous prendrez au retour et, si vous avez été maladroit, supprimez ce petit verre pour vous mettre en pénitence; vous ne vous en porterez pas plus mal.

Souvenez-vous qu'après une partie de pêche, pour peu qu'on ait été mouillé par la pluie ou la transpiration, il est imprudent de monter en voiture ou en chemin de fer sans avoir changé ses vêtements ou, tout au moins, ses dessous; la plupart des maux contractés à la pêche proviennent de ce manque de précaution. Après la pêche, si on rentre à pied chez soi, la réaction se fait alors naturellement et le refroidissement n'est plus à craindre.

Ne restez jamais longtemps immobile au bord de l'eau avant ni après le coucher du soleil: l'air des bords de rivière est alors chargé d'une humidité qui vous pénètre, malgré toutes les précautions qu'on puisse prendre. Croyez que le législateur a pour vous des soins paternels, en vous interdisant la pêche avant et après le coucher du soleil; il paraît avoir rédigé l'article 6 du décret de 1897 en collaboration avec nos docteurs les plus éminents.

Asseyez-vous le moins possible sur la terre. On se procure partout une plaque de liège, une planche, un morceau de toile cirée ou caoutchoutée, et tout cela constitue des sièges parfaits. Notre corps est une véritable éponge, qui s'imprègne facilement de l'humidité du sol.

Derniers conseils, les plus importants de tous. Quelles que soient vos chaussures, bottes en caoutchouc ou en cuir, bas imperméables, etc.. etc... ne restez jamais longtemps dans l'eau, et, quand vous en sortez, réagissez énergiquement Méfiez-vous du brouillard, il est peut-être plus dangereux que la pluie, surtout pour les pêcheurs qui demeurent immobiles.

II.

L'outillage du pêcheur.

DES CANNES A PÊCHE

Si chasser avec un fusil qui n'est pas à votre couche, qui tombe mal à l'épaule est chose souverainement désagréable, pêcher avec une canne mal équilibrée, mal jointe, que vous n'avez pas en mains, ne vaut pas mieux, surtout quand il s'agit de pêcher à la mouche. L'emploi de cet engin défectueux gâte complètement le plaisir de la pêche, on se fatigue, on s'énerve, on jette tout de travers, l'amorce tombe à l'aventure et la brédouille qu'on encaisse fait qu'on rentre à la maison fourbu et d'humeur massacrante. Dans son intérêt comme dans celui de son entourage, il importe donc que le pêcheur soit muni d'une canne assurant tout-à-fait le service qu'il lui demande; le choix de cette canne est pour lui une importance capitale. Il aura, comme le fait si bien remarquer M. Albert Petit, une grande influence sur votre sport, sur le nombre et la grosseur de vos victimes, sur le plaisir que vous éprouverez à les piquer et à les dompter, enfin sur la fatigue de votre bras après une journée de pêche.

Suivez ce débutant. Il se rend dans un magasin bien assorti, pour faire emplette de cannes. Les commis s'empressent autour de lui et lui en présentent de toutes les dimensions et de tous les genres, celles-ci en bois, celles-là en roseau, d'autres en bambou, d'autres encore en bambou refendu. Laquelle choisir? L'embarras de notre jeune confrère est extrême, il est pénible aussi, et de guerre lasse, pour en terminer au plus vite, il finira, neuf fois sur dix, par s'offrir un rossignol quelconque, s'il n'a pas eu la sage précaution de s'adjoindre un vieux copain, expert en matière, qui puisse l'aider de ses conseils et lui désigner la canne convenant le mieux à son genre de pêche. Les cannes diffèrent, en effet, suivant l'usage auquel on les destine, et on peut dire, sans exagération, que chaque pêche nécessite des cannes spéciales. C'est ce qui vous explique l'énorme varité que vous rencontrez chez les bons fournisseurs. Je dois ajouter que ces bons fournisseurs (je ne nomme personne pour ne point être accusé de faire de la réclame), ne confient plus aujourd'hui la vente de leurs articles aux premiers venus, mais bien à des hommes compétents, pratiquant la pêche avec habileté et capables de guider l'acheteur embarrassé.

Nous allons examiner ensemble toutes ces cannes, si vous le voulez bien, et pour mettre un peu d'ordre, dans cet examen, nous les classerons, en trois groupes, entièrement distincts les uns des autres; 1° cannes pour la mouche artificielle, l'insecte, le poisson tournant; 2° cannes pour la pêche au coup; 3° cannes à lancer. Ce classement est loin d'être parfait, j'en conviens sans peine, on peut le critiquer sous plusieurs rapports, mais il me permettra quand même de traiter avec plus de clarté et assez complètement mon sujet sans trop m'exposer à des redites ou à des omissions.

I. CANNES POUR LA MOUCHE ARTIFICIELLE.

Ces cannes doivent posséder des qualités nombreuses qu'il est assez difficile de réunir. Avant de les passer en revue, occupons-nous d'abord de la grosse question de savoir s'il faut, pour la mouche artificielle, user d'une canne à une main. On a discuté là-dessus à perte de vue; le différend a passionné de nombreux confrères et plusieurs d'entr'eux ont apporté tant de chaleur dans le débat qu'ils ont parfois légèrement manqué de courtoisie à l'égard de leurs contradicteurs. Ils avaient doublement tort, parce qu'ils oubliaient leurs devoirs de bonne confraternité, et que, mesurant tout à leur aune, ils érigeaient en théorie absolue une appréciation qui leur était entièrement personnelle. Et vous savez ce que valent les théories absolues en matière de pêche — il est toujours téméraire d'en formuler.

J'ai fait depuis longtemps déjà une profession de foi et me suis déclaré partisan de la canne à deux mains pour la pêche à la mouche sur les rivières larges et à rives découvertes, telles que la Loire et l'Ain où l'on peut lancer à toute volée, sans que rien ne gêne nos mouvements. Pour les rivières étroites, ou à bords boisés, il est par contre, de la dernière évidence que les cannes à une main, les cannes courtes s'imposent. Je n'insiste pas.

Si je suis partisan de la canne à deux mains pour certaines rivières, c'est que j'estime que cette longue canne me permet de lancer très loin ma mouche et surtout de la ramener à moi plus rapidement qu'une courte, qui exige que je tourne sans cesse la manivelle de mon moulin à poivre, nom que donne irrespectueusement au moulinet un de nos confrères. Je me crois aussi, avec pareille canne, plus maître du poisson que j'ai piqué: je peux, en outre, ayant moins de fil trempé, éviter, en la relevant un peu, l'engagement de mon bas de ligne au milieu des herbes, des branches ou des racines qui émergent souvent à fleur d'eau, enfin, et surtout, je suis convaincu qu'une canne à deux mains, légère et bien équilibrée, se manie avec moins de fatigue qu'une canne à une main, parce que la fatigue se répartit sur deux membres au lieu d'être supportée par un seul; or, il faut remarquer que c'est la main gauche (pour un droitier) qui soutient tout le poids de la canne, que cette main, collée à la cuisse, ne bouge pas, que sa fatigue est insignifiante et que celle imposée à la main droite n'est

pas grande non plus, parce que cette main, qui ne supporte aucun poids, n'a pour toute fonction que d'imprimer à la canne son mouvement de lancer par ce léger
coup de poignet que vous savez.

Qu'on ne m'objecte pas la différence de poids des deux
espèces de cannes. Nos grandes cannes de six mètres,
voire six mètres et demi, bien établies, en roseau, ou en
certain bambou noir ultra léger, ne pèsent pas plus de
cinq à six cents grammes, j'en possède même une excellente, qui ne pèsent pas cinq cents grammes. Et ces cannes sont solides, je vous prie de le croire, et donnent
toute satisfaction pour notre sport — jamais entre bonnes mains, les poissons ne les brisent, même les gros
poissons. Les cannes à une main sont-elles donc d'un
poids bien inférieur? Je ne le crois pas; en tous cas celles
que j'ai essayées ne l'étaient point.

Ne dites pas, non plus, qu'avec une canne courte on
obtient plus de précision dans le lancer qu'avec une canne longue. C'est une erreur, la cause est jugée. Cette
question de précision dépend uniquement de l'habileté
du pêcheur. Répondant à M. le marquis de Lestrange,
qui me pariait une belle canne, en bambou refendu, qu'il
jetterait sa mouche, à vingt mètres, dans une circonférence de cinquante centimètres de diamètre avec sa
canne à une main, chose que je ne pourrais peut-être
pas faire avec la mienne, j'écrivais ceci: « Que M. le
marquis de Lestrange conserve sa canne comme je con-
serverai la mienne, mais qu'il perde l'illusion qu'une
canne à deux mains n'assure pas un bon lancer. Prétendre le contraire est une grosse erreur, question d'habitude et d'habileté, rien de plus. Aussi je ne me hasar-
derais pas à soutenir le pari qu'il ne jettera pas sa mouche dans le centre d'une circonférence de cinquante centimètres de diamètre; semblable gageure dénoterait chez
moi une excessive candeur pour ne rien dire de plus. Je
perdrais à tout coup, car je le tiens pour un fin pêcheur.
Or, tout bon pêcheur, selon moi, doit envoyer avec pré-

cision, à vingt mètres de lui, sa mouche dans un circonférence *même de moitié moins grande que celle indiquée*. Que celui qui n'est pas à ce point sûr de lui re-
prenne le chemin de l'école; il sera peut-être un jour au
nombre des élus, pour l'instant ce n'est qu'une galette ».

Mais je dois, pour être impartial, reconnaître qu'avec
une canne à une main de dix ou douze pieds, un pêcheur
habile arrive à lancer très loin sa mouche et avec beaucoup de précision. Aussi, si vous désiriez que nous ti-
rions une conclusion de cette discussion, cette conclusion sera fort simple et vous prouvera que je suis l'homme le plus accommodant qui soit au monde; la voici:
pour la mouche artificielle l'essentiel est que vous pê-
chiez avec une canne dont vous avez l'habitude de vous
servir, que vous teniez bien en main, qui obéisse promptement et avec justesse à tous les mouvements que vous
lui imprimez. Cette canne seule assurera votre bon lancer. Inutile de changer cette fidèle compagne contre une
autre que vous ne connaissez pas; il est dangereux d'innover et c'est du temps perdu — ce temps vous l'emploierez au contraire, fort utilement en étudiant les diverses
modifications que vous pouvez apporter à votre canne
pour quelle vous donne son maximum de puissance de
jet et de précision, qu'elle ne vous laisse plus rien à désirer. Je parle de modifications légères, de quelques ligatures, d'un déplacement de moulinet, etc..., etc..., **car**
je suppose que votre canne est établie *secundum artem*.

Aux débutants, s'ils se sentent le feu sacré, je conseille d'apprendre à pêcher avec les deux espèces de cannes,
on n'est jamais trop malin. Je leur conseille aussi de se
servir indistinctement de l'une ou de l'autre de leurs
mains, pour lancer. Je suis droitier; j'ai eu la paresse
de ne jamais vouloir m'astreindre à lancer de la main
gauche et je le regrette beaucoup maintenant, car j'ai
conscience de pêcher moins bien en battant à la descente,
la rive *droite* d'une rivière qu'en battant la rive *gauche*
avec une canne a deux mains. Qu'il s'agisse, d'ailleurs,

d'une canne à une main ou d'une canne à deux mains, il est certain qu'en pêchant tantôt avec la main droite, tantôt avec la main gauche, on se fatigue infiniment moins.

Toutes les cannes destinées à la pêche à la mouche artificielle, sans aucune distinction, doivent, je l'ai dit, réunir des conditions multiples. Il faut qu'elles soient flexibles, nerveuses, légères, solides; que, depuis le talon jusqu'à l'extrémité du scion, elles diminuent de grosseur d'une façon très régulière, que tous les brins qui les composent aient entre eux une cohésion complète et ne prennent aucun jeu sous l'action du lancer, même après plusieurs heures de pêche; il faut qu'elles soient à votre main, c'est-à-dire d'un emploi facile et peu fatigant, il faut enfin qu'elles soient droites comme un I et sans la moindre déviation.

Que votre canne soit souple, ai-je dit, oui, mais qu'elle ne le soit pas à l'excès; que sa flexibilité ne dégénère pas en mollesse, et qu'après le lancer elle n'oscille pas indéfiniment avant de retrouver son équilibre et de reprendre sa ligne droite. Une canne molle obéit mal à l'impulsion du poignet; avec elle le lancer, n'a plus la précision nécessaire, enfin ses oscillations, pour peu que la ligne soit bien tendue, se communiquent jusqu'à la mouche et lui donnent une allure étrange, nullement faite pour attirer le poisson. Flexible et *nerveuse*, voilà ce que doit être une bonne canne de jet; mettez immédiatement au rebut celle qui n'a pas assez de nerf, de ressort, pour reprendre sans vibrations et très vivement la ligne droite, après le lancer.

La flexibilité d'une bonne canne de jet doit-elle être régulièrement progressive depuis le talon jusqu'à l'extrmité du scion? Grosse question. En ce qui touche la canne à une main, M. Albert Petit, dans son remarquable ouvrage, *la truite de rivière*, écrit avec tant de science et de verve, soutient l'affirmative si j'ai bonne mémoire, et je me garderai bien de le contredire. Le maître a parlé, je m'incline. Mais quand il s'git de la canne à deux mains la seule dont je me sois servi depuis plus de cinquante ans (plus de 50 ans, c'est une confidence que vous fais), je prétends qu'il en va autrement et que la partie la plus flexible doit toujours se trouver répartie sur son dernier tiers, si on veut obtenir un maximum de puissance et de précision. C'est à ce point précis que se place *l'âme* de la canne, pour employer l'expression si juste de mon vieil ami Beau.

Les meilleurs pêcheurs de l'Ain et la plupart des habiles confrères que j'ai rencontrés sur les bords de la Loire, établissent leurs cannes dans les conditions que je viens de dire. Pour arriver à ce résultat, il faut savoir choisir des brins plus ou moins souples et faire quelques ligatures à des endroits déterminés. Maintenant, qu'il y ait à cette donnée quelques exceptions, je m'empresse de le reconnaître; je sais trop que nous avons tous une manière de lancer entièrement personnelle et qui nous est imposée souvent par notre conformation; de là, la nécessité de rapprocher pour les uns le point de départ de la flexibilité du talon et de le rapprocher du scion pour les autres ; je ne parle donc que de la généralité. Que chaque pêcheur étudie sa canne, qu'il l'essaye à maintes reprises, pour être à même d'en corriger les défauts, jusqu'à ce qu'il ait obtenu, je ne dis pas une canne *passable*, mais bien une canne *parfaite*. On ne saurait se contenter du passable pour la pêche à la mouche artificielle ; la perfection entière, complète, est nécessaire, si on tient à pêcher comme il convient et avec le moins de fatigue possible.

Une des qualités les plus importantes que tout bon pêcheur à la mouche exige, qund il fait choix d'une canne c'est la légèreté. En pêchant à la mouche, quand nous battons une rivière à la recherche du poisson, de la même façon que le chasseur bat le terrain à la recherche du gibier, nous sommes sans cesse en mouvement et nos bras, remarquez-le bien, peinent au moins autant que nos jambes, sinon plus — de là une énorme fatigue qu'il importe d'atténuer, dans la mesure du possible. Je plains le chasseur armé d'un fusil trop lourd. Après une heure ou deux de chasse il est fourbu, il épaule mal et tire affreusement. Je suis pris d'une égale pitié pour le pauvre confrère muni d'une lourde canne ; lui aussi faiblira avant peu, son lancer n'aura plus ni force ni précision. Il s'était promis une journée de plaisir et la voilà transformée en journée de déboire et d'inutile fatigue ; la bredouille le menace. Que les plus robustes d'entre nous ne comptent pas sur la vigueur de leurs muscles — quelques heures de pêche avec la gaule en question éreinteraient un fort de la halle.

Votre canne, pour la mouche artificielle, doit être solide ; toutefois comme sa grande flexibilité amortit beaucoup la défense des poissons, vous concevez qu'il ne saurait s'agir ici que d'une solidité relative. Exagérer la solidité d'une canne vous exposerait gravement à nuire à sa légèreté et à sa flexibilité. A noter, d'ailleurs, qu'une canne peut être ultra légère, sans être fragile pour autant, si vous choisissez des roseaux, des bambous, ou des bois de première qualité; examinez-les d'un bout à l'autre, assurez-vous qu'ils ne présentent aucune fêlure, aucun point faible, que leur monture est soignée, que leurs jointures, aux viroles, fonctionnent bien, qu'elles ont de la cohésion et de l'adhérence. L'assemblage des divers brins qui composent une canne doit être parfait; s'il présente le moindre défaut, la canne tend constamment à se désunir sous l'action du lancer, et force vous est de la resserrer à chaque instant, ce qui est gênant et ennuyeux; vous jetez mal et sans précision aucune, vous vous impaitentez, vos mouvements deviennent brusques et, tout à coup, votre canne se brise, et se brise, neuf fois sur dix, au ras de la virole défectueuse.

Défiez-vous des cannes recouvertes d'un épais vernis; il cache souvent des défauts; c'est un maquillage et le maquillage d'une canne, comme celui d'une femme, ne dit rien qui vaille; tous deux nous réservent, j'imagine,

de trop désagréables découvertes au moment psychologique.

En parlant de la solidité des cannes à mouches ainsi
que je viens de le faire, j'ai parlé uniquement, cela va
sans dire, des cannes pour la pêche ordinaire. Quand il
s'agit de cannes pour la pêche du saumon ou de la
grande truite, ce n'est plus une solidité *relative* qui est
nécessaire, mais bien une solidité *absolue*.

Que votre canne soit droite comme un I. La moindre
déviation constitue un défaut grave, qui vous empêchera
de lancer loin et avec précision heureusement c'est là
un défaut auquel il est facile de porter remède. Mettez
dans une soucoupe un tampon de coton imbibé d'alcool,
faites flamber et sur cette flamme tournez et retournez
la canne à l'endroit défecteux; aussitôt qu'elle sera très
chaude elle s'amollira et vous pourrez la redresser com-
mè vous redresseriez une simple lamelle de plomb.

L'équilibre d'une canne est d'une importance capitale
pour la pêche à la mouche artificielle; lui seul assurera
votre bon lancer. Une canne, même un peu lourde,
mais bien équilibrée, vous fatiguera infiniment moins
qu'une canne légère qui le serait mal. Pour vous assurer qu'une canne remplit cette condition essentielle
d'équilibre, il faut l'essayer et ne pas craindre de renouveler vos essais jusqu'à ce que vous ayez pu vous rendre
compte des diverses modifications qu'elle soit subir pour
être *entièrement à votre main*. Telle canne sera bien à
ma main et ne le sera pas à la vôtre; c'est là une question
toute personnelle, dépendant beaucoup de la conformation de chacun de nous. Les modifications dont je parle,
consistent, la plupart du temps, à changer de place le
moulinet, à remplacer un moulinet léger par un plus
lourd, ou un moulinet lourd par un plus léger, à diminuer ou à augmenter le poids du talon.

Certes, il paraît bizarre, à première vue, qu'on puisse
faciliter le maniement d'une canne en alourdissant son
talon, la chose est cependant rigoureusement vraie; le

tout, est de déterminer, par des tâtonnements, des essais répétés, le poids qu'il convient d'ajouter et l'endroit précis où ce poids doit être placé. Vous serez étonné du résultat obtenu — il vous aura suffi d'ajouter parfois quelques grammes au talon de votre canne pour la transformer entièrement; elle vous paraissait lourde, sans ressort, et la voilà nerveuse et légère au poignet. canne, comme on le fait pour surcharger le talon canne, comme on le fait pour surcharger le talon d'une queue de billard, en y enfonçant des lingots de plomb. Tout ce que je viens de dire s'applique aussi bien aux cannes à une main qu'aux cannes à deux mains.

Autre détail: il faut que la canne offre à votre main une prise suffisante pour que vous puissiez la saisir facilement et la faire évoluer sans que vos doigts aient à se crisper sur elle; s'il en était autrement, vous seriez assez vite fatigué. Renforcez donc les cannes trop minces d'une sorte de poignée en bois très léger, en liège, en caoutchouc, voire même en simples cordelettes, que vous placerez à l'endroit où se pose la main qui imprime le mouvement. Cette poignée, comme vous le pensez, ne doit présenter aucune aspérité, elle ne doit pas être non plus glissante. Une poignée rugueuse risque de blesser, une poignée glissante impose à la main une contraction des plus fatigantes.

Dernière observation. Si vos cannes sont de couleur claire, ne craignez pas de les foncer un peu, par un vernis qui les rende moins voyantes; ce vernis les préservera en outre de l'humidité. Passez-en également sur les viroles de cuivre ou d'acier, pour atténuer l'éclat du métal. Sans cette sage précaution, quand vous pêchez ayant le soleil en face (ce que vous devez éviter le plus possible, car c'est une position des plus défectueuses) vos cannes et vos viroles étincellent comme un véritable bouquet de feu d'artifice et je ne sache pas que les poissons soient autrement enthousiastes de ce genre de spectacle.

Telles sont les remarques générales que j'ai cru devoir formuler sur les qualités communes à toutes les cannes pour la mouche artificielle. J'entre maintenant dans quelques détails sur la confection de ces cannes qui se font; 1° en roseau, 2° en bambou; 3° en bois.

(a) DES CANNES EN ROSEAU POUR LA MOUCHE ARTIFICIELLE

On n'emploie guère le roseau que pour monter des cannes à deux mains. Il en constitue d'excellentes; elles sont légères, flexibles et suffisamment solides pour résister aux défenses des poissons qu'on prend à la mouche artificielle, saumon et grande truite exceptés.

J'ai une préférence marquée pour ces cannes, dont je me suis toujours servi depuis de longues, très longues années, sans avoir jamais à m'en plaindre; jamais ces vieilles amies n'ont démérité à mes yeux. Il est vrai que j'apporte à leur choix une attention et des soins tout particuliers. Si vous en achetez, faites comme moi, regardez-y de près; on ne saurait être trop méticuleux lorsqu'il s'agit de cannes qui ne supportent pas *le passable;* il faut qu'elles soient parfaites, sans quoi elles ne sont bonnes à rien. Pas de milieu.

Les roseaux se divisent en mâles et femelles. Les roseaux femelles sont mauvais. On les reconnaît assez facilement à leur teinte pâle, jaune clair, et à leurs nœuds, fort distants les uns des autres. N'employez que les mâles et, parmi eux. choisissez ceux qui sont *complètement noirs* et dont les nœuds *sont très rapprochés.* A leur maturité complète, les roseaux de bonne provenance, ceux de Fréjus, par exemple, présentent cette chaude nuance, jaune foncé, qu'on remarque sur nos raisins blancs de Bourgogne lorsque, au dire des gens du pays, les lièvres ont pris soin de l'arrosage de leurs grappes en temps voulu. Assurez-vous que la canne ne porte pas la moindre fêlure. la plus petite fente; vérifiez tous ses nœuds; vérifiez surtout ses jointures aux viroles, qu'elles soient d'un fonctionnement et d'une adhérence irréprochables.

Le meilleur assemblage des divers brins d'une canne en roseau consiste à joindre ces brins *bois sur bois*. Je m'explique. Les brins ne portent aucun revêtement métallique à *leurs talons* et c'est le roseau, à nu, qui pénètre dans les extrêmités des brins précédents — ces extrêmités, bien polies à l'intérieur avec la lime en queue de rat et le papier verré, sont simplement consolidées, à l'extérieur, par une douille de cuivre, qui les enserre sur une longueur de neuf à dix centimètres. Entourer d'une douille métallique le talon des brins de nos cannes en roseau, c'est, à mon avis, les charger d'un poids, tout à fait inutile, c'est de plus nuire à la solidité des jointures, car le frottement d'un corps dur, comme le cuivre, sur un corps infiniment moins résistant, aura vite usé ce dernier, enfin, j'ai remarqué que l'assemblge *bois sur bois*, bien conditionné, assurait une cohésion parfaite entre les différents brins. Le seul inconvénient que cet assemblage pourrait présenter serait le gonflement du roseau, s'il était mouillé, gonflement qui vous gênerait beaucoup pour démonter vos cannes une fois la pêche finie. Pour éviter pareil désagrément il suffit de passer un peu de vaseline ou de graisse quelconque autour de la jointure des brins, afin d'empêcher l'humidité et l'eau de pénétrer à l'intérieur de cette jointure.

Ne faites pas en roseau le scion de vos cannes; ce scion serait trop fragile, trop flexible et manquerait de nerf. Mieux vaut employer un bois léger, tel que le frène, le noisetier, le troène; le bambou noir fournit aussi d'excellents scions. Ces scions doivent avoir de cinquante à soixante centimètres de longueur.

Je vous ai dit que les cannes en roseau pour la mouche artificielle étaient toutes des cannes à deux mains; cette règle ne comporte que de bien rares exceptions. D'ordinaire nos cannes ont une longueur qui varie entre six mètres et six mètres et demi. Généralement on les divise en deux, trois et quatre brins. Cette division établit un peu leur ordre de mérite, car quel que soit le mode d'assemblage, la rigidité des viroles nuit à la flexibilité; plus vous les multipliez, plus vous diminuez la puissance et la justesse de flexion. Et puis ces viroles, même parfaites, constituent toujours, en étant sans cesse en mouvement, en soutenant un effort continuel, des parties si délicates de nos cannes, qu'elles sont fréquemment pour elles des causes de fracture. Mais, comme nous n'avons pas tous la bonne fortune d'habiter à proximité d'une rivière, qu'il nous faut souvent faire de longs trajets en voiture ou en chemin de fer, pour nous rendre sur notre terrain de pêche, la création de la canne à plusieurs brins s'imposait.

N'employez la canne à quatre brins (chacun de ces brins a un mètre cinquante de longueur environ) qu'autant que vous y serez forcés, les cannes à trois et à deux brins lui sont infiniment supérieures. Dans les cannes à trois brins, chacun des brins a deux mètres environ de longueur ; dans celles à deux brins, celui du talon a d'ordinaire deux mètres cinquante et l'autre trois mètres cinquante ; telles sont, du moins, les proportions que j'ai vu adopter par d'habiles praticiens et que j'ai adoptées moi-même. Les cannes à deux brins sont les *meilleures de beaucoup*, mais elles sont assez difficilement transportables et ne peuvent, malheureusement, convenir qu'à ceux d'entre nous qui n'ont que quelques pas à faire pour atteindre la rivière.

Je ne vous parle pas, et pour cause, des cannes en un seul morceau. Un seul roseau, je le sais, peut constituer une canne de six mètres et plus ; gardez-vous cependant de vous en servir, alors même que vous pourriez la transporter facilement, que la rivière passerait sous vos fenêtres. Ces cannes sont toutes *folles*, leurs oscillations, après le lancer, n'en finissent pas, ce sont des instruments détestables, selon moi.

Peut-on donner plus de solidité au roseau ? Grosse question , qui a dû faire travailler les méninges de bon nombre de nos anciens confrères. Le vieux maître, M. de Massas, est, je crois, le premier pêcheur qui s'avisa de consolider le roseau en l'entourant, d'un bout à l'autre, d'une bande de toile collée et enroulée en spirale. On a perfectionné son invention. Aujourd'hui, la toile grossière est remplacée par un fin ruban, d'une soie spéciale. Sur certaines cannes, dont on veut encore augmenter la solidité, on enroule d'abord un premier ruban dans un sens, puis on en enroule un deuxième en sens inverse ; le tout est recouvert d'une bonne couche de vernis, qui consolide le rubanage et le préserve de l'humidité.

Les cannes rubanées sont très résistantes ; malheureusement, leur flexibilité et leur légèreté laissent un peu à désirer; je n'en conseille donc pas l'usage, pour la pêche à la mouche artificielle de poissons ordinaires ; avec elles, le lancer d'une petite mouche, montée sur un fin bas de ligne, présente trop de difficultés. Par contre, elles sont bonnes pour la pêche des gros poissons, tels que la grande truite et le saumon: on emploie, en effet, pour la pêche de ces poissons, des mouches et des bas de ligne assez forts et assez lourds qui, dans une certaine mesure, tout au moins pour les habiles praticiens, facilitent le lancer.

Je termine ces brèves observations sur les cannes en roseau, rubanées ou non, en vous recommandant de les soigner de votre mieux si vous voulez qu'elles vous fassent un long usage. Ne craignez point de repasser sur elles une couche de vernis de temps à autre et, si vous ne les avez pas vernies, frottez-les souvent avec un chiffon imbibé de vaseline, pour empêcher l'humidité de pénétrer à l'intérieur. Essuyez-les quand elles ont été mouillées et séchez-les complètement avant de les remettre en place. Déposez-les dans un endroit qui ne soit ni humide ni chaud, à l'abri des rayons du soleil. Enfin, pour les monter et les démonter, rapprochez toujours vos deux mains l'une de l'autre, au ras des jointures ; si vos mains sont éloignées, la torsion qu'elles opèrent en sens inverse sur le roseau, pour en assurer la pénétration dans les viroles, risque de les fêler. Inutile de vous recommander de commencer par le scion, soit pour le montage, soit pour le démontage.

Avec de semblables précautions, vos cannes vous feront, j'en suis certain, un très long usage. J'ai, à la maison, une canne montée par un nommé Fréjus, de Lyon ; c'est une véritable merveille comme qualité de roseau et comme fini d'ajustage. Fréjus était un fin pêcheur, doublé d'un fabricant extrêmement habile ; le petit chef-d'œuvre qu'il m'a vendu, vendu fort cher, j'en conviens, n'a jamais faibli : il est aussi sain, aussi souple, aussi nerveux qu'au premier jour, et cependant voici *vingt-six* ans que je le possède. Croyez que je ne le conserve pas dans une vitrine, — non, il est souvent à la peine. Mais je le soigne autant qu'il m'est possible. Ne me demandez pas l'adresse de Fréjus, adresse que connaissaient autrefois tous les vrais amateurs de la mouche artificielle de notre région. Un généreux parent eut, un jour, la sotte fantaisie de lui léguer la forte somme, et mon Fréjus, une fois nanti du magot, s'empressa de mettre sous la porte la clef de son atelier. Plus moyen d'en rien obtenir.

b) DES CANNES EN BAMBOU POUR LA PÊCHE ARTIFICIELLE

Il y a bambou et bambou, comme il y a fagot et fagot. Bambou blanc, bambou noir, bambou d'Europe, bambou de Chine, bambou de l'Inde.

Je me suis rarement servi de canne en bambou pour pêcher à la mouche artificielle, mais j'en ai vu souvent entre les mains de mes amis et je peux, je le crois, me former une opinion assez juste sur leur valeur. Cette opinion est tout à leur avantage. Le bambou noir est préférable au bambou blanc ; il est flexible, nerveux, très résistant et il s'en rencontre de presque aussi léger que le roseau. Le meilleur nous vient de l'Inde et de la Chine — celui de l'Inde paraît plus particulièrement recherché ; c'est aussi le plus cher.

Pour réunir les divers brins des cannes en roseau, je vous ai conseillé l'assemblage *bois sur bois* ; pour les cannes en bambou, pareil assemblage serait défectueux parce que le bambou, n'ayant pas la forme arrondie et régulière du roseau, l'adhérence du bout mâle au bout femelle ne serait jamais complète ; mieux vaut réunir ces bouts au moyen de viroles métalliques.

Ces viroles sont de genres très différents. Loin de moi la prétention de vouloir vous les énumérer toutes, je vous ennuyerais et ne vous apprendrais rien de bien nouveau. Qu'il me suffise de vous dire qu'à mon humble avis les meilleures sont les viroles dentelées, les viroles avec fermeture à baïonnette et les viroles à rainure spiroïde — à vous, après essais, d'arrêter votre choix, mais n'oubliez pas que ces viroles constituent la partie la plus délicate de votre canne, qu'elles doivent être sans défaut. Veillez à ce qu'elles ne soient pas d'une longueur exagérée, parce que la rigidité du métal paralyse, à l'endroit où elles sont placées, la flexibilité de la canne et nuit à son action. Veillez également à ce qu'elles soient assez larges pour être ajustées sur le bambou sans qu'on se trouve obligé de l'amincir. La force du bambou réside principalement dans son écorce; si vous enlevez cette fine écorce et si vous touchez tant soit peu à la partie du bois qui l'avoisine, votre canne n'aura plus une solidité suffisante, le moindre effort, le plus petit à-coup pourra la rompre. D'ailleurs, une virole faisant légèrement saillie sur le bambou n'est point gênante, elle n'est pas non plus disgracieuse et, le fût-elle, cet inconvénient ne serait rien, convenez-en, en comparaison du manque de solidité. Jamais, au grand jamais, on ne doit *toucher à l'écorce* du bambou, ni à celle du roseau.

Autre observation. A chacun de leurs nœuds, les tiges du bambou portent, vous le savez, deux petites branches garnies de feuilles. Au moment de la récolte, pour faciliter la mise en paquets, on coupe ces petites branches, et cette opération est confiée, généralement, à des ouvriers peu adroits, à de simples manœuvres, qui n'apportent pas grand soin à leur besogne — ils coupent à droite, à gauche, le plus rapidement possible et souvent la lame de leur couteau, mal dirigée, arrive jusqu'à l'écorce et lui fait une incision. Il n'en faut pas davantage pour compromettre la solidité du bambou. Il appartient aux fabricants honnêtes et consciencieux d'examiner avec soin les bambous qu'on leur fournit et de mettre, sans hésitation, au rebut, tous ceux qui portent ces incisions, parce que l'acheteur le plus expérimenté est dans l'impossibilité absolue de les constater sur une canne qui lui est vendue ligaturée et vernie.

Les cannes en bambou pour la pêche à la mouche artificielle se font en une seule pièce ou en plusieurs brins. En ce qui touche les cannes à deux mains, je ne puis que vous répéter ce que je vous ai dit des cannes en roseau et vous vous souvenez de celles auxquelles je donne la préférence. La canne d'une seule pièce n'est point l'idéal pour moi — comme la canne en roseau du même type, je la trouve trop folle. Elle n'en finit jamais d'osciller après le lancer.

Très bonnes ces cannes en bambou, parfaites même, si vous le voulez, n'empêche qu'on n'ose plus en parler aujourd'hui, tellement d'autres cannes leurs sont supérieures. Les Américains ont trouvé mieux. Quels inventeurs à jet continu que ces gaillards-là ! Vous verrez avant peu qu'un Edison quelconque inventera la canne électrique. Cette canne de l'avenir aura un puissant accumulateur dans le talon, un imperceptible fil métallique conduira l'électricité jusqu'à l'hameçon et, à peine le poisson touchera-t-il l'amorce qu'il sera foudroyé en cinq sec. Très peu sportif, j'en conviens, ce genre de pêche, mais combien goûté par les galettes que les défenses d'un modeste goujon mettent en mauvaise posture !

En attendant la canne électrique, les Américains ont inventé la canne en bambou refendu. Ils ont eu l'ingénieuse idée de ne faire entrer dans sa construction que la partie du bambou la plus résistante et la plus élastique, son écorce luisante et le bois qui l'avoisine, en supprimant tout le surplus.

Refendre un bambou, l'évider comme il convient, en rejoindre ensuite les fragments, les faire solidement adhérer entre eux, n'est point, on le conçoit de reste, une opération facile, — elle exige des soins minutieux, un grande habileté de la part de l'ouvrier et, quels que soient les soins et l'habileté de cet ouvrier, il lui arrivera, plus d'une fois, de rater plusieurs bambous avant d'en réussir un. Il ne faut donc pas s'étonner du prix élevé que ces cannes peuvent atteindre, il faut d'autant moins s'en étonner que le bambou employé dans leur confection, le bambou de l'Inde, à l'état brut, est déjà payé fort cher.

Les cannes en bambou refendu bien établies, n'ont pas de rivales, elles sont la perfection même. On en fait pour pêcher à une main et pour pêcher à deux mains. Je n'ai rien à vous dire de spécial sur l'emploi des cannes en bambou refendu à deux mains. Toutes les observations que j'ai formulées sur les cannes à deux mains en bambou ordinaire et en roseau retrouvent ici leur application. En ce qui touche les cannes en bambou refendu à une main, il serait téméraire à moi de vouloir en parler après Albert Petit. Lisez, dans son ouvrage, *La Truite de rivière*, le chapitre relatif à la canne à mouche artificielle, c'est une merveille d'esprit, de verve, d'observation et de sens pratique. Vous serez empoigné à la première ligne et vous dévorerez le volume entier. Vous n'aurez point perdu votre temps; après cette attrayante lecture, vous serez ferré à fond sur la canne à une main en bambou refendu, vous aurez appris à la choisir avec discernement et à vous en servir avec habileté. Permettez-moi simplement de joindre mon conseil à celui du maître et de vous recommander de ne pas lésiner sur le prix d'une canne en bambou refendu. Vous ne pouvez avoir une très bonne canne qu'en *allongeant la forte somme*, telle est la vérité dont il faut bien vous pénétrer.

c) DES CANNES EN BOIS POUR LA MOUCHE ARTIFICIELLE.

Les cannes en roseau et en bambou ne sont pas les seules employées pour la pêche à la mouche artificielle; on en fait encore en bois, on en fait même en métal. Les bois le plus communément choisis pour la fabrication de ces cannes sont: le greenheart, le lancewood, l'hickory et le frêne.

Le greenheart paraît être le meilleur, c'est aussi le plus cher. Il nous vient de la Guyane, comme le lancewood ou bois de lance ; quant à l'hickory, il n'est autre qu'une sorte de noyer blanc d'Amérique. Enfin, le frêne est un arbre fort commun en France et dans l'Europe entière.

Tous ces bois se recommandent par leur grande force et par leur élasticité, mais, quelles que soient cette force et cette élasticité, j'estime qu'ils ne vaudront jamais le bambou. En effet, pour en fabriquer des cannes, on débite de fines lattes dans des pièces massives, sans qu'il soit possible, cela se conçoit du reste, de suivre les mêmes fibres sur toute la longueur du brin débité: à certains endroits, la fibre oblique à droite ou à gauche, elle est coupée par la scie circulaire, qui est maintenue dans la ligne droite, et cette section, diminuant la résistance de la canne sur un point déterminé, vous expose aux pires mésaventures. Avec le bambou, ce danger n'existe pas. Ses fibres ne sont pas coupées, toutes sont conservées sur leur entière longueur, elles sont, de plus, protégées par une écorce luisante excessivement dure et, pour ainsi dire, frettées par cette écorce. Même dans les cannes en bambou refendu, les fibres ne sont pas atteintes, car nous savons que la force du bambou réside en son écorce et la partie du bois qui l'avoisine, que tout le reste est mou, spongieux, sans véritables fibres ; or, ce n'est qu'une partie inutile du bois qu'on enlève pour fabriquer les cannes si justement célèbres.

Les cannes en greenheart, en lancewood, en hickory et en frêne, pour la pêche à la mouche artificielle, sont à deux mains ou à une main ; les cannes à une main sont toutefois les plus employées, pour ne pas dire les seules employées. Question de poids. Toutes se fabriquent en plusieurs brins, dont l'assemblage se fait à l'aide de viroles métalliques, que seuls les bons faiseurs peuvent vous livrer bien établies. J'ai suffisamment insisté sur ce dernier point, dans de précédentes causeries, pour me dispenser d'y revenir aujourd'hui. Fuyez comme la peste les bazars et les boutiques à quatre sous quand il s'agit d'acheter des cannes pour la pêche à la mouche ; ne vous adressez qu'à des fournisseurs de confiance et ne craignez pas d'y aller de la forte somme, si besoin est. Tous, nous faisons pour nos armes de chasse des folies autrement coûteuses: je ne sache pas, cependant, qu'un pêcheur battant la rivière avec une canne souple, nerveuse, bien en mains, résistant aussi bien aux efforts du lancer qu'aux vigoureuses défenses du poisson, éprouve moins de plaisir que le chasseur muni d'un fusil de choix et de grand prix. Ah ! comme je comprends bien mon ami R..., dont j'ai eu la visite cette semaine ! C'est un grand industriel de la région lyonnaise et de plus un pêcheur endiablé et fort habile. Jamais je ne l'avais vu aussi gai. Sa gaieté s'explique. Songez donc qu'il arrive de Londres après avoir réalisé là-bas un bénéfice de cinquante mille francs dans une affaire qu'il considérait depuis longtemps comme entièrement perdue. Sur cet argent, tombé du ciel, il avait aussitôt prélevé la somme de six cents francs pour se passer une fantaisie, et cette fantaisie, n'était autre que l'achat de deux cannes en bambou refendu, l'une pour son fils, l'autre pour lui. Cannes à deux mains, car il est de la même école que moi, celle de tous les vieux pêcheurs de l'Est. Il doit venir prochainement me montrer ses merveilles et nous organiserons une partie de pêche. Mais, je vous le demande, quelle figure vont faire mes pauvres cannes en roseau, qui valent au plus cent sous, en face de leurs mirifiques rivales anglaises, sorties des magasins du premier *fishing-takle maker* de Londres ! Je tâcherai de me rattraper sur les mouches pour ne pas être par trop distancé. Quoiqu'il arrive, je comprends mon ami à merveille et je ne le taxerai pas de prodigalité. Il a eu une bonne occasion de se fournir d'excellentes cannes et il a sagement fait d'en profiter. Si jamais mon oncle d'Amérique se décide à quitter notre vallée de larmes pour rejoindre un monde meilleur, je suis d'ores et déjà décidé à m'offrir la canne en bambou refendu de mes rêves, le jour même où je mettrai le crêpe à mon couvre-chef.

Aimez-vous les contrastes ? En voici un. A côté de ces cannes en refendu, en greenheart, en lancewood, en hickory, etc., toutes cannes de luxe, il en est une, fort modeste, qui n'est point sans mérite ; je veux parler de la canne en noisetier, bois qu'on rencontre dans chaque buisson de nos pays.

A Orléans, je me suis servi de ces cannes pour pêcher les blancs à la mouche artificielle et les gardons à la *sucette*. C'étaient les seules en usage dans la contrée, à l'époque lointaine dont je vous parle ; mais, depuis mon départ d'Orléans, je les avais complètement abandonnées, lorsqu'une circonstance, toute fortuite, m'amena à m'en servir de nouveau, ce dont je n'ai point eu à me plaindre. Au cours d'une partie de pêche sur les bords de la Loire ,un paysan, auquel j'avais généreusement offert le contenu d'un panier me pesant par trop, se morfondait en remerciements ; il était tellement emballé dans ses élans de reconnaissance qu'il n'aperçut pas ma pauvre canne que j'avais étendue sur l'herbe, et son gros soulier ferré vint lourdement se poser sur mon second brin, le brin-scion. Ah ! ce crac... crac... crac... du roseau qu'on brise ! Il me semble l'entendre encore. Je vous fais grâce de la scène qui suivit : vous voyez la mine piteuse du brave homme, que je m'obstinais, sans aucune pitié, à qualifier de maladroit, tout en ramassant les débris de ma canne. C'était une journée de pêche perdue ! Fort heureusement, me rendant à la gare, je dus m'arrêter dans une ferme, pour reprendre un vêtement que j'y avais laissé sous un hangar, et là, j'eus la bonne fortune de découvrir un véritable fagot de baguettes de noisetier, dans lequel il me fut facile de trouver un scion convenable. Je l'emmanchai aussitôt dans ce qui restait de mon second brin, et je pus continuer une partie de pêche si malheureusement interrompue.

Pour monter une canne en noisetier, il faut choisir un bois très uni, très droit et très sec. Un bois coupé l'année même ne convient pas ; deux ans au moins lui sont nécessaires pour bien sécher.

Les cannes en noisetier se font généralement en deux brins, de deux mètres à deux mètres et demi de longueur chacun ; leur assemblage est des plus simples ; les viroles métalliques sont remplacées ici par une modeste ligature. Vous taillez en bec de flûte les deux extrémités que vous voulez joindre, vous vous assurez qu'elles adhèrent complètement l'une à l'autre et, cela fait, vous les enserrez dans une ligature de cordelette passée à la poix. Tous les pêcheurs savent faire une ligature ; celle qui me paraît la meilleure ici est celle que certains fumeurs emploient pour garnir de fil l'extrémité du tuyau de leur pipe. Quoiqu'elle soit d'une simplicité enfantine, il m'est impossible de vous en expliquer la formation ; sans dessins à l'appui, mes explications seraient incompréhensibles et je renonce à vous les donner. On doit proportionner la longueur du bec de flûte, c'est-à-dire du biseau taillé sur chacun des brins à réunir, au diamètre de ces brins ; donner à ces biseaux cinq à six fois la longueur du diamètre me paraît suffisant. On fera bien, également, de poisser un peu la surface des biseaux pour l'empêcher de glisser et pour en assurer l'adhérence complète.

Si ces cannes se faussent et ne gardent plus la ligne droite, il est facile de les redresser en les chauffant sur un flamme à l'endroit défectueux. Une fois chauffées, on les plie, ainsi que je vous l'ai dit, comme une simple lamelle de plomb.

Placez vos cannes dans un lieu sec et à l'abri des rayons du soleil.

Deux mots, maintenant, sur les cannes en métal. Elles sont d'origine récente et nous arrivent d'Amérique. A vous dire vrai, je ne m'en suis jamais servi, mais j'en ai vu et des amis qui les ont eues en mains m'en ont fait l'éloge. Ce sont des tubes d'acier qui les constituent. Elles sont légères, flexibles et très résistantes. J'en ai compté plus de dix types différents.

Voilà ce que j'avais à vous dire sur les diverses cannes employées pour la pêche à la mouche artificielle. C'était, j'en conviens, un sujet un peu aride, mais il était d'une telle importance que je ne pouvais point le traiter sans entrer dans beaucoup de détails.

Je termine par une recommandation, dont je vous conseille de profiter. La partie de toutes les cannes de jet, quelles qu'elles soient, en roseau, en bambou, etc..., qui fatigue le plus, supporte les plus grands efforts et se trouve, par cela même, le plus exposée, est, sans contredit, le scion. Quand il ne se tord pas, souvent il se ramollit, plus souvent encore il se brise ; il est donc de bonne précaution de se munir d'un scion de rechange, lors d'un départ en déplacement de pêche. Généralement, lorsque vous achetez une canne de prix, on vous fournit un ou deux scions de rechange ; si votre fournisseur n'a pas cette générosité, n'hésitez pas à vous en procurer, même à beaux deniers comptant. Ayez toujours... des scions de rechange... on ne sait pas ce qui peut arriver. Ça se chante sur un air connu.

II. — Cannes pour l'hélice et le poisson artificiel.

Il va de soi que les cannes servant à la mouche artificielle ne sauraient être employées pour la pêche à l'hélice et au poisson artificiel ; leur grande flexibilité et leur peu de résistance sont des défauts graves, quand il s'agit du genre de pêche dont nous allons parler.

Certains pêcheurs, je le sais, n'ont qu'une espèce de canne pour les deux pêches ; mais c'est là, vraiment, une mauvaise pratique, parce qu'en pareil cas, on choisit des cannes *mixtes*, ni trop flexibles, ni trop rigides, qui constituent un *à peu près*, un *en-cas*, dont les vieilles mains ne s'accommoderont jamais. Le plaisir de la pêche perd tous ses charmes quand on s'y livre avec un outillage qu'on sait être défectueux: il faut être sûr de sa canne pour pêcher avec entrain et, plus encore, pour pêcher avec succès; n'employez donc ces cannes bâtardes, ces cannes mixtes, que dans le cas d'absolue nécessité, lorsque vous ne pourrez pas faire autrement.

Les cannes pour l'hélice et le poisson artificiel doivent posséder des qualités qui, tout en leur étant propres, rappellent celles des cannes pour la mouche artificielle, dans une certaine mesure. Ces qualités sont la légèreté, la flexibilité et la solidité.

On les prend légères parce qu'on est obligé de les avoir toujours en mains, qu'on ne les dépose jamais ni sur la berge ni sur un support, comme on le fait pour la pêche au coup ; de plus, on leur imprime sans cesse un mouvement, non seulement pour lancer l'amorce, mais encore pour la ramener à soi. Remarquez, toutefois, qu'ici le lancer n'est pas le même qu'à la pêche à la mouche artificielle, on ne *fouette* plus, on imprime simplement à la canne cette sorte de balancement qui la transforme en un puissant ressort dont la détente est assez forte pour projeter l'amorce au loin, voire à plus de vingt-cinq et trente mètres s'il est besoin. Or, ce lancer spécial n'est pas moins fatigant que celui de la mouche ; pour ma part, j'ai même conscience d'être toujours plus las après une journée de pêche à l'hélice qu'après une journée de pêche à la mouche. De là la nécessité de n'employer que des cannes légères.

Vos cannes seront flexibles, c'est indispensable. Il suffit d'avoir pêché une ou deux fois à l'hélice ou même simplement d'avoir vu pratiquer cette pêche pour se rendre compte qu'elle nécessite l'emploi d'une canne flexible. C'est, en effet, comme je viens de l'expliquer, par sa flexibilité, que cette canne fait ressort après avoir été baissée puis relevée, par un geste bien lié, qui lui imprime le balancement caractéristique dont j'ai parlé et qu'elle projette l'amorce à de grandes distances, distances que les *cannes au lancer*, dont nous nous occuperons bientôt, peuvent seules permettre de dépasser.

Gardez-vous cependant d'exagérer la flexibilité de votre canne; son excès entraînerait un grave défaut, qui compromettrait votre ferrage. Vous le concevez, avec une canne trop flexible, il est impossible d'obtenir un ferrage instantané au moment de l'attaque, l'action du coup de poignet ne se transmet que mollement aux hameçons dont les pointes pénètrent à peine dans les chairs, elles ne s'y engagent que lentement, progressivement, sous les secousses produites par les défenses du poisson et, jusqu'à leur engagement complet, elles peuvent glisser à droite ou à gauche et lâcher prise.

Au risque de passer pour un vieux radoteur, plusieurs fois déjà je vous ai parlé de mes pêches à la grande truite des lacs dans la Dranse; si j'ai pris, là-bas, beaucoup de ces magnifiques poissons, je dois vous avouer, pour être franc, que j'en ai manqué beaucoup plus encore. Sans doute mes mésaventures doivent s'attribuer en majeure partie à ma maladresse ou à mon manque de sang-froid à certains moments de la lutte avec ces énormes bêtes que je ne *travaillais* pas convenablement, mais la canne dont je me servais alors y a bien aussi contribué pour une large part. C'était une canne en bambou noir, dont le scion se terminait par une pointe en baleine, longue de quarante centimètres environ, pointe infiniment trop flexible pour me permettre de ferrer convenablement. Et je vous prie de croire qu'il n'est point aisé de faire pénétrer un hameçon dans la gueule des grosses truites, on les jurerait renforcées par un blindage de métal, tellement elles sont dures. Mon ferrage était d'autant plus défectueux qu'au lieu de monter mon amorce sur une hélice hérissée d'hameçons, comme elles le sont toutes, je la montais sur un hameçon unique, n° 3 0/0 anglais, dont la grandeur rendait la pénétration plus difficile encore. A première vue, pareil mode de pêche peut paraître ultra-primitif et rudimentaire ; je vous le recommande, cependant, pour la pêche de la truite des lacs — les ratés sont avec lui moins fréquents, ce me semble, qu'avec tout autre. Je vous en reparlerai et vous expliquerai de quelle manière il faut placer l'amorce sur l'hameçon pour qu'elle tourne aussi rapidement qu'une véritable hélice.

En résumé, retenez de tout cela que vous devez choisir, pour la pêche à l'hélice et au poisson artificiel, des cannes d'une flexibilité moyenne. Maintenant, que ce juste milieu dans la flexibilité s'obtienne facilement, non, n'y comptez pas ; armez-vous de patience pour faire votre choix et procédez à de nombreux essais avant de l'arrêter, la chose en vaut la peine puisque votre succès en dépend en grande partie.

Exigez que votre canne soit très solide; voilà un point sur lequel nous devons tous être d'accord. A l'hélice et au poisson artificiel, on pêche le plus souvent le brochet, la truite, le saumon, tous poissons de grande taille, aux vigoureuses et longues défenses, il serait donc téméraire, on peut même dire absurde, d'engager la lutte

avec eux sans être muni d'une canne de solidité à toute
épreuve. Je n'insiste pas.

Bien entendu, il ne saurait être question ici des cannes
en roseau, à moins qu'il ne s'agisse de cannes en roseau
rubanées et rubanées par un ouvrier d'élite qui ait pris
soin d'enrouler d'abord un premier ruban dans un sens,
d'en enrouler un second en sens inverse et de recouvrir
le tout d'une forte couche de vernis, qui consolide le rubanage et le préserve de l'humidité. Ces cannes rubanées,
convenablement établies, sont d'un excellent usage, cependant, je leur préférerai toujours les cannes fabriquées
avec le grennheart, le lancewood, l'hickory et le frêne,
qui constituent des cannes de premier ordre pour l'hélice et le poisson artificiel ; enfin, à ces dernières, je préférerai encore les cannes en bambou noir — on ne saurait trouver mieux, légèreté, nervosité, solidité, elles
réunissent à merveille ces précieuses qualités, surtout
si elles sont refendues. Et, comme si la solidité de ces
cannes refendues n'était pas suffisante, comme on tenait
à obtenir la perfection, on a eu l'ingénieuse idée d'employer l'acier dans leur construction et tantôt on les entoure d'un fil d'acier croisé en double spire, tantôt on
place à leur centre une fine tige de ce métal. Que l'adjonction de l'acier ne vous effraye pas ! Sans doute elle
augmentera le poids de la canne, mais cette augmenta-
tion est si minime qu'elle ne saurait entrer en ligne de
compte avec les avantages qu'elle procure et tout bon pêcheur l'acceptera volontiers, sachant qu'elle lui offre une
sécurité absolue, qu'avec elle sa canne peut braver les
défenses les plus énergiques des gros poissons.

Les cannes pour la pêche à l'hélice et au poisson artificiel se font à une main et à deux mains. Loin de moi
la pensée de vouloir rappeler ici la fameuse querelle qui
nous divise entre pêcheurs et de jeter de l'huile sur le
feu, mais je crois être dans le vrai en affirmant que, sur
les larges rivières, la plupart des pêcheurs se servent des
cannes à deux mains. Les cannes à une main paraissent

réservées pour la pêche pratiquée à l'hélice sur les petits cours d'eau.

Mon vieil ami Beau m'a souvent parlé de la supériorité de la canne à deux mains pour la pêche à l'hélice et au poisson artificiel, et, à l'appui de son dire, il me citait un épisode d'une partie de pêche sur le Doubs, qu'il avait faite, en compagnie de deux Anglais et d'un de nos meilleurs pêcheurs de truites et de saumons, un maître bien connu, qui a des chasses et des pêches princières. Le maître dont il s'agit pêchait à l'hélice, avec une canne à une main, au bas d'une petite écluse hérissée de pieux. A peine avait-il piqué une truite que celle-ci, se réfugiant au milieu des pieux, y accrochait la ligne et brisait tout, sans qu'il fût possible au pêcheur, avec sa courte canne toujours baissée et son long fil, de pouvoir suivre les évolutions du poisson et d'éviter la catastrophe finale. De l'autre côté de l'écluse, Beau était plus heureux. La longueur de sa canne lui permettait de la tenir levée, d'avoir constamment son fil tendu au-dessus de la truite dont il suivait les mouvements sans heurter les pieux, sans rien accrocher ; il était plus maître de son poisson que le confrère : sa réussite fut complète. La partie de pêche terminée, nos deux pêcheurs, peu causeurs, peu communicatifs de leur naturel, n'échangèrent aucune réflexion, aucune critique sur leurs modes de pêche respectifs et prirent simplement rendez-vous pour l'année suivante. Le maître y fut exact, mais il était muni, cette fois, d'une canne à deux mains. La leçon de chose donnée par mon pauvre ami n'avait pas été perdue.

Les différentes cannes dont je viens de parler peuvent servir aussi à d'autres pêches qu'à celles de l'hélice et du poisson artificiel, notamment à la pêche au ver. Vous comprenez qu'il ne s'agit point ici de la pêche au ver, telle qu'on la pratique en pêchant au coup. Non. La pêche dont je parle est celle qu'on fait, le plus souvent par eaux troubles, en battant une rivière à truites. Votre bas de ligne est muni d'une assez forte plombée. Point de

flotteur. Sur les rivières à truites, où généralement les
courants varient à l'infini, et de force et de direction, où
les fonds, même sur un parcours restreint, présentent
de nombreuses inégalités, de brusques dépressions et
de brusques relèvements, il va de soi que c'est la main
seule qui puisse guider la ligne et la maintenir à la hau-
tèur convenable ; c'est, en quelque sorte, à une série de
sondages qu'on est obligé de se livrer sans interruptions.
De là la nécessité d'avoir une canne bien en mains, assurant un bon ferrage, à la fois solide et légère.

III. DES CANNES POUR LA PÊCHE AU COUP.

En vous parlant des cannes pour la pêche au coup, il
va de soi que je n'entrerai pas dans de minutieux détails.
S'il me fallait décrire la canne spéciale à chaque pêche
au coup, je risquerais de vous inoculer la terrible maladie du sommeil.

La pêche au coup est celle qui se pratique sur un coup
préparé et appâté d'avance... D'accord, mais elle se divise et se subdivise à l'infini : — on pêche du bord, on
pêche en bateau, on pêche en eaux calmes, dans des rivières rapides, on pêche de gros, de moyens, de petits
poissons, on pêche avec mille amorces différentes, les
insectes, les farineux, les pâtes, le sang, etc..., etc..., la
liste n'en finit pas. Ce n'est pas tout ; avec la même
amorce, l'asticot par exemple, on pêche sur le fond,
près du fond, à moitié eau et presque à la surface ; sur
le fond à la pelote, près du fond à la ligne ordinaire, à
moitié eau et près de la surface à la sucette ou ligne à
fouetter, et l'on voudrait que je passe en revue les cannes
spéciales à chacune de ces pêches ! Beaucoup de ces pêches peuvent se pratiquer avec la même canne, j'en conviens ; il n'en reste pas moins un grand nombre qui exigent un outillage particulier. Ainsi, vous ne pouvez pas
pêcher à la pelote avec la canne qui vous aura servi à la
pêche à fouetter, pas plus que vous ne pêcherez les gou-

jons, les gardons et les vandoises avec les cannes employées pour pêcher les chevennes, les barbeaux et les carpes. Abrégeons tout cela et contentons-nous, aujourd'hui, d'indiquer les qualités que doivent posséder, en général, les cannes pour la pêche au coup.

La solidité est certainement la plus essentielle de ces qualités. Sans doute elle aura des degrés différents suivant qu'il s'agira de la pêche des gros, des moyens et des petits poissons, mais n'ayez nulle crainte de l'exagérer. Sait-on jamais ce que les hasards de la pêche nous réservent ? On pêche des goujons et voici qu'une carpe, un barbeau saisit l'amorce ; en pareil cas, pour peu que la ligne offre une certaine résistance, si la canne choisie est une canne fragile, rarement vous la verrez sortir indemne de la lutte que vous allez soutenir — elle se rompra si vous ne donnez pas constamment du fil, ce qui permettra au poisson d'aller se réfugier au milieu des racines et des enrochements — le remède ne vaut pas mieux que le mal, le poisson vous faussera compagnie, aux grands éclats de rire des badauds, témoins de votre mésaventure.

Pour conserver aux cannes de jet la légèreté indispensable, on est obligé parfois de sacrifier un peu de leur solidité ; pareil sacrifice n'est plus nécessaire quand il s'agit de nos cannes, qu'on peut déposer sur la berge et ne pas tenir constamment en main.

Souvenez-vous que les viroles constituent les points faibles de toutes les cannes et diminuez leur nombre le plus qu'il vous sera possible. Il est inutile qu'elles aient le fini et la perfection des viroles des cannes de jet, mais assurez-vous qu'elles fonctionnent bien, qu'elles adhèrent complètement et que l'ouvrier n'a pas aminci la circonférence de la canne à l'endroit où elles sont posées. Ne récriminez pas si elles font légèrement saillie, votre canne n'en sera que plus solide.

Les cannes d'un seul morceau sont de beaucoup préférables à celles qui se démontent en plusieurs brins,

malheureusement elles sont difficilement transportables
et ne peuvent convenir qu'aux pêcheurs habitant à proximité de la rivière.

Le roseau, même le roseau rubanné, ne vaut rien pour
la pêche au coup, il n'est pas assez résistant ; préférez-
lui toujours les cannes en bambou et les cannes en greenheart, lanceword, frêne, hickory.

Autre qualité nécessaire, il faut que votre canne soit
flexible. Avec une canne rigide, les moindres défenses
d'un poisson feront toujours courir des risques de rupture à votre bas de ligne — avec une canne flexible, au
contraire, ces défenses se trouvent en partie amorties,
paralysées ; il n'y a plus de brusques secousses à redouter, la canne cédant d'elle-même. Et puis, vous le savez, c'est par sa flexibilité que la canne fait ressort, après
avoir été baissée et aussitôt relevée par un geste bien
lié et qu'elle projette l'amorce au loin. Ce geste, ce
mouvement, les plus novices d'entre nous le connaissent ;
il faut être une triple galette pour jeter l'amorce en lui
faisant décrire une parabole en l'air lorsqu'on pêche au
coup. Ceci dit, souvenez-vous que la flexibilité n'est pas
comme le galon et qu'il n'en faut pas trop. Son excès
nuirait à votre ferrage ; tenez-vous en donc à une flexibilité moyenne et ne faites exception à cette règle que
pour la pêche à fouetter.

On peut pêcher au coup avec une canne lourde sans
s'exposer à trop de fatigue, parce qu'on ne la tient pas
continuellement en mains — ici, la question de poids
n'a plus une importance capitale. Permettez-moi, cependant, de vous faire remarquer qu'on fabrique aujourd'hui
des cannes très légères et d'une solidité qui ne laisse
rien à désirer, que nous serions, dès lors, des sots de
nous embarrasser de cannes lourdes quand nous pouvons faire autrement. Au coup, on tient encore assez
souvent sa canne en mains, parfois même on la tient
longtemps ainsi sans pouvoir l'abandonner, et puis ne
faut-il pas la transporter sur les lieux de pêche — au-

tant de raisons pour vous faire rechercher des cannes légères, mais la meilleure des raisons est qu'une canne lourde n'est jamais bien *en mains*, qu'elle *n'obéit pas*, que vous n'en êtes pas complètement maître. Conclusion : ne vous servez de cannes lourdes que lorsque vous ne pourrez pas vous servir d'autres — c'est un pis-aller.

J'ai eu trop souvent déjà l'occasion de vous parler de la nécessité de munir de moulinets toutes vos cannes à pêche, quelles qu'elles soient, pour que j'aie à revenir aujourd'hui sur mes recommandations antérieures. Le moulinet vous permet de maîtriser les défenses des gros poissons quand il leur prend fantaisie de *tirer une bordée, de piquer une fusée*, comme nous disons dans notre langage imagé de pêcheurs. Vous savez ce qui vous attend en pareil cas aussitôt que vous serez à bout de fil, que votre ligne sera tendue; ne vous exposez donc pas de gaieté de cœur à ces catastrophes. D'ailleurs, un moulinet vous est indispensable pour pêcher sur *le fond* même de la rivière, ainsi qu'on le fait souvent dans les pêches au coup, parce que c'est le scion seul qui vous indique alors les touches du poisson, et pour qu'il les indique, il faut que le fil soit tendu complètement, ce que vous ne pouvez obtenir qu'en reprenant de ce fil avec le moulinet. Mais je plaide une cause qui est depuis longtemps entendue.

Un dernier conseil. Quand vous pêchez au coup, évitez de déposer vos cannes *sur l'eau;* ainsi que le font certains pêcheurs; c'est là, me semble-t-il, une mauvaise pratique. Soit en les déposant, soit en les relevant, vous faites rider l'eau et, malgré toutes les précautions que vous prenez, le bruit produit à la surface se propage immédiatement au fond et met le poisson en fuite ou, pour le moins, éveille sa défiance. Autre inconvénient: en demeurant longtemps mouillées vos cannes finissent par se saturer d'humidité, elles moisissent ou se fendent en séchant ; dans un cas comme dans l'autre, elles ont perdu toute solidité.

IV. DES CANNES POUR LA PÊCHE AU LANCER.

Comme la pêche au lancer n'est pas encore très vulgarisée, si j'en crois mes renseignements et les nombreuses questions qui sont posées à son sujet, peut-être convient-il de la définir avec précision, pour qu'il n'y ait point d'erreur possible et que certains de nos confrères cessent de la confondre avec d'autres pêches, notamment avec la pêche ordinaire au poisson artificiel. Afin d'en donner une définition exacte, je ne saurais mieux faire que de reproduire celle que je trouve dans l'ouvrage de M. Charles Buthod: *La pêche au lancer, souvenirs et conseils*. Cet ouvrage, paru en août 1909, je crois, est très documenté; il vous captivera certainement par sa clarté, son sens pratique, le charme de son style. Comme Albert Petit, l'auteur vous empoigne dès la première page de son livre et vous fait partager bien vite là passion qui l'anime. Impossible de résister à tant de verve et d'entrain.

« La pêche au lancer, dit M. Buthod, c'est l'action du lancer, à l'aide d'une canne relativement courte, maniée à une ou deux mains, et d'un moulinet à quadruple multiplication, un appât pesant, naturel ou artificiel, construit ou disposé de telle façon qu'il tourne quand on le ramène à soi entre deux eaux. »

Pour pêcher au lancer, il faut, vous le voyez, une canne agencée d'une certaine façon, une canne spéciale, dont je vais parler. Mon intention n'est pas de vous expliquer la pratique de la pêche au lancer, de vous indiquer les différentes manières de lancer, les amorces à employer, etc..., etc. Non, je termine ma rapide étude sur nos diverses cannes à pêche, c'est tout. Mais, bien qu'il ne s'agisse aujourd'hui que des cannes à lancer, encore faut-il aborder une question, — *une question préalable*, comme disent nos hommes politiques. Elle est d'une telle importance que je n'ai pas reçu moins de quatre lettres de Toulouse, Nancy, Amiens, Châtellerault, qui m'en demandent la solution. Voici celle de M. Houillon, de Nancy; elle résume en quelque sorte les trois autres :

« La pêche au lancer, telle que la pratiquent les Anglais et les Américains, est-elle permise sur nos cours d'eau ?

« Il est évident que les pêcheurs n'auront que faire de tout ce que vous allez leur apprendre concernant ce genre de pêche, s'ils ne peuvent pas ensuite le mettre en pratique au bord de l'eau.

« Je crois que beaucoup pensent comme moi et désirent savoir à quoi s'en tenir sur cette question, à laquelle se rattache, d'ailleurs, tout l'intérêt de la pêche au lancer ».

En réalité, entre pêcheurs, nous nous demandons comment pareille question a jamais pu se poser, par quelle inexplicable interprétation de la loi de 1829 on en est arrivé à soutenir que les pêches au lancer ordinaires à la cuiller, au poisson artificiel, à l'hélice et surtout la pêche au lancer à l'américaine n'étaient pas des pêches à la ligne flottante et devaient être interdites sur tous les cours d'eau du domaine public. Pour soutenir une semblable énormité, non seulement il faut ignorer les principes les plus élémentaires de ces pêches, il faut encore s'être bouché opiniâtrement les oreilles chaque fois qu'un homme compétent, un vrai pêcheur, a voulu donner un avis ou un conseil.

D'ordinaire, quand un tribunal se trouve en face d'un fait, qu'il ne peut apprécier faute de connaissances spéciales, il donne mandat à ce qu'on nomme en jargon judiciaire un *homme de l'art* qu'il charge, *avant faire droit*, de le renseigner. Et le tribunal, pour rendre bonne justice, a mille fois raison d'agir ainsi. Eh bien ! pourquoi, en matière de pêche, quand une question nouvelle les embarrasse et qu'ils ne comptent pas dans leurs rangs des magistrats pêcheurs, certains tribunaux s'obstinent-ils à vouloir la trancher sans avoir recours aux avis

d'hommes compétents ? On arrive ainsi à des énormités
et c'est une énormité que de soutenir, une seule minute,
que la pêche au lancer ordinaire et la pêche au lancer
à l'américaine ne sont pas des pêches à la ligne flottante.
Dans ces pêches, en effet, pour vraiment pêcher, pour
être prenante, votre amorce, quelle qu'elle soit, poisson
artificiel, hélice ou cuiller, doit être toujours en mouvement, c'est-à-dire *flotter* à la surface de l'eau ou entre
deux eaux. Que le pêcheur pose sa canne, qu'il cesse sa
traction, ne serait-ce qu'une seconde et l'amorce, abandonnée à elle-même, coule instantanément à fond à cause
de son poids relativement fort, puisqu'elle est en métal
et chargée d'une certaine plombée ; or, à fond, l'amorce
ne pêche plus, elle devient là aussi peu dangereuse pour
le poisson qu'un simple caillou, car je ne sache pas que
les brochets, les perches, les saumons et les truites que
nous pêchons au lancer aillent s'amuser à mordre un
morceau de métal, hérissé de pointes. Même à l'hélice,
amorcée d'un véron naturel empalé sur sa tige, aucun
poisson ne mordra quand elle reposera au fond de la
rivière. Les truites, les brochets qui se seraient précipités
sur elle alors qu'elle était en mouvement, pour la happer
au passage, s'en approcheront, maintenant qu'elle est
au repos, avec circonspection et défiance et les trois ou
quatre groupes d'hameçons triples dont elle est armée
n'échapperont point à leur vue : ils se garderont d'y
toucher. Mais si les poissons étaient assez bêtes ou assez
atteints de la monomanie du suicide pour s'attaquer à
de pareilles amorces au repos, c'est-à-dire quand elles
ne *flottent* plus sous la traction du pêcheur, je me demande pourquoi la loi qui veille à leur protection n'interdit pas, sous des peines sévères, de jeter dans nos
rivières des rognures de fer-blanc, les débris de boîtes
de conserve, les vieux tire-bouchons, car ces mêmes poissons pourraient tout aussi bien mordre à ces appâts d'un
nouveau genre qu'à un devon ou à une cuiller, et je ne
sache pas que la digestion en soit plus facile.

La loi, qui ne permet que la ligne flottante, ne veut pas qu'il soit possible au pêcheur de transformer, à son gré, une ligne flottante en ligne de fond. Pareille transformation peut-elle s'opérer dans la pêche au lancer ? Evidemment non ; ce que je viens de dire le démontre.

Prétendra-t-on que la pêche au lancer doit être interdite, parce qu'elle ne se pratique pas avec un flotteur ? Ce serait absurde, car pour qu'une ligne soit flottante, il n'est pas nécessaire qu'elle soit munie d'un liège ou de toute autre flotte ; la question ne fait plus de doute aujourd'hui, elle est jugée depuis longtemps déjà. S'est-on jamais avisé de défendre la pêche à la mouche artificielle sous le fallacieux prétexte que la ligne dépourvue de tout flotteur n'était pas une ligne flottante ? Personne n'a osé soutenir une pareille chinoiserie. Eh bien ! pourquoi en serait-il autrement pour la pêche au lancer qui, je le répète, est la pêche à la ligne flottante par excellence, celle qui ne prend et ne pêche réellement que quand l'amorce flotte, quand elle est actionnée par le pêcheur et qui cesse d'être une ligne proprement dite, un engin de pêche, *prenant* aussitôt qu'elle touche au fond et qu'elle est au repos ?

Tout cela est fort bien, — oui, à l'unanimité, les pêcheurs sont d'avis qu'il ne saurait y avoir de discussion possible en pareille matière; mais il ne faut pas seulement tenir compte de l'appréciation de nos confrères ; il faut encore s'inquiéter de connaître celle des tribunaux. Au début, cette appréciation a beaucoup varié ; puis, peu à peu, nos justes revendications ont fini par nous faire obtenir gain de cause. L'an passé encore, le tribunal de mon arrondissement de Nantua rendait un jugement, fortement motivé, déclarant que la pêche au lancer (l'hélice dans l'espèce) est une pêche à la ligne flottante et j'ai pu me convaincre, d'après mes recherches, que la grande majorité des tribunaux et des cours d'appel partagent, avec raison, cette manière de voir. Il a fallu un arrêt récent de la cour de cassation pour nous

mettre de nouveau en émoi et raviver nos craintes. Fort
heureusement ces craintes ne sont pas fondées. La Cour
suprême, par son arrêt, prohibe uniquement l'emploi
d'un appât plombé qui tombe au fond de la rivière, *y
séjourne*, et ne remonte à la surface que lorsque le pêcheur fait agir le moulinet. En un mot, il s'agit, dans l'espèce, d'une ligne volante que le pêcheur peut, *à son gré*,
transformer en ligne de fond. Si le pêcheur peut ainsi
transformer en ligne de fond une ligne volante munie de
certains appâts, il lui est, par contre, de toute impossibilité de transformer à son gré, en ligne de fond une
ligne amorcée d'un devon, d'une cuiller et même d'une
hélice sur laquelle est empalé un poisson mort, qui est
tellement hérissé d'hameçons triples qu'il ressemble à
un porc-épic en miniature. Jamais le pêcheur ne laisse
aller au fond de l'eau et y *séjourner* de semblables amorces, pour cette excellente raison qu'elles cessent de *pêcher, de pouvoir prendre*, dès qu'elles ne sont plus en
mouvement, et qu'elles courent grands risques de rester
grippées par leurs nombreuses aspérités aux herbes et
aux racines.

En résumé, j'estime que vous pouvez en toute sécurité
continuer à pêcher au lancer comme par le passé, à condition, toutefois, qu'il soit bien entendu entre nous que
je parle uniquement des pêches au lancer au poisson artificiel, à l'hélice et à la cuiller, telles que nous les pratiquons, et non des pêches où la ligne (également dépourvue de flotteur et plombée) est amorcée de telle façon
que le poisson saisisse aussi bien cette amorce au fond
de la rivière, où elle peut *séjourner*, qu'à moitié eau lorsqu'elle est mise en mouvement par le pêcheur, lequel la
transforme ainsi, à sa fantaisie, en ligne volante ou en
ligne de fond. Telle est mon intime conviction. Inutile,
dès lors, pour tourner la loi, d'avoir recours aux bouchons à coulisse, dont nous pourrions munir nos lignes
à lancer ; l'Administration ne se laisserait pas tromper
si naïvement et notre dignité souffrirait de l'emploi d'un

subterfuge si enfantin. Laissons ces finesses à M. Gribouille.

Mais ce que nous devons faire, c'est agir énergiquement auprès des pouvoirs publics pour que notre législation sur la pêche, qui est un peu vieillote, soit rajeunie, « pour que l'on codifie, en un seul texte clair et précis, les lois des 15 avril 1829, 31 mai 1865 et les décrets des 10 août 1875, 27 décembre 1889, 9 avril 1892, 5 septembre 1897, afin que chaque pêcheur puisse connaître convenablement ses droits et ses devoirs ; étant entendu que les lois précitées doivent être modernisées et mises en harmonie avec l'exploitation de la pêche, telle qu'elle est pratiquée aujourd'hui, notamment par les Sociétés de pêcheurs à la ligne ; que le Gouvernement ne rende aucun décret, ne prenne aucun arrêté en matière de pêche et pisciculture sans en avoir, au préalable, pressenti les sociétés de pêche et de pisciculture, de même que l'on consulte, en ce qui les concerne, les associations agricoles, industrielles et commerciales ». Le passage que j'ai placé ci-dessus entre guillemets est emprunté au compte-rendu d'un Congrès des Sociétés des Pêcheurs à la ligne et de pisciculture du Nord-Est de la France, tenu à Nancy les 10 et 11 juillet 1909. Nous ne pouvons que lui donner notre entière approbation.

Légèreté, solidité, flexibilité, telles sont les trois qualités que vous devez trouver réunies dans toute bonne canne à lancer ; mais encore faut-il ne pas les exagérer, sous peine de les transformer en autant de graves défauts. Une canne trop flexible compromettra le ferrage et la précision du lancer; trop solide elle deviendra lourde ; trop légère elle manquera de solidité. *In medio stat virtus*, c'est là une question de juste milieu.

La canne pour la pêche au lancer se fait ordinairement en greenheart, en hickory, en lancewod, en frêne ou en bambou ; jamais, pour sa fabrication, on n'emploie le roseau qui, même rubané, n'offre pas une résistance suffisante.

Comme chaque pêcheur a ses préférences marquées et que nous sommes tous enclins à dénigrer les engins dont nous ne nous servons pas, vous entendrez soutenir tantôt qu'en dehors du greennheart il n'y a que camelote, tantôt que l'hickory est le rêve, la perfection, tantôt viendront à leur tour les partisans du lancewood, ceux du frêne, ceux du bambou qui vous débiteront leur antienne, bref vous serez fort embarrassé, au milieu de ces ardentes controverses, pour faire choix d'une canne, si vous en êtes encore à la période d'hésitation. L'exacte vérité est que ces diverses cannes, montées par des ouvriers habiles et consciencieux, peuvent toutes assurer un très bon service. Je serais cependant assez porté à proclamer la supériorité de la canne en bambou refendu sur ses rivales et mon appréciation est partagée par de nombreux confrères, si j'en juge d'après les mentions des catalogues de pêche, sur dix cannes à lancer à l'américaine, sept sont en bambou refendu, telle est la proportion. M. Buthod, dont l'opinion en pareille matière fait autorité. préconise l'emploi de ce genre de cannes.

Un de mes amis, grand pêcheur à l'américaine, est du même avis. Pour me convaincre qu'il était dans le vrai, l'ami en question devait me donner, avec son refendu, une leçon de lancer : de mon côté, afin de me reconnaître de tant d'obligeance, j'avais promis de l'initier aux secrets de préparation de la fameuse fondue de Brillat-Savarin. Nous prîmes rendez-vous et, au jour indiqué, il m'arriva en limousine. J'étais enchanté de recevoir ce bon camarade et de faire étalage devant lui, gourmet raffiné, de mes talents culinaires. Après avoir noué à ma ceinture un tablier d'éclatante blancheur (je soigne toujours ma mise en scène) j'opérai moi-même, et mon hôte put suivre la confection du plat dans ses moindres détails et les noter dans sa mémoire, pendant que le suave arôme dégagé de ma casserole lui donnait un avant-gout des

succulentes béatitudes qui l'attendaient à table. Il était
plein de recueillement et de joie. D'ailleurs un gourmet
se plaît toujours à la cuisine qui est, comme le remarque
Tendret, le Temple de la Gourmandise. Après déjeuner,
au moment de la fine champagne et du cigare, M... s'em-
balla à fond de train sur le bambou refendu, il ne taris-
sait pas d'éloges : « Tu vas voir, disait-il, avec des cannes
semblables aux miennes, je crois qu'on enverrait un devon au-dessus des tours de Notre-Dame ». Eh bien... je
ne vis rien du tout. M... avait apporté ses cuillers, ses devons, il n'avait oublié qu'une chose... sa canne. Nous
eûmes beau la chercher dans tous les coins et recoins de
la limousine, elle demeura introuvable. Force nous fût
de faire demi-tour et de rentrer à la maison. Là, M.. voulut me donner quand même sa leçon de lancer, mais la
façon dont il s'y prit avec une de mes cannes m'inspira
de telles inquiétudes sur la pauvrette que je m'empressai
de la lui arracher des mains.

Les cannes à lancer se font à une ou à deux mains ; il
s'en fabrique, à peu de chose près, autant des unes que
des autres. Pour les petites rivières et sur les bords qui
ne sont pas très découverts, les premières sont naturellement indiquées ; les secondes conviennent mieux quand
on pêche sur des lacs ou de larges cours d'eau. Toutes
doivent être bien équilibrées si l'on ne veut pas avoir les
bras rompus de fatigue après quelques instants de pêche.
Vous savez que, pour obtenir cet équilibre, il suffit le plus
souvent de déplacer légèrement le moulinet ou d'alour-
dir le talon avec une surcharge — c'est affaire de tâtonnements, d'essais répétés, rien de plus.

Les viroles de ces cannes sont entièrement semblables
à celles des cannes à mouche artificielle, elles ne supportent pas un effort plus considérable que ces dernières,
c'est même le contraire qui se produit. Diminuez-en le
nombre autant qu'il vous sera possible puisqu'elles constituent toujours le point faible de votre outillage. Inutile
de placer des agrafes à côté des viroles parce qu'elles ne

consolident pas autrement les jointures et qu'elles forment des saillies qui gênent le libre passage de la soie : il est à remarquer, d'ailleurs, que les bonnes viroles prennent rarement du jeu sous l'action du lancer à l'américaine, qui est peut-être plus moëlleux, plus soutenu que le lancer ordinaire.

Quant aux anneaux qui maintiennent la soie la long de la canne, il importe de n'en placer qu'un nombre très restreint, le strict nécessaire, afin que la soie puisse se dérouler avec le moins de frottement possible. Toujours pour éviter ce frottement, on devra préférer les anneaux ronds aux anneaux en spirale et , parmi les anneaux ronds on choisira ceux qui sont le plus surélevés. On en fait en agathe et en porcelaine, ce sont les meilleurs. Enfin, et cela encore pour diminuer le frottement, on placera l'anneau de l'extrémité du scion presque perpendiculairement à la canne, comme l'indiquent les catalogues de toutes les bonnes maisons.

Les cannes à lancer étant généralement très minces, il faudrait, pour bien les saisir, fermer complètement la main et les enserrer fortement, ce qui provoquerait une crispation des doigts assez pénible. On pare à cet inconvénient en plaçant des *poignées* aux endroits où les mains reposent : de la sorte on peut les manier facilement sans nul effort. Dans les cannes à une main la poignée se place au talon et l'autre au-dessous du moulinet, qui est alors fixé plus haut. J'ai remarqué, pour les cannes à mouche artificielle, que la distance qui sépare nos mains est de cinquante centimètres environ, exactement de cinquante-trois pour moi et je suppose qu'il doit en être de même pour les cannes à lancer. Quoique nous ne soyons pas tous taillés sur le même patron, quoiqu'il faille tenir compte à chacun de nous de sa conformation, de sa longueur de bras, cet écartement de cinquante centimètres des deux poignées est celui que vous pouvez adopter de prime abord, quitte à le modifier de quelques centimètres (à peine deux ou trois) après essais. Les fabricants varient à l'infini la confection des poignées ; ils en font en liège, en cuir, en caoutchouc, en étoffes, en cordelettes, etc., à vous de choisir. Celles qui ne glissent pas dans la main, qui ne la blessent pas, sont les meilleures, bien entendu.

Quelle longueur doivent avoir les cannes à lancer ? J'avoue que j'ai trop peu pratiqué le lancer à l'américaine pour me risquer à vous donner mon avis sur ce point délicat, et je remarque que ceux qui sont plus ferrés que moi imitent ma prudente réserve. Sans aucun doute chacun estime que c'est là une question qu'on ne peut trancher qu'après de nombreux essais, telle canne me conviendra, me sera complètement en mains, alors que vous ne pouvez rien en tirer ; modifiez sa longueur de quelques centimètres seulement et vous arrivez au résultat contraire. Toutes ces cannes sont relativement courtes, c'est tout ce qu'on peut préciser.

Parlons maintenant du moulinet. Vous vous souvenez qu'on définit la pêche au lancer « l'action de lancer à l'aide d'une canne relativement courte *et d'un moulinet*, un appât pesant, naturel ou artificiel, etc. ». Ainsi, on lance avec le moulinet, c'est vous dire quelle importance prend ce petit ustensile dans notre genre de pêche. Mais il s'agit ici, entendez-le, d'un moulinet spécial, du moulinet à quadruple multiplication, à mouvement très sensible, très doux, qui développe rapidement la soie et la ramène avec une extrême vitesse. Pas de vraie pêche au lancer possible sans moulinet à quadruple multiplication. M. Buthod a expliqué à merveille le fonctionnement du moulinet à quadruple multiplication. Je lui emprunte les lignes suivantes — on ne saurait être plus clair, plus précis :

« Le principe du moulinet à quadruple multiplication est celui de la bicyclette. Deux roues O, O' s'engrenant ; O, de circonférence ou de rayon quatre fois plus grands que la circonférence ou le rayon de O' ; O tourne sous l'action de la manivelle ; O' fait tourner la bobine. — Il est facile de comprendre que la petite roue fera un tour complet pendant que la grande ne fera qu'un quart de tour. Elle fera donc quatre tours complets pour un tour de la grande, elle tournera donc quatre fois plus vite, ce qui revient à dire que la bobine tournera quatre fois sur elle-même pendant qu'on fera tourner une fois la roue commandée par la manivelle. Or, il s'est trouvé que cette propriété, recherchée dans le but de favoriser la rapidité de l'enroulement, était, en même temps extrêmement propice au déroulement. En effet, c'est la manivelle qui, dans l'enroulement, fait tourner la bobine. Dans le déroulement, c'est au contraire, la bobine qui entraîne la manivelle. Si, dans le premier cas, un tour de manivelle correspond à quatre tours de bobine, dans le second un tour de bobine correspondra à un quart de tour de la manivelle, c'est-à-dire que la bobine en tournant à la vitesse que lui imprime la projection de l'appât, n'aura à vaincre que le quart de la résistance que lui opposerait l'inertie de la manivelle si elle tournait à la même vitesse.

« Donc cette multiplication est extrêmement favorable au double rôle du moulinet.

« Pour obtenir la régularité du déroulement, on a adapté à la manivelle un contrepoids, qui lui fait remplir, pendant le déroulement, l'office de volant régulateur.

« La sensibilité du mécanisme étant extrême, l'inertie de la manivelle et des parties qui s'y rattachent est vaincue instantanément au moment de la projection. Leur mouvement de rotation a, de suite, une vitesse très considérable ; de sorte que tout le système tournera presque pour son compte, par suite de l'élan qui lui a été donné ».

Ces détails sur le fonctionnement du moulinet à quadruple multiplication vous indiquent que c'est une pièce délicate, qui, pour bien manœuvrer, ne doit présenter aucun vice de construction. N'achetez donc que des moulinets de bonne marque et ne craignez pas, sans toutefois faire des prodigalités bêtes, d'ouvrir assez largement, votre bourse pour semblable acquisition. Choisissez des moulinets de moyenne grandeur— pour la plupart de nos pêches il suffit qu'ils puissent enrouler 70 à 80 mètres de soie.

La soie ! voilà encore une partie de votre attirail qui doit être pour vous l'objet d'un sérieux examen. N'en exagérez jamais la grosseur, pour cette raison fort simple que la grosseur est prise au détriment de la souplesse et de la légèreté; vous trouverez d'ailleurs des soies fines d'une parfaite solidité, tant leur fabrication a fait de nos jours d'importants progrès. Les meilleures sont celles qui se composent de brins fins et nombreux, tressés très serrés. Qu'elles n'aient ni vernis, ni apprêt, qu'elles soient très élastiques et qu'elles ne vrillent pas dans l'eau; assurez leur facile glissement dans les anneaux.

La soie doit garnir entièrement le moulinet. Son enroulement sur la bobine est une opération à laquelle il est nécessaire que vous apportiez les plus grands soins. En général, c'est avec le pli de la première phalange du pouce de la main gauche, que, par un mouvement de va et vient, on guide la soie, d'un tambour à l'autre, pour l'enrouler sur la bobine, tandis qu'on tourne la manivelle de la main droite. Certains pêcheurs tiennent la soie entre les extrémités du pouce et de l'index de la main gauche pour la conduire sur la bobine et j'ai longtemps, moi-même, opéré ainsi, mais cette méthode a l'inconvénient de vous exposer à exagérer très facilement la tension de la soie, de la faire pénétrer entre les tours qui précèdent et de l'embrouiller.

Si la soie n'est pas régulièrement répartie sur la bobine, si elle forme des creux ou des bourrelets, je vous engage à dérouler pour recommencer ensuite l'opération de l'enroulement, sans cela vous courez les plus grands risques, en pleine action de pêche, soit en lançant, soit en récupérant, de voir brusquement les tours de votre soie s'enchevêtrer les uns dans les autres et arrêter net le mouvement du moulinet. Que Saint-Pierre vous préserve de cette mésaventure ! Vous ne sauriez croire les ennuis et la perte de temps qu'elle peut vous causer. En argot de pêche, l'enchevêtrement de la soie s'appelle, paraît-il, une *tignasse, une perruque.*

V. LA LIGNE FLOTTANTE, A PROPOS DE LA PÊCHE AU LANCER.

Avant de terminer ce chapitre, j'ai à répondre à un contradicteur.

La base de notre discussion, la loi du 15 avril 1829, porte, dans son article 5, que sur les eaux du Domaine Public, la ligne flottante tenue à la main est seule permise à tout venant. Qu'est-ce donc qu'une ligne flottante? Et moi bonnement de répondre, en simpliste que je suis, et sans ajouter un seul mot de plus: *c'est une ligne qui flotte.* Ma définition, vous le voyez, ne m'a pas coûté de grands efforts d'imagination, dites même, si bon vous semble, qu'elle est digne de M. de La Palisse ou de Calino, elle n'en demeure pas moins rigoureusement exacte. La loi, remarquez-le bien, n'indique pas de quelle manière, cette ligne doit flotter, elle ne dit pas s'il faut qu'elle flotte par ses propres moyens, si le mouvement seul de l'eau doit la rendre mobile ou si elle peut flotter aussi par suite de la traction que le pêcheur exerce sur elle. Puisque la loi est muette sur ce point, puisqu'elle n'impose aucune condition, de quel droit, je vous le demande, venez-vous en formuler de votre propre autorité ? Ne soyons pas plus royaliste que le roi, et jusqu'à nouvel ordre, déclarons ligne flottante toute ligne qui, tenue à la main, flotte quand elle est en action de pêche et cesse de pêcher aussitôt qu'elle touche le fond. La loi a réservé aux fermiers des eaux du Domaine Public l'usage de la ligne de fond ; dès lors, je comprends à merveille que, s'inspirant de l'esprit de cette loi, on défende l'emploi des lignes que le pêcheur peut, à son gré, transformer en lignes flottantes ou en lignes de fond. Exemple: vous ne pouvez pas **pêcher au ver avec une** ligne plombée (et même non plombée, car le poids seul de l'amorce et de l'hameçon suffit à l'entraîner assez rapidement à fond) non munie de flotteur, parce qu'il vous serait possible tantôt de la tenir flottante, tantôt de la laisser couler à fond, cela à votre gré, et que, en flottant comme à fond, cette ligne pêcherait réellement, autrement dit prendrait du poisson. Que vous lanciez à l'américaine, à la grande volée ou de toute autre manière peu importe: votre lancer ne modifie pas votre mode de pêche, qui demeure un mode prohibé par cela seul qu'il vous donne la possibilité de pêcher, à votre choix, à fond ou en flottant.

Je vais plus loin et j'estime, que, s'il prenait fantaisie à un original quelconque, pêchant à la cuiller, à l'hélice, au devon, ou à n'importe quel poisson artificiel, d'escher de vers les hameçons qui arment ces artifices, pareil mode de pêche constituerait une pêche défendue, parce que, contre toute vraisemblance, il pourrait cependant se faire qu'un poisson soit assez mal avisé, assez disposé au suicide, pour s'y laisser prendre à fond et aussi quand la ligne flotte.

Mais là s'arrête ma dernière concession et je demeure absolument convaincu, quoique vous en pensiez, que la pêche à la cuiller, à l'hélice, au devon, à tous les poissons artificiels telle qu'on la pratique normalement, est au premier chef une pêche à la ligne flottante, le type même de la ligne flottante, pour cette excellente raison qu'il est de toute impossibilité de la transformer jamais en pêche de fond. Je l'ai déjà dit et je le répète, pour être prenante, votre amorce dans les pêches, dont je vous parle, doit toujours être en mouvement, c'est-à-dire flotter. Que le pêcheur cesse sa traction et l'amorce, abandonnée à elle-même, coule instantanément à fond à cause de son poids relativement fort puisqu'elle est en métal et chargée d'une certaine plombée; or, à fond, l'amorce ne pêche plus, elle devient là aussi peu dangereuse pour le poisson qu'un simple caillou.

Depuis que les lignes ci-dessus furent écrites, la question de la ligne flottante, a été tranchée, par la Cour de Cassation sur un point important.

La chambre criminelle de la Cour suprême a décidé que la pêche à la cuiller était une pêche à la ligne flottante, que dès lors elle devait être autorisée.

Sa décision est marquée au coin de la sagesse. Sans aucun doute les magistrats ont fait appel aux lumières de quelques-uns de nos confrères, qui les ont mis sur la bonne voie.

Si j'en crois de nombreuses lettres éparses sur mon bureau, le nouvel arrêt a fait grand bruit dans le Landerneau des pêcheurs à la ligne et s'y trouve bien accueilli. Messieurs les conseillers ont levé clairement l'interdit qu'on prétendait mettre sur un mode de pêche, éminemment sportif, et pratiqué dans tous les pays, y compris ceux où les lois sur la pêche sont des plus sévères et des plus restrictives.

Ce que la Cour de Cassation dit de la pêche à la cuiller peut-il s'appliquer aussi à la pêche au poisson artificiel et à la pêche à l'hélice? Telle est la question que me posent plusieurs confrères. Pour y répondre, j'aurai le plaisir de mettre sous leurs yeux les motifs de l'arrêt, qui ne manqueront pas de me fournir des arguments péremptoires ; je savais bien ne pas me tromper en affirmant que la pêche à la cuiller étant admise, il est de toute impossibilité de ne pas lui assimiler la pêche à l'hélice et la pêche au poisson artificiel, puisque ces deux dernières sont comme la pêche à la cuiller, une simple imitation du vif et qu'elles se pratiquent de la même façon et avec un outillage entièrement semblable. Qu'on me cite une seule différence et je passe condamnation.

J'ai voulu me procurer ce nouvel arrêt de la Cour de Cassation sur la pêche à la cuiller. Il importe que vous le connaissiez. Arrêt clair et précis s'il en fût et, ce qui ne gâte rien, très bref. Dans ses motifs, vous ne rencontrez point de considérants à perte de vue, point d'attendus de remplissage — chaque mot porte et porte juste...

« Attendu que le caractère d'une ligne flottante doit s'apprécier d'après son agencement, qu'il résulte de l'arrêt attaqué, que la cuiller avec laquelle le sieur Dubernet se livrait à la pêche était mobile et flottait normalement entre deux eaux; que si, par accident, cet engin descendait au fond de l'eau, la cuiller, demeurant immobile, cessait d'être pêchante, c'est-à-dire de constituer un engin de pêche quelconque; que les circonstances de la cause relevées par la Cour de Bordeaux, établissent que la pêche ainsi pratiquée ne peut devenir, à un moment quelconque, une pêche à la ligne de fond, que ladite pêche présente les traits caractéristiques de la pêche à la ligne flottante tenue à la main ;

« Que, dans ces conditions, l'arrêt attaqué, loin de violer les dispositions de la loi du 15 avril 1829, en a fait, au contraire, une juste application... »

Et maintenant, dites-moi si mon argumentation en faveur de la pêche à la cuiller n'est pas, mots pour mots, semblable à celle de la Cour suprême ?

Bien entendu, je n'ai nullement la prétention d'être pour quelque chose dans cette nouvelle jurisprudence, mais j'avoue, en toute sincérité, qu'il m'a été agréable, à moi, vieux magistrat et vieux pêcheur, de constater que mon appréciation est aujourd'hui justifiée.

Le Salut public, de Lyon, où j'ai trouvé l'arrêt, le fait suivre de commentaires établissant que le principe posé par la Cour en ce qui touche la pêche à la cuiller doit s'étendre aussi à la pêche au poisson artificiel et à la pêche à l'hélice. En effet, comme je vous l'ai fait remarquer, ces deux derniers modes de pêche se pratiquent identiquement de la même façon que la pêche à la cuiller, ils nécessitent le même outillage, les mêmes manœuvres, enfin (et j'emploie ici le propre texte de l'arrêt), *si par accident le poisson artificiel et l'hélice descendent au fond de l'eau, y demeurent immobiles, ils cessent d'être pêchants. c'est-à-dire de constituer un engin de pêche quelconque. La pêche ainsi pratiquée, ne peut donc jamais devenir une pêche à la ligne de fond, elle présente les traits caractéristiques de la pêche à la ligne flottante tenue à la main.* Cuiller, hélice, devon sont entièrement des modes de pêche semblables.

Est-ce assez clair ? Je n'insiste pas. On n'enfonce pas une porte ouverte.

Vous pouvez, mes chers confrères, vous livrer aux douceurs de la pêche à la cuiller, à l'hélice et au poisson artificiel sans nulle crainte de risquer un procès-verbal.

II. DE L'ÉPUISETTE.

Voulez-vous que nous parlions, à présent, de l'épuisette ?

Ce sujet en vaut bien un autre. En tous cas, il me fournira l'occasion de préciser un point sur lequel deux ou trois confrères, qui ne m'avaient pas compris, m'ont prêté des théories subversives, révolutionnaires, anarchistes.

L'épuisette rend de réels services au pêcheur, c'est entendu, — on peut même dire qu'elle lui est indispensable, mais il est non moins certain qu'elle est souvent pour lui une cause d'ennuis et d'embarras sérieux, quand elle a été mal choisie surtout. Pénétrez-vous de l'idée que le choix d'une épuisette est chose importante ; il demande du raisonnement et de l'observation.

Une épuisette doit avoir une large ouverture ; que dis-je ? une très large ouverture, dans laquelle le poisson puisse facilement pénétrer, sans toucher les bords du cercle qui la forme. — En y pénétrant, s'il touche ce cercle, il a immédiatement conscience du danger, et c'est aussitôt une défense brusque et violente, une fuite affolée, dont vous ne serez pas toujours maître.

Il faut encore que l'épuisette soit assez profonde pour couvrir entièrement un poisson même d'une taille bien supérieure à celle des poissons qu'on se propose de pêcher. Un poisson dont la queue touche le fond de l'épuisette, alors que sa tête arrive à la hauteur du cercle, vous échappera la plupart du temps où, tout au moins, tirera une dangereuse bordée, le fond du filet lui servant de point pour s'élancer en avant et fuir. Au contraire, le poisson disparaît complètement dans une épuisette profonde ; il est de plus très facile de lui enlever toute velléité d'escapade, une fois qu'il s'y est engagé, en tournant légèrement l'épuisette sur elle-même de manière à ce que son cercle soit en quelque sorte fermé par le filet qui vient s'appliquer contre lui.

Pour quelque pêche que ce soit, munissez-vous invariablement d'une épuisette large et profonde. Vous allez pêcher des gardons ou des vandoises, qui vous dit que votre amorce n'excitera pas la convoitise d'une carpe ventrue ou d'un gros chevenne ? Rater une belle prise parce qu'on est parti en pêche avec une épuisette tout juste bonne à coiffer des papillons, est une faute lourde.

Un filet d'épuisette à petites mailles est un filet défectueux. Il saute aux yeux que plus un filet est à mailles étroites, plus l'eau oppose de résistance à son passage, que plus elle ralentit sa manœuvre. Or, cette manœuvre, doit être menée rapidement afin de ne pas laisser au poisson le temps de se reconnaître et d'engager la lutte.

Que je sache, on ne se sert pas de l'épuisette pour amener au panier des petits poissons, de la menue blanchaille, son emploi ne se comprend que lorsqu'il s'agit de poisson d'une taille déjà respectable qu'une grande maille peut très bien retenir. Conclusion : l'épuisette à mailles très étroites n'a pas sa raison d'être.

Le manche d'épuisette se fait de plusieurs sortes ; vous avez le manche d'un seul morceau, le manche pliant et le manche télescopique. Je ne veux pas chicaner sur votre choix; prenez le manche qui vous paraîtra le plus commode, le moins encombrant et je proclame dès maintenant votre choix parfait, *à la condition*, que ce manche soit *long*, voire même *très long*. Et cela pour l'excellente raison que vous êtes souvent obligé de *travailler* votre poisson à une certaine distance parce que des herbes, des racines, des branches vous empêchent de l'amener près de vous, ou parce que des grèves plates, comme nous en rencontrons beaucoup sur l'Ain et sur la Loire, font que le poisson manque d'eau et touche le gravier assez loin du bord, ce qui ne paraît pas lui plaire autrement, à en juger d'après la gymnastique échevelée à laquelle il se livre en pareille circonstance.

Avoir une bonne épuisette n'est pas tout, encore faut-il s'en servir convenablement, et cela exige de l'adresse et du sang-froid. Ne vous pressez pas, ne promenez pas bêtement l'épuisette autour du poisson pour le suivre dans toutes ses dernières évolutions — non — attendez avec calme le moment favorable pour présenter le filet, mais, ce moment venu, soyez prompt, faites d'un tour de main entrer le poisson dans le filet par la queue et enlevez vivement. Jamais, au grand jamais, ne faites entrer le poisson dans l'épuisette par la tête; si vous procédiez ainsi, le poisson verrait le filet — dont il ne se laisserait pas couvrir sans user de tous les moyens pour lui échapper — et puis votre bas de ligne viendrait forcément frotter contre le cercle de l'épuisette et sa solidité serait mise à une épreuve par trop rude.

L'épuisette n'est pas seulement utile au pêcheur, elle lui est en quelque sorte indispensable et indispensable pour toutes les pêches. Dans les endroits où les bords de la rivière sont garnis d'arbres, d'herbes aquatiques, de racines, où leur accès est difficile, j'estime que sans le secours de l'épuisette nous perdrions la bonne moitié des poissons que nous ne pouvons pas enlever d'autorité, à cause de leur poids. Je ne crois pas devoir insister davantage.

Maintenant que je vous ai dit tout le bien que je pense de l'épuisette, permettez-moi de vous avouer que je ne suis pas partisan de son emploi pour la pêche à la mouche artificielle sur les rivières difficiles à battre, à bords escarpés, comme l'Ain et la Loire dans leur partie haute. C'est une opinion que j'ai déjà formulée. Suis-je donc un hérétique ? Est-ce que je sens le fagot ? Non, je l'espère, et peut-être, après réflexion, jugerez-vous aussi qu'on doit renoncer à l'épuisette pour la pêche à la mouche artificielle, sur les rivières dont je parle. Le panier et la canne constituent un bagage suffisamment encombrant sans qu'on cherche à l'augmenter encore de l'épuisette. On peut la confier à un porteur, me dira-t-on. Mais ce frère siamois qu'on se donne sera souvent maladroit, toujours gênant et coûteux. C'est, je vous le faisais remarquer, le digne pendant du garde ou du porte-carnier qui vous est sur le dos durant une chasse entière, qui vous agace et vous rase et qu'on voudrait voir à tous les diables. Pour moi, ces gaillards-là ont le mauvais œil ; j'ai beau toucher le fer de mon fusil ou la lame de mon couteau de pêche pour conjurer le mauvais sort, ils me portent la guigne. Passez-vous donc de l'épuisette, qui n'est nullement indispensable pour les petites et moyennes captures à la mouche artificielle, si vous avez une certaine pratique et du sang-froid. Ceux qui ont savouré le plaisir de travailler longtemps une truite ou une ombre avec un simple crin de cheval et de l'amener au panier de haute lutte et sans le secours de l'épuisette ne me contrediront pas. C'est là un sport qui vous captive tellement qu'on ne peut plus y renoncer quand on en a goûté le charme.

Il demeure entendu qu'il en va autrement quand on pêche à la mouche artificielle de gros poissons, tels que les saumons et les grandes truites des lacs. Pour des pois-

sons de cette taille, il faut même une épuisette *perfec-*
tionnée, qui n'est autre que la gaffe.

— Quel joli petit instrument pour coucher un monstre
en cinq sec sur la berge !...

III. LE CRIN DE CHEVAL.

Vous n'êtes pas sans vous être aperçu que j'ai un
faible marqué pour le crin de cheval ; je reconnais même volontiers que mon engouement pour lui a été parfois exagéré. Le crin constitue une monture idéale pour
certains bas de ligne, mais, en généralisant par trop son
usage, on s'expose à de graves inconvénients. J'en ai
fait la triste expérience. Etudions-le ensemble aujour-
d'hui, sans nul parti pris, et quand nous aurons précisé
ses qualités et ses défauts, nous aurons précisé aussi
l'emploi auquel il convient.

Un bon crin doit être très transparent, très rond, très
élastique, très résistant. Evidemment, la réunion de
ces multiples qualités est chose difficile à rencontrer et
les meilleurs fournisseurs ont une peine inouïe à vous
approvisionner de crins qui la possèdent. Quand ils
vous servent bien, ne discutez pas le prix avec eux, pa-
yez généreusement ; jamais vous ne payerez trop cher
cette rarissime marchandise.

Je m'explique la prévention qu'éprouvent de nombreux pêcheurs contre le crin de cheval par la difficulté
qu'on a de s'en procurer du bon. De longues et coûteuses recherches, demeurées sans autre résultat que la
découverte d'une infecte camelote, lassent les plus patients d'entre nous, ils finissent par envoyer promener à
tous les diables le crin de cheval et ne veulent plus en
entendre parler.

On admet généralement que les meilleurs crins proviennent des chevaux entiers et on a raison. Il peut néanmoins se faire qu'on en rencontre d'excellents sur des
chevaux hongres. J'ai vu dans la Loire un vieux cheval

hongre dont le propriétaire, un pauvre aiguiseur ambulant, avait toutes les peines du monde à protéger la queue contre les larcins des amateurs de bons crins. La queue du malheureux biquet était devenue presque aussi mince que la tresse de Cadet-Roussel, l'homme aux trois cheveux. Moyennant une pièce blanche, j'obtins un petit échantillon de ces fameux crins et je reconnais qu'ils méritaient leur réputation.

Les seuls crins dont il faille absolument se défier sont ceux de juments, parce qu'ils sont brûlés par l'urine.

En Turquie, en Tunisie et en Algérie, on se procure plus facilement qu'ailleurs de bons crins de cheval ; en tous cas nulle part on n'en trouve d'aussi longs.

Je dois à la générosité de MM. de Marien et de Lavau deux superbes queues de cheval. L'une provient d'un cheval Tarbes, l'autre d'un cheval arabe. Les crins en sont de toute première qualité, on ne saurait demander mieux, et cependant quand, pour monter un bas de ligne, je puise dans cette riche provision, je dois jeter au rebut de très nombreux crins avant d'en rencontrer qui conviennent réellement. Impossible de vous donner une meilleure preuve de la difficulté qu'on a de rencontrer de bons crins.

Et notez qu'en matière de crins il ne faut jamais se contenter de l'*à peu près*. A quoi vous serviront de fines amorces, des mouches artificielles qui vous auront coûté beaucoup d'argent ou beaucoup de peine quand vous les confectionnerez vous-même, si votre monture se brise sous la moindre attaque un peu vive. Vous pêcheriez avec une monture de plusieurs crins médiocres tressés ensemble que le danger serait le même — un crin se brisera d'abord, puis ce sera le tour du second, du troisième ensuite et vous voilà démonté. L'union fait la force — d'accord, évidemment deux crins médiocres résistent mieux, une fois réunis, qu'un seul, mais que vaut cette résistance ? Pour ma part, je ne m'en contenterai jamais. L'expérience m'a rendu intransigeant sur ce point — du bon crin ou point de crin du tout ; je ne sors plus de là maintenant.

On m'avait dit merveille du crin de mulet. A grand peine, j'ai réussi à m'en procurer auprès d'un maréchal-ferrant de Montpellier, et je dois dire qu'il ne m'a pas paru valoir celui de cheval, il s'en faut même de beaucoup. A en juger par celui qui m'a été fourni, il n'est ni aussi élastique, ni surtout aussi transparent ; toujours il garde une teinte laiteuse.

Le crin peut se conserver indéfiniment si on prend quelques précautions fort simples pour le protéger contre les atteintes de petits insectes, sorte de mites imperceptibles, qui le perforent. Il suffit de le déposer dans une boîte de fer blanc, fermant bien, et de le saupoudrer de naphtaline. Au besoin, ajoutez à cette naphtaline un ou deux vieux culots de pipe et tout sera pour le mieux ; je garantis la conservation parfaite de votre crin. Mais ne vous avisez pas de placer la boîte au crin dans l'armoire à glace de Madame — le mélange de naphtaline et de culot de pipe constitue un bouquet que les élégantes n'emploient généralement pas pour leur mouchoir.

Défiez-vous aussi des araignées et des rats.— ce sont d'autres ennemis des crins. Ils les coupent.

Nous connaissons tous les crins *suiffés*. On a fait pour eux une chaude réclame et cette réclame se justifie parce que le suif dont ils sont imprégnés les nourrit, les conserve et leur garde une grande élasticité. Ces crins sont parfaits pour monter la plupart des bas de ligne, il ne faut pas les employer cependant pour la monture des mouches noyées, ainsi que nous le verrons plus loin.

Pour quelque monture que ce soit, vous ne devez jamais vous servir d'un crin sans l'avoir, au préalable, examiné avec le plus grand soin. On serait impardonnable de prendre un crin à l'aventure ; songez qu'un mauvais bas de ligne peut vous gâter tout le plaisir d'une journée de pêche. Assurez-vous donc que votre crin n'est ni plat, ni laiteux, qu'il ne présente aucune tare, puis, pour reconnaître sa solidité et son élasticité, soumettez-le à une assez forte traction en le tenant par ses deux extrémités. S'il est réellement bon, vous le verrez s'allonger beaucoup, perdre sa transparence pour prendre une teinte blanchâtre et résister vaillamment à la traction. L'épreuve terminée, il se contractera, reviendra peu à peu à sa longueur primitive et reprendra sa transparence.

Si un crin étiré s'allonge et revient ensuite à sa longueur normale, cela vous indique qu'en montant un bas de ligne composé de plusieurs crins cordés ensemble vous ne devez jamais employer des crins que vous venez, à l'instant même, de soumettre à une traction d'essai ; il va de soi, en effet, que cette traction n'aura pas été égale pour tous, que les uns auront été plus allongés que les autres et qu'en les assemblant en cet état on s'expose à les voir ce qu'on appelle goder, c'est-à-dire se désunir à certains endroits et former comme des boucles lorsqu'ils sont revenus à leur longueur primitive. Une semblable corde n'a aucune solidité — en tout cas, pas plus qu'un seul crin.

A propos de crins cordés ensemble, je crois que l'assemblage de crins le plus difficile à réussir est l'assemblage à deux. Souvent ces crins paraissent irréprochablement unis, alors qu'il n'en est rien et que l'un deux n'a fait que s'enrouler autour de l'autre, qui demeure presque droit et sans aucune torsion — naturellement c'est ce dernier qui porte à lui seul tout l'effort, l'autre est comme Auguste au cirque, il a l'air de faire quelque chose et ne fait rien en réalité ; autant pêcher avec un seul crin. Cette malfaçon est très fréquente quand on corde les crins entre ses doigts. Heureusement, pareille manière de procéder ne se rencontre plus que chez les vieux briscards, tels que moi, les jeunes font mieux, ils cordent leurs crins à la machine, machine qui n'est autre qu'un petit rouet en cuivre, muni de 2, 3 et 4 crochets et tournant par un mécanisme intérieur. C'est très ingénieux et très pratique.

Il importe de noter que les crins plats ne se cordent jamais bien, leur assemblage est toujours défectueux, même avec un excellent rouet. Et ce n'est pas là leur seul défaut; on peut leur reprocher aussi d'être un peu élastiques et très visibles. Dans l'eau, la lumière produit sur eux des reflets et des miroitements qui effrayent le poisson.

Un crin de cheval, lorsqu'il réunit les qualités que nous avons indiquées plus haut, est sans rival pour monter divers bas de ligne, car il est seul à posséder ces qualités. Il est plus invisible *dans l'eau* que la racine anglaise la plus fine. J'ai souligné dans l'eau parce que, en dehors de l'eau, cette supériorité du crin sur la racine anglaise se voit moins bien. Il est élastique. Il est nerveux et ne devient ni mou ni flasque après immersion. Il ne s'effiloche pas. Il ne pourrit pas. Ce serait la perfection s'il était plus solide, mais la perfection n'est pas de ce monde. Comme monture, son emploi est tout indiqué pour la mouche noyée surtout quand on pêche avec plusieurs mouches, sa nervosité empêche les empiles des mouches latérales de se coller contre le corps de ligne. Pour semblable monture le crin suiffé est mauvais si on ne pêche pas uniquement dans de forts courants: la matière graisseuse dont il est imprégné le maintient à la surface de l'eau et cette surface se ride à son contact, cela suffit pour que des poissons prudents et défiants, tels que les ombres et les truites, se tiennent sur leurs gardes et mordent mal.

Quand il s'agit, non plus de la mouche noyée, mais de la mouche sèche, les bas de ligne en crins de cheval ne conviennent pas, ils doivent être remplacés par des racines anglaises.

On monte sur crins de cheval les bas de ligne qui servent aux différents modes de pêche dans les eaux claires des poissons défiants ou des petits poissons. Je n'exagère pas en disant que j'ai dans mes casiers plus de cinquante lettres d'habiles praticiens, qui affirment que, sur les rivières limpides, on ne peut pêcher le gardon et la vandoise qu'avec le crin de cheval.

Les meilleures bannières pour la mouche noyée se font aussi en crin de cheval, elles doivent être cordées en queues de rat, c'est-à-dire aller en diminuant toujours depuis le haut jusqu'à l'extrémité touchant le bas de ligne.

LE

CALENDRIER DU PÊCHEUR

Janvier

C'est le mois où l'on se souhaite réciproquement quantité de bonnes choses. Que puis-je souhaiter à des pêcheurs ? Du beau et du bon poisson, un temps et des eaux propices, et qu'ils aient tout cela à profusion.

Malheureusement, janvier ne verra guère la réalisation de pareils souhaits.

Avec nos eaux froides mêlées de neige fondue, le poisson se réfugie dans les profonds, qu'il ne quittera que lorsque la température s'élèvera. Il est comme engourdi, paraît sommeiller, son appétit est presque nul.

La pêche du brochet et de la perche sera votre meilleure ressource ; l'hiver est la véritable saison de pêche au vif de ces deux dévorants, qui, ne trouvant plus la blanchaille inscrite sur le menu, comme aux beaux jours de l'été, deviennent moins difficiles et acceptent avec empressement le petit poisson, qu'ils dédaignaient quand vous le leur offriez, au bout de votre ligne, aux heures d'abondance.

L'ombre se prend bien à la mouche artificielle lorsqu'un chaud rayon fait apparaître quelques éphémères sur l'eau.

La truite et le saumon sont défendus jusqu'au 31 janvier.

Quant aux chevennes, aux carpes, aux barbeaux, vous devez, si vous vous obstinez à les pêcher à cette époque, les chercher dans les grands fonds et par un temps doux. Pêchez la carpe au ver ; même amorce pour les barbeaux ; pour le chevenne employez le ver, la moëlle et les boyaux de poulet.

La pêche n'est bonne que dans le milieu de la journée, aux heures les plus chaudes.

Mais ce que vous avez de mieux à faire, c'est d'inspecter votre outillage et de préparer vos mouches artificielles, si vous les faites vous-mêmes. La fabrication des mouches artificielles doit avoir lieu en temps froid, parce que la moindre moiteur des mains oxyde les hameçons, ternit et brûle les soies.

Février

Suivant mes conseils, vous avez, je n'en doute pas, occupé les loisirs de la mauvaise saison à mettre en parfait état vos engins de pêche. Ces engins vont vous servir maintenant, car février ouvre la série des mois favorables à notre sport.

Les eaux sont encore très froides et souvent souillées par la fonte des neiges. Les poissons sont réunis en bandes nombreuses ; ils sont réfugiés dans les grands fonds, et il faut les pêcher dans les tournants, près des bords.

On doit pêcher très à fond, et dans le milieu de la journée, aux heures les moins froides — de dix heures du matin à trois heures du soir.

En février, les pêcheurs de truites et de saumons peuvent entrer en campagne; mais ils n'ont pas beaucoup de chances de succès, parce que les eaux sont souvent mauvaises et que truites et saumons, se ressentant encore du frai, n'ont pas recouvré appétit et vigueur. Pêchez-les à l'hélice et au poisson artificiel.

On prend de belles ombres, lorsque le soleil fait voltiger sur l'eau quelques éphémères; mouches noires, noires et rouges, grises, grises teintées de jaune sur le corselet sont d'un bon emploi.

C'est en février que commence la vraie saison de la
perche. La pêche de ce poisson est alors généralement
très productive. Le milieu de la journée, en février, est
excellent pour la pêche de la perche, qui se prend au ver
rouge et surtout au poisson de plomb. Ce dernier mode
de pêche appelé diversement: diable, diablotin, dandinette, etc... etc..., suivant les localités, consiste vous le
savez, à laisser descendre dans l'eau, à une certaine profondeur, un poisson de plomb, que, par un mouvement
légèrement saccadé, on ramène près de la surface pour le
laisser descendre à nouveau jusqu'à ce que l'on sente
mordre. Quand on n'a pas d'attaque après un moment
de pêche il faut changer de place. Mieux vaut chercher
le poisson que l'attendre. On fabrique des poissons de
plomb dont le corps présente une rainure en forme de
spirale qui joue le rôle d'hélice et le fait tourner rapidement dans l'eau sous la traction ; j'en recommande l'emploi. Je recommande aussi de veiller avec soin à ce que le
poisson soit toujours très brillant ; s'il est terni, il est
facile de lui donner de l'éclat en le grattant légèrement
avec la lame d'un couteau. La perche a la bouche tendre,
il est nécessaire de la *ménager* quand on *l'amène*.

Pêchez aussi le brochet. Parfois il fraye déjà, mais
cela ne lui fait jamais perdre l'appétit.

Par eau trouble, le barbeau accepte le ver rouge mieux
que par eau claire. La carpe mord aussi à cette amorce,
toutefois sa pêche est bien aléatoire si le temps n'est pas
exceptionnellement chaud.

Pour le chevenne, les meilleures amorces me paraissent être le sang caillé, le boyau de poulet et la moelle.

La vandoise mord au ver rouge et le gardon au ver de
terreau et de fumier.

Mars

Tous les pêcheurs aiment le mois de mars, qui nous
amène les premiers beaux jours et nous procure d'agréables et fructueuses parties de pêche.

Après le jeûne des temps froids, le poisson recherche
la nourriture avec avidité, il se déplace beaucoup pour la
trouver et aussi pour gagner les endroits peu profonds
frappés par les rayons du soleil. Pêchez près des berges, à proximité des courants, des grands fonds qui ont
servi de refuge au poisson, pendant la mauvaise saison et
qu'il regagne bien vite s'il se produit un abaissement de
température.

Les meilleures heures de pêche sont celles du milieu
du jour, de dix heures du matin à quatre heures du soir.
Recherchez de préférence les journées chaudes.

En mars, saumons et truites partent en chasse. Pour
choisir les modes de pêche de ces deux beaux poissons,
il faut observer la température de l'air, la température et
la hauteur des eaux, leur teinte. La truite prend bien
l'hélice et le ver rouge; vous ne la pêcherez à la mouche
artificielle que par un temps chaud.

Le brochet fraye en mars ou en avril; même en plein
frai, il donne sur le vif, et vous ne devez vous faire aucun
scrupule de le pêcher à cette époque, car il est prudent
de ne pas laisser se multiplier par trop ce terrible braconnier. Il est pourtant dangereux de manger ses œufs.

C'est en mars que l'ombre se retire sur ses frayères ;
mais ne la traitez pas comme le brochet et respectez-là; il
importe de faciliter de notre mieux la reproduction de
cet élégant et délicieux poisson. D'ailleurs sa chair devient alors molle et sans saveur, on serait inexcusable de
le prendre.

Mars est un excellent mois pour la pêche de la perche
— on prétend même que c'est le meilleur — ver, vif, cuiller, dandinette, tout est bon.

Le ver paraît être l'amorce préférée du gardon.

La vandoise prend très bien la mouche artificielle. Les mouches qui réussissent le mieux sont les noires, les grises et les rouge-coq.

On pêche le chevenne au sang caillé — les petits chevennes commencent à donner sur la mouche.

Le ver pour le barbeau et pour la carpe.

Les anguilles remontent — les pêcher à la cordée amorcée avec de petits poissons ou de gros vers rouges.

Le barbeau, lui aussi, mord bien au ver, mais j'ai remarqué que, pour cela, il fallait que la température de l'eau ne fût pas inférieure à huit ou neuf degrés au-dessus de zéro.

Question de température également pour le chevenne. Par eau froide, le sang caillé, le boyau de poulet seront vos meilleures amorces ; si l'eau s'échauffe, pêchez à la mouche artificielle, elle ne manquera pas de vous réussir, et vous permettra de prendre, en plus des chevennes, quantité de **vandoises**.

Avril

Avril, par suite de la fermeture, ne compte que quinze jours pour ceux qui ne pêchent pas la truite et le saumon ou qui ne pêchent pas en eaux closes.

Pour la plupart des cours d'eau où les salmonidés ne dominent pas, la pêche est interdite dès le milieu du mois; mais, jusqu'à cette époque, toutes les espèces de poissons prennent fort bien l'appât, car un certain temps les sépare encore du moment où elles ne seront plus préoccupées que de l'œuvre de leur reproduction.

Pêchez au ver les gardons, les carpes, les barbeaux, les anguilles et les tanches ; ces dernières s'approchent des bords de rivières ou d'étangs, surtout quand ces bords sont couverts de nénuphars, de roseaux ou de joncs.

Le ver rouge convient le mieux pour la carpe et pour le barbeau ; celui-ci doit être pêché surtout par eau trouble.

Si la température s'échauffe légèrement, le chevenne chasse à la surface — ne pêchez néanmoins le gros qu'aux amorces de fond.

Le chevenne se prend au ver et à l'asticot par eau trouble, au sang et à la mouche artificielle par eau claire. La truite, suivant l'état de l'eau, mord très bien au ver, à l'hélice ou à la mouche artificielle. Employez le ver par eau trouble, l'hélice par eau légèrement teintée, la mouche artificielle par eau claire.

En avril, les mouches varient beaucoup comme nuance et comme grosseur, ayez-en toujours plusieurs espèces ; ajoutez-y quelques mouches de *fantaisie*, ce sont peut-être elles qui vous donneront les meilleurs résultats. Evitez de pêcher à la mouche les jours où l'eau charrie à la surface de petits flocons d'un léger duvet blanc qui tombe des oseraies, le poisson voit alors très mal vos mouches et ces mouches, bientôt entièrement couvertes de duvet, perdent leur nuance et leur forme.

La pêche de la perche au ver, au vif ou à la dandinette réussit encore très bien en avril.

Pêchez près des bords, dans les remous. On pêche la vandoise au ver de terre et à la mouche artificielle.

Le saumon redescend à la mer. L'ombre est sur ses frayères dans de nombreux cours d'eau — sa pêche est défendue.

En avril, on peut pêcher pendant la plus grande partie de la journée, soit de neuf heures du matin à cinq heures du soir. Les jours chauds seront les meilleurs pour toutes les pêches.

Mai

En mai, la pêche est interdite dans la plupart de nos cours d'eau, parce que la majorité des poissons est en pleine période de frai. La loi a été sage et prévoyante, et vous devez d'autant moins regretter l'interdiction, qu'en temps de frai le poisson mord très mal, que ses chairs sont molles, flasques et dépourvues de saveur.

Dans les eaux où il vous est permis de pêcher, attaquez-vous de préférence aux brochets et aux perches, ces deux dévorants qu'il ne faut jamais épargner.

En mai, l'anguille se rapproche des bords, à la recherche des œufs de poissons. Elle mange les œufs, en attendant de manger, plus tard, les poissons eux-mêmes. C'est un bon moment pour la pêcher. Son meilleur mode de pêche est la cordée, amorcée avec des petits poissons ou avec de gros vers à tête noire, plus résistants que le ver rouge ordinaire.

La truite chasse beaucoup. Pêchez-la à l'hélice et à la mouche artificielle en eaux claires, au ver rouge en eaux troubles.

Les mouches artificielles ordinaires ne donnent pas de bons résultats à cette époque ; il vaut mieux employer les imitations de la grosse mouche, qu'on appelle *mouche de mai*, dont la truite se montre particulièrement friande. On peut aussi pêcher avec cette mouche elle-même, comme à la surprise ; la seule difficulté est d'arriver à la faire bien tenir sur l'hameçon.

On pêche le saumon en mai. Quant à l'ombre, cet autre salmonidé, on fera bien de la respecter, quoiqu'elle ait fini de frayer ; elle est encore trop molle de chair et trop fade. D'ailleurs, sa pêche n'est ordinairement autorisée qu'à partir de l'ouverture de juin.

En mai, on peut pêcher pendant toute la journée.

Juin

Avec quelle impatience nous l'attendons, cette ouverture du mois de juin ! Les plus chevronnés s'y laissent prendre comme les jeunes ; tous, nous en rêvons, persuadés qu'elle nous réserve des pêches miraculeuses.

Que ceux qui ont des réparations à faire à leur outillage de pêche n'attendent pas la dernière semaine avant l'ouverture et qu'ils en chargent, sans aucun retard, leurs fournisseurs. Evitez la presse des derniers jours.

En juin, les eaux sont généralement bonnes pour toutes les pêches et pour tous les poissons.

La carpe prendra plus facilement les pâtes composées et les farineux que le ver et l'asticot. De même, le barbeau dédaignera ces deux dernières amorces pour mordre au fromage de gruyère ou au pain de chènevis.

Pêchez le chevenne à la surprise, à l'insecte et à la grande volée, à la mouche artificielle, et quand paraîtront les cerises, servez-lui en quelques-unes, le gros leur fera honneur.

Pêchez le gardon à l'épine-vinette ; la perche, à la cuiller, au tue-diable, au ver rouge ; la vandoise, à la mouche artificielle.

Inutile de vous dire que le brochet mord au vif.

Les anguilles se prennent bien aux lignes de fond ou cordées, amorcées avec des vers ou, ce qui est mieux avec de petits poissons tels que vairons.

Vous prendrez des ombres à la mouche artificielle ; mais, en juin, on ne prend guère que des ombres de taille moyenne ; les grosses ne se montrent généralement qu'en automne.

Pour la truite, la mouche artificielle et l'hélice sont indiquées ; la mouche par eau claire, l'hélice par eau légèrement teintée. Pêchez au ver rouge par eau trouble.

En juin, quand le temps est clair et très chaud, il vaut mieux pêcher le matin et le soir que dans le milieu de la journée ; les poissons recherchent alors les courants où l'eau est battue et plus fraîche.

Juillet

Juin nous avait réduit à la portion congrue avec quinze jours de pêche seulement, Juillet fait mieux les choses : il commence une heureuse série de mois où rien ne viendra plus nous contrarier. Les seuls trouble-fêtes à redouter sont les eaux trop basses ou trop chaudes, un soleil trop vif, les ébats des canards et les coupes savantes que de malencontreux baigneurs viennent tirer à proximité de nos lignes.

Prenons gaîment notre parti de ces petites misères, ne sommes-nous pas tous, par nature, gens patients et pleins de philosophie !

Quand le soleil est chaud, qu'aucun nuage ne le voile, tous les poissons, quels qu'ils soient, se cachent dans les grands fonds, sous les berges ou au milieu des herbes, sans nul souci de leur nourriture, à laquelle ils ne pourvoieront que la nuit, le matin et le soir. Dans la journée, pour tromper le temps, vous pouvez pêcher le chevenne et la vandoise, poissons de surface ; pêchez-les à la mouche artificielle et à la surprise.

Mais, en principe, par un temps chaud et clair, ne pêchez que le matin, depuis le lever du jour jusqu'à dix heures (au plus), et le soir depuis cinq heures jusqu'au coucher du soleil. Que le temps fraîchisse, que le ciel se couvre de nuages : vous pourrez alors pêcher dans le milieu de la journée.

En juillet, tous les poissons prennent facilement l'amorce, pourvu que cette amorce soit bien choisie et bien présentée.

Les carpes préfèrent les pâtes préparées, le pain de chènevis et les farineux, aux asticots et aux vers rouges.

On pêche le barbeau au fromage de gruyère — ce n'est guère qu'en septembre qu'on emploie le pain de chènevis comme amorce.

Le gros chevenne se prend à la cerise. Pêchez à la surprise — sauterelles et petits hannetons des prairies sont d'excellentes amorces.

Les cordées, pour les anguilles, donnent de bons résultats.

Continuez à pêcher le gardon à l'épine-vinette.

Toujours le vif pour le brochet ; la dandinette et le vif pour la perche ; le ver de terreau pour la tanche.

La mouche artificielle pour l'ombre. Pêchez la truite également à la mouche artificielle par eaux claires, à l'hélice par eaux légèrement teintées, au ver en eaux troubles.

Le passage des fourmis ailées, assez fréquent en juillet, fait que le poisson donne de préférence sur les mouches très fines et très petites.

Une mouche parfaite pour le soir est une grosse, même très grosse mouche grise avec corselet gris. Malheureusement, elle ne passe qu'après le coucher du soleil et, pour s'en servir utilement, en temps voulu, il faut s'exposer aux risques d'un procès-verbal.

Août

Août, c'est la chaleur torride, c'est le ciel clair, c'est aussi l'eau basse ; autant d'influences fâcheuses qui agissent puissamment sur le poisson, paralysent son énergie et lui font chercher les grands fonds, les hautes herbes, les retraites cachées sous les roches et les amas de racines. Il y a plus. La canicule corrompt les eaux et souille le lit de nos rivières d'un limon verdâtre, vrai désespoir des lignes et des filets, auxquels il s'accroche impitoyablement. Désolant, mais qu'y faire ?

Vers la fin du mois, généralement, la situation s'améliore ; c'est le commencement de la bonne saison de pêche qui va s'ouvrir.

Les poissons, dès les premières heures, en août, se réfugient dans les grands fonds, sous les berges, au milieu des herbes, pour se mettre à l'ombre et trouver un peu de fraîcheur.

Ne pêchez pas dans le milieu de la journée, si le temps n'est pas couvert ; par temps clair, vous avez juste quelques minutes, le matin et le soir, qui vous permettent de pêcher avec succès.

La carpe mord à la pâte préparée, aux farineux.

Le gardon mord au blé cuit, à la noquette et à la pâte préparée.

La perche mord au vif et au ver ; on la pêche aussi à la dandinette.

Prenez le chevenne à la surprise, à la grosse mouche artificielle, à la graine de raisin noir.

Tendez des cordées aux anguilles.

Le matin et le soir, la truite et l'ombre donnent à la mouche artificielle — mouches très petites. Pêchez surtout la truite à l'insecte.

Pour la truite, les poissons artificiels et les hélices donnent de bons résultats par eaux légèrement teintées; par eaux claires, les employer dans les bouillons et les grands courants.

Le brochet prend le vif le matin et le soir. La carpe, sur un coup préparé, se pêchera à la pâte. Une pâte composée de pain de chènevis, de mie de pain et de miel est excellente.

A la fin du mois, dans nos pays de l'Est, tout au moins, on pêche le barbeau au pain de chènevis. Jusqu'à cette époque, le fromage de gruyère constitue une meilleure amorce ; le barbeau en est friand à la tombée de la nuit. Mais une bonne précaution, qui m'a toujours réussi pour cette pêche, est d'amorcer la place avec des lombrics, qu'on jette à profusion la veille et le matin de la pêche qu'on doit faire.

Septembre

En septembre, la température de l'eau et de l'air s'est abaissée ; le soleil devient moins ardent ; déjà le ciel se couvre souvent des légères brumes de l'automne; les eaux sont plus hautes et dépouillées du limon de la canicule. La pêche est excellente.

Pour peu que le soleil ne brille pas d'un trop vif éclat, nous pouvons battre la rivière pendant la journée entière. Les pêcheurs de l'Ain, de la Loire et de la Savoie, qui pêchent la truite et l'ombre, diront avec moi que septembre est le meilleur mois pour notre sport.

C'est en septembre qu'on commence à prendre les grosses ombres. Elles donnent bien sur la mouche. La chair de ces délicieux poissons est alors d'une extrême finesse ; elle est de beaucoup supérieure à celle de la truite, qui tend à se ramollir à l'approche du frai. Les bons pêcheurs agiront sagement en respectant cette pauvre truite — il y a bien assez des malandrins pour la mettre à mal.

Tous les poissons se rapprochent des bords ; ils quittent les grands courants pour rechercher des eaux plus profondes, plus calmes.

Les pâtes et les farineux ne seront plus employés pour la pêche de la carpe, à moins que la température de l'eau ne soit encore assez élevée ; aussitôt que cette température s'abaisse, amorcez avec des vers et des larves.

Le chevenne quitte la surface de l'eau ; on le pêche au raisin noir, au sang caillé, ou à la moëlle, au boyau de poulet.

On peut pêcher encore au blé cuit et à la noquette, mais de nombreux pêcheurs préfèrent le pêcher au ver rouge.

Le ver rouge convient pour le barbeau plus que le pain de chènevis.

L'anguille redescend à la mer. On la pêche avec des cordées amorcées de ver, rouges, de limaçons gris ou de petits poissons.

Septembre est recommandé pour la pêche du brochet au vif. Il l'est également pour la pêche du goujon.

Pêchez la perche au vif ou à ses imitations, la cuiller, l'hélice, le devon, le poisson de plomb.

Vous prendrez encore beaucoup de vandoises à la mouche artificielle.

Octobre

Octobre est un mois cher aux pêcheurs, aux chasseurs et aux peintres. Mois plein de poésie, où nous savourons à l'aise le charme des derniers beaux jours. Et quelles ressources il offre pour la pêche !

Déjà, les nuits sont longues et fraîches, et la température de l'eau a sensiblement baissé ; aussi le poisson commence-t-il à quitter les courants et le milieu des rivières, pour se rapprocher des bords et des grands fonds, qui seront bientôt ses refuges préférés.

En octobre, la pêche du matin et du soir n'est plus de saison ; il faut pêcher de neuf ou dix heures du matin à quatre et cinq heures du soir.

L'anguille quitte nos cours d'eau pour redescendre à la mer, où elle va frayer. Elle mord avec voracité à cette époque, au point que la grosse chasse même en plein jour. Sa pêche la plus pratique se fait à la cordée.

En octobre, la truite commence à se mettre en quête de ses frayères, elle se déplace beaucoup. Bien que sa pêche ne soit interdite que le 20 de ce mois, les bons pêcheurs agiront sagement en s'y livrant le moins possible à partir du commencement du mois.

L'ombre prend mieux que jamais la mouche articielle. Mouches de grosseur moyenne, grises à queues,

grises jaunâtres, noires à corselet gris ou à corselet noir
avivé d'un filet rouge à la naissance des ailes, rouges
à corselet rouge. Après une gelée blanche ou le brouillard, on est sûr de réussir, surtout s'il souffle un léger
vent du nord. Pêchez dans les remous, au bas des
grands courants, près des rives. Quel bon et fin morceau que ces ombres d'octobre !

Mois parfait pour la pêche de la perche. Vous la prendrez au ver rouge, à la dandinette, ou aux imitations du
vif, la cuiller, l'hélice, le devon.

Le barbeau mord au pain de chènevis, si le temps se
maintient chaud ; dans le cas contraire, employez le ver
rouge.

Les pâtes ni les farineux ne conviennent plus pour la
pêche de la carpe, si le temps a fraîchi ; — la carpe
recherche alors de préférence la nourriture animale, les
vers et les larves.

Le chevenne commence à mordre à fond. La graine de
raisin noir est une bonne amorce.

On peut pêcher encore le gardon au blé cuit et à la
noquette — le ver rouge semble préférable.

Bon mois pour le brochet au vif ; les premières fraî-
cheurs ont fait cacher les petits poissons ; étant plus à
court de nourriture, il se jette avec voracité sur ce qu'on
lui offre.

Novembre

En novembre, plus qu'en tout autre mois peut-être,
la réussite à la pêche dépend des caprices du temps. Si
la température ne s'abaisse pas trop, vous avez encore
de belles captures à espérer ; mais que le froid devienne
rigoureux ou que les eaux se souillent de neige fondue
mettez alors sans hésiter vos cannes au fourreau.

Un excellent conseil : ne jamais partir en guerre sans

avoir, au préalable, consulté le thermomètre et pris, non seulement la température de l'air, mais encore celle de l'eau.

On ne doit pêcher que dans le milieu du jour, de dix ou onze heures du matin à trois heures du soir. Pêchez dans les eaux calmes et profondes, près de la rive, c'est là que le poisson s'est réfugié.

Ce sont les perches et les brochets que vous prendrez le plus en novembre. N'oubliez pas, quand vous pêchez au vif, de le descendre d'autant plus à fond que le froid est plus rigoureux. La perche mord aussi bien au ver rouge.

Truites et saumons sont sur leurs frais. L'ombre, après une gelée blanche ou un fort brouillard, mord vivement à la mouche artificielle, au moment où le soleil se montre. On prend de très grosses ombres à cette époque.

Il n'est plus question des anguilles, qui sont redescendues à la mer.

Le chevenne, depuis longtemps déjà, ne cherche plus sa nourriture à la surface : eschez avec du sang caillé, de la moëlle et pêchez à fond.

Le barbeau ne mordra qu'au ver rouge. En novembre, le meilleur moment, dans nos rivières de l'Est, est de le pêcher après une crue.

Le gardon prend le ver de terreau.

La brème et la tanche ne se pêchent guère ; vous n'avez chance d'en prendre quelques-unes que si le temps est exceptionnellement chaud.

On peut en dire autant de la carpe, que vous devez pêcher au ver rouge. Les saisons marquées pour la pêche de la carpe sont le printemps et l'automne, parce que ce poisson craint également et la forte chaleur et le grand froid ; aussi vaut-il mieux renoncer à une pêche qui ne donnera que déception.

Et maintenant, si vous demandez à votre docteur son avis sur les pêches d'hiver, qui vous immobilisent de longues heures au bord de l'eau, vous serez édifié ; il vous les interdira toutes. Plus conciliant, je vous permets la pêche de l'ombre commune à la mouche artificielle ; avec elle, à défaut de poisson, vous prendrez beaucoup d'exercice, et l'exercice est un préservatif contre les rhumes... comme les pastilles Géraudel.

Décembre

C'est un de nos plus mauvais mois de pêche. Sur le calendrier du pêcheur, à la place des indications habituelles, je devrais inscrire, comme on le fait, certains jours, sur les affiches de théâtre, ces seuls mots : *aujourd'hui relâche*. Oui, relâche par suite du froid qui fait cacher le poisson dans ses refuges et retient le pêcheur au coin de son feu.

La rivière est triste, le brouillard traîne à sa surface et l'eau prend des reflets gris ou noirâtres, on la dirait en deuil des beaux jours d'antan.

Si encore elle vous offrait quelques chances de prises ! Mais non ! et, à l'exception du brochet et de la perche, qui ne se lassent jamais de chasser, tous les autres poissons demeurent blottis dans les grands fonds, où ils se soumettent à un régime sérieux de jeûne et d'abstinence. Pêchez le brochet et la perche en descendant assez bas vos amorces ; par les temps froids, ces poissons ne chassent que près du fond.

En décembre, vous pouvez aussi prendre quelques ombres à la mouche artificielle, si le temps se réchauffe un peu et si le soleil se montre après une matinée froide et brumeuse.

Pour la carpe, le chevenne et le barbeau, inutile de songer à les pêcher dans la plupart de nos cours d'eau, si le temps n'est pas exceptionnellement doux. Le ver rouge est presque la seule amorce à employer.

Ne pêchez que dans le milieu du jour, de dix heures du matin à deux heures du soir.

Mais, en somme, décembre est un mauvais mois de pêche. Les loisirs que la loi et l'hiver nous donnent peuvent, du moins, s'employer à la minutieuse inspection de tous nos ustensiles de pêche. Vérifiez les viroles de vos cannes, assurez-vous qu'elles s'emboîtent toujours exactement, qu'elles n'ont pas de jeu ; examinez vos ligatures, déroulez le fil de votre moulinet, pour vous rendre compte s'il n'est point usé à certains endroits et, si vous ne pouvez pas faire vous-même les réparations indiquées par votre inspection, chargez-en sans retard votre fournisseur, qui aura maintenant plus de temps qu'à une autre époque à vous consacrer ; son travail sera meilleur.

Vos bas de lignes doivent être soigneusement revus et corrigés, s'il y a lieu. Enfin je signale aux nombreux amateurs de pêche à la mouche artificielle que l'hiver est la saison par excellence pour la confection des mouches. Mais ne confectionnez jamais vos mouches à la lumière ; il y a dans leur fabrication des nuances très délicates à observer et dont on ne se rend bien compte qu'en plein jour. A la lumière, on prend facilement le bleu pour le vert, et réciproquement. Ce travail est pénible et minutieux à l'excès ; il est, dès lors, nécessaire de ne négliger aucune condition pour le mener à bonne fin ; et puis, il est toujours sage de ménager sa vue.

Mes adieux

Au mois de janvier 1914, Louis Rouquet fit, en ces
termes, ses adieux aux nombreux lecteurs du *Chasseur
Français*, qui avaient suivi ses articles avec le plus vif
intérêt :

Finies mes causeries, chers lecteurs, je vous fais mes
adieux.

J'écris dans ce journal depuis trop d'années pour que
vous n'ayez pas appris à me connaître et à vous convaincre que les marques de sympathie dont vous avez
bien voulu m'honorer ne s'adressaient point à un scep-
tique, à un indifférent.

Si je vous ai une profonde reconnaissance pour de
pareils témoignages d'attachement, j'en suis aussi très
fier. Ce n'est point, en effet, sans une grande satisfaction
d'amour-propre que je me sens en pleine communauté
d'idées avec une élite de pêcheurs, aimables confrères,
tous gens d'intelligence et de cœur. Parmi eux, beaucoup sont devenus pour moi des amis sincères, avec lesquels j'ai échangé une volumineuse correspondance, où
la question pêche était souvent reléguée au second plan :
d'autres ont poussé l'amabilité jusqu'à venir me voir,
et nous avons passé ensemble quelques bons moments
— point de gêne, point de pose entre nous — nous cau-
sions à cœur ouvert, à bâtons rompus. Ah ! que les
heures passaient vite alors et quels agréables souvenirs
elles m'ont laissés !...

Alors, dira-t-on, pourquoi vous retirer ?

Je me retire parce que mon état de santé des plus
précaire et mon âge avancé m'ont affaibli au point
qu'aujourd'hui le moindre effort me devient pénible.

Je me sens incapable d'assurer à un journal l'envoi périodique d'un article.

Il y a plus. J'ai dit dans mes causeries du *Bord de l'eau*, tout ce que je savais sur la pêche, absolument tout. Force serait donc de me répéter si je voulais les continuer. Or, quels que soient les artifices qu'on puisse employer pour donner à des redites l'apparence du neuf, le lecteur ne s'y laisse pas longtemps prendre. On se moque avec raison, des vieilles coquettes qui se refusent à désarmer — elles sont ridicules — je ne le serais pas moins si je m'obstinais à publier des causeries passées très vite à l'état de rengaines.

Que notre saint patron tarde quelque temps encore à m'adresser une invitation à des parties de pêche dans les lacs et les rivières du beau domaine dont il a la garde là-haut, et il pourra se faire que j'occupe mes loisirs à chercher, dans la masse de mes articles publiés, les éléments d'un livre sur la pêche. Ce livre m'est très demandé par de nombreux lecteurs. Bien entendu, je le soignerai de mon mieux.

Mais paraîtra-t-il jamais ? J'ai tant à me méfier de la maladie, de la vieillesse, de ma paresse surtout ! Qui sait, cependant ?

En tous cas, cette éventualité me permet d'ajouter, à l'adieu que je vous adresse, ces derniers mots: « *Au revoir, peut-être* ». C'est moins triste pour moi.

Votre dévoué confrère:

Rouquet.

La Rédaction fit suivre ce dernier article de la Note suivante:

« *C'est avec un bien vif sentiment de regret que nous voyons partir M. Rouquet, notre éminent collaborateur, qui, pendant de si longues années, a rédigé avec une maîtrise incomparable la chronique de la pêche dans le Chasseur Français. Mais nous espérons qu'il nous donnera bientôt le livre promis, qui sera le résumé de ses savants articles* ».

TABLE DES MATIÈRES

DEUXIÈME PARTIE

Causeries

Sous les arbres de la rive.

Nos rivières poissonneuses